식물 병해충 저항성 육종의 이해

Breeding Crops with Resistance to Diseases and Pests

저　자 R.E. Niks, J.E. Parlevliet, P. Lindhout and Y. Bai

대표역자 강병철

공 역 자 김진희, 박성우, 양희범, 정희진, 조영득, 황지나

월드사이언스
worldscience.co.kr

식물 병해충 저항성 육종의 이해
(Breeding Crops with Resistance to Diseases and Pests)

인 쇄 | 2013년 6월 10일
발 행 | 2013년 6월 20일

저 자 | R.E. Niks, J.E. Parlevliet, P. Lindhout and Y. Bai
대표역자 | 강병철
공 역 자 | 김진희, 박성우, 양희범, 정희진, 조영득, 황지나

발 행 인 | 박선진
발 행 처 | 도서출판 월드사이언스
주 소 | 서울특별시 서초구 방배4동 864-31 월드빌딩 1층
등록일자 | 1988년 2월 12일
등록번호 | 제 16-1601호
대표전화 | (02) 581-5811~3
팩 스 | (02) 521-6418

E-mail | worldscience@hanmail.net
URL | http://www.worldscience.co.kr

정 가 | 12,000원
ISBN | 978-89-5881-219-7

이 도서의 국립중앙도서관 출판시도서목록(CIP)은 서지정보유통지원시스템 홈페이지(http://seoji.nl.go.kr)와 국가자료공동목록시스템(http://www.nl.go.kr/kolisnet)에서 이용하실 수 있습니다.
(CIP제어번호 : CIP2013008758)

서문

본서 '식물 병해충 저항성 육종의 이해'의 최신판은 긴 과정의 결과물이었습니다. 처음에는 1970년대 초, Jan Parlevliet 교수의 내병성 육종학 강의 노트를 기초로 정리하였으며 그 후로 여러 번의 갱신 및 추가 작업을 진행하였습니다. 특히 1980년대 Rients Niks 교수가 전임교수의 뒤를 이어 강의를 맡은 후 많은 수정 작업이 이루어졌습니다. 그는 본서의 이해를 돕기 위해 본문과 보조자료들의 구분을 명확히 하였고 연습문제를 포함시켰습니다. 하지만 대부분의 이론 및 그에 대한 예시들은 초기 원본에서 크게 벗어나진 않았습니다.

1990년대에 Pin Lindhout 육종가의 조언에 따라 본문의 구조를 전체적으로 바꾸고, 이론의 분자적 배경 및 용어 정리나 정의 부분을 추가적으로 정리하였습니다.

또한 인쇄에 들어가기에 앞서 다시 많은 부분들을 갱신하였습니다. 너무 오래된 예시들은 빼거나 최신의 것으로 대체하였으며 많은 그림들을 추가하였고, 실제 육종가의 흥미를 끌 수 있는 최신 기술들에 대해서도 서술하였습니다. 또한 이 최신판이 나오기까지 Yuling Bai 교수의 도움이 컸습니다.

독자 여러분들의 본서의 발전을 위한 그 어떤 문의 사항이나 제안도 기쁘게 받아드릴 것이며 본서를 교과서로 사용하는 것도 좋습니다. 문의 사항은 편집자(info@WageningenAcademic.com)을 통해서 해주시면 감사하겠습니다.

역자 서문

인류는 식물 육종을 통하여 생산성이 향상된 우수한 특성을 지닌 신품종이 개발함으로써 식량문제를 해결하는 데 결정적인 기여를 하였다. 이와 같이 수량성과 품질의 향상은 육종이 시작된 이래 가장 중요한 육종 목표이다. 그러나 아무리 수량성과 우수한 품종이라도 병이나 해충에 심각한 피해를 받으면 우수한 능력이 발휘될 수가 없으며 결과적으로는 시장에서 도태될 수밖에 없다. 따라서 병, 해충에 대한 저항성은 수량성, 품질과 더불어 가장 중요한 육종 목표라고 할 수 있다. 그 동안 육종의 원리를 설명하는 총론적인 교과서는 많이 있었으나 수량성과 병해충 저항성과 같은 특정한 육종 목표를 따로 다룬 교과서는 전 세계적으로도 없었다. 역자는 대학원생들을 대상으로 내병성 육종학을 강의하면서 식물병학에 대한 기본원리와 육종학의 원리가 결합된 참고서가 필요하다는 생각을 해오고 있었는데 2010년 네덜란드의 와게닝겐 대학의 식물 육종학과 방문 기간 중에 'Breeding for Resistance against Diseases and Pests'라는 책을 Richard Visser 학과장님으로부터 소개받게 되었다. 와게닝겐 대학의 식물 육종학과의 병 저항성 연구 및 육종 분야 교수님이 집필한 책으로 역자가 그 대학에 방문했을 때 막 1차 교정을 보고 있는 중이었다. 역자는 원본의 출판 전에 원고를 받아 박사과정 대학원생들과 번역을 시작하였다. 책 소개의 내용대로 본서는 식물 육종학 분야의 전문가들이나 육종학 전공 대학원생들이 식물 방어기작 및 작물의 저항성 육종의 원리를 보다 쉽게 이해할 수 있도록 기초지식과 최근의 연구결과 뿐만 아니라 흥미롭고 다채로운 실례와 예제 중심으로 구성되어 있다. 역자들의 부족한 어휘력과 지식의 한계로 인하여 명확지 못한 점이 있을 것으로 판단되며 이러한 오류에 대해서는 학계의 스승님과 선후배님의 따끔한 지적을 부탁드린다. 본 번역서가 육종학을 전공하는 대학원생과 기존 육종가들께 길잡이가 되어줄 것을 희망한다.

그동안 번역 및 원고정리에 참여한 서울대 원예유전육종학 연구실의 박사과정 대학원생들과 채소육종센터의 권진경 박사에게 감사드리며, 본 번역서의 출판을 가능하게 해주신 월드사이언스의 박선진 사장님께도 감사드린다. 마지막으로 채소육종연구센터를 지원해주고 계시는 농림축산식품부와 농림수산기술기획평가원 관계자분들께도 감사의 말씀을 드린다.

2013년 역자대표

강 병 철

역자 소개

강병철 : 서울대학교 식물생산과학부 부교수

김진희 : 서울대학교 식물생산과학부 박사과정

박성우 : 서울대학교 식물생산과학부 박사과정

양희범 : 서울대학교 식물생산과학부 박사과정

정희진 : 서울대학교 식물생산과학부 박사과정

조영득 : 서울대학교 식물생산과학부 박사과정

황지나 : 서울대학교 농업생명공학연구원 선임연구원

목차

1. 서론

작물 재배에 있어서 이론적인 수확량과 실제적인 수확량은 거의 일치하지 않는다. 예를 들면, 겨울 밀의 경우, 최적의 환경 조건에서 14톤/ha을 수확할 수 있다. 하지만 네덜란드에서 실제 평균 수확량은 약 8~10톤/ha에 불과하다. 세계 다른 국가의 밀 생산성은 이보다 훨씬 낮은 경우가 흔하다. 수확된 생산물의 품질에 있어서도 마찬가지이다. 이런 면에서 작물이 지닌 유전적 잠재력에 도달하는 것은 매우 어렵다.

생산성과 품질의 손실을 결정하는 인자를 **스트레스 요인**이라 한다. 식물 육종가의 목표는 이러한 스트레스 요인에 대한 유전적인 방어력을 향상시키는 것이다. 스트레스 요인은 생물학적 요인과, 비생물학적 요인으로 나뉠 수 있다. 비생물학적 요인은 가뭄, 불충분한 토양 비옥도, 부적합한 온도 등 살아 있지 않은 것들을 의미한다. 가뭄이나 염에 대한 내성 또는 저온에서 생장 가능한 식물을 선발하는 것은 실행 가능하다. 그러나 이러한 비생물학적 요인에 대한 저항성 육종은 본서에서는 다루지 않았다.

생물학적 스트레스 요인은 살아 있는 생물체, 즉 잡초나 병원체와 해충들에서 기인한다. 본서에서는 잡초에 대해 경쟁력을 높이기 위한 선발에 대해선 다루지 않을 것이며 작물을 먹고 사는 유기체(병원체와 해충)에만 초점을 맞출 것이다. 본서는 병원체와 해충에 저항성을 가진 작물의 육종 가능성과 문제점을 제시하는 데 주요한 목표를 두고 있다.

첫째로는 다양한 생물학적 스트레스 요인에 대해 논의할 것이며, 그 후에는 식물체에서 확인될 수 있는 다양한 방어 체계에 대해 다룰 것이다. 본서의 많은 내용이 저항성 육종에 관한 것으로 저항성 도입 여부의 결정에서부터 실제 농업에서 저항성 품종의 재배와 활용까지의 육종 과정에 대해 학습할 것이다.

본서는 다양한 선발 방법이나 분자 마커 개발법 같은 일반적인 유전과 식물 육종 분야는 설명하지 않았으므로 그런 분야에 대해서는 좀더 일반적인 교과서를 참조하여야 한다. 본서에서는 육종가가 필요한 원리를 이해하는 데 도움이 될만한 식물-병원체 간의 상호작용에서의 분자적인 측면만 다루었다. 본서는 식물학, 식물유전학, 식물 육종학에 어느 정도 지식을 갖춘 식물학 석사과정 학생과 식물 육종회사나, 병해충에 대한 저항성 작물 육종을 연구하는 기관의 전문직 종사자에게 도움이 될 것이다.

1.1 본서의 활용법

굵은 글씨로 인쇄된 용어는 본서의 후반부에 있는 용어 리스트에 설명되어 있으며 이러한 용어들은 식물과 병원체 간의 상호작용에서 중요한 현상임을 의미한다. 그러나 특정 용어의 사용에 대해 학계에서 여전히 이견이 있으며 때로 혼란스럽기까지 하다. 본서의 일부 용어에 대한 정의에 대해서는 일부 학자가 다른 의견을 제시할 수 있으므로 이는 본서의 저자들의 의견을 반영한 것임을 밝힌다. 본 저자는 본서의 독자들이 용어 설명에서 정의한 용어의 개념을 이해할 수 있기를 희망한다.

본문 내용에서 넓은 여백과 줄 간격이 좁은 부분은 도해, 또는 심화된 설명이나 부가 정보 등 보충 자료로 제공되는 것으로 주요 내용은 아니다. 참고 자료는 과학 문헌에 한정하였다. 주요 내용에서 인용된 것들이 드물게 있는데 이들은 보충 자료나 데이터와 그림의 출처로서 포함되어 있다.

대부분 chapter의 마지막 또는 중요한 문단의 마지막에는 연습문제가 있으며(Q 표기됨), 이것은 이전의 본문 내용에 대해 스스로의 이해 정도를 확인하기 위해 제공되었다.

2. 숨어 있는 다수의 천적들

생태계에서 녹색 식물은 간단한 무기물질 등으로부터 복잡한 유기물을 생산할 수 있기 때문에 먹이사슬의 기본이 된다. 다른 유기체들은 직, 간접적으로 식물을 영양원으로 이용한다. 이것이 작물을 포함한 녹색 식물들이 광범위한 유기체들의 주요 영양원이 되는 주원인이다. 농업생산 시스템에서 그러한 식물을 소비하는 유기체들은 생산의 양과 질에 영향을 준다. 표 1은 가장 단순한 감염성의 RNA(viroids)로부터 척추동물처럼 복잡하고 고등의 생물체까지 식물을 소비하거나 이용하는 다양한 생물 그룹을 정리한 목록이다. 여기서는 이러한 병원균과 해충을 '천적(natural enemies)'이라고 부를 것이다. 본 장에서는 이러한 천적의 일반적인 분류체계를 보여주고 있다. 이에 대한 보다 자세한 논의는 6장에서 다루도록 할 것이다.

천적들은 주로 생물체의 크기와 섭식 방법에 의해 분류한다. 미생물(또는 덜 복잡한 바이로이드와 바이러스까지를 포함해서)에 속하는 천적은 **병원체(pathogen)**라고 불린다. 그들은 주로 식물체 내에 살고 있으며 광학 혹은 전자현미경 하에서만 관찰된다. 육안으로는 과실체(녹병균의 여름 홀씨층) 또는 균사체의 거대 군집(흰가루병 곰팡이)만 볼 수 있다. 흔히, 병원체의 유무는 시들음, 황변된 잎 등과 같은 식물체의 병징에 의해 판단할 수 있다.

작은 동물들(선충, 깍지벌레, 진딧물, 진드기)은 보통 **기생체(parasites)**라고 불린다. 그들은 식물체로부터 체액을 빨아 먹으며 거의 운동성이 없다. 이들은 육안이나 돋보기로 확인되며 그 수를 헤아릴 수 있다. 곤충학자들은 이들을 **초식성(phytophagous)** 곤충이라 부른다. 기생하는 고등 식물들(*Striga, Orobanche*)도 기생체이다.

초식 동물(herbivore)이라는 말은 애벌레, 메뚜기, 설치류와 같이 식물 조직을 먹고 살면서 **물어 뜯기는 피해**를 일으키는 좀 더 큰 운동성을 갖는 생물을 가리킨다. 초식 곤충(herbivore insects)은 또한 초식성의 곤충(phytophagous insects)라고도 부른다.

이러한 용어들은 문헌에서 동일한 의미로 사용되지는 않는 경우도 있다. 어떤 사람들은 흰가루병 곰팡이를 미생물이기 때문에 병원체라고 부르며 또 다른 사람들은 곰팡이 균사체가 깍지벌레처럼 확실하게 눈으로 관찰되기 때문에 그것을 기생 곰팡이라 부른다. 표 1에서는 곰팡이는 병원체뿐만 아니라 기생체로도 분류하였다. 기생체 또는 병원체가 성공적으로 섭식할 수 있는 식물체를 **기주 식물(host plant)**이라 부른다.

표 1. 다양한 천적들의 분류와 식물에 대한 이들의 영향.

분류학상의 분류	천적에 대한 분류	식물체에 대한 영향
바이로이드		
바이러스		
파이토플라스마	병원체	병, 감염
세균		
난균류		
곰팡이		
고등식물		
선충	기생체	체내 침입[1]
진드기		
곤충		
달팽이, 민 달팽이	초식 동물	물어 뜯는 피해
척추동물		

[1]선충이나 곤충에 의한 감염에서 식물체 전체에 생리적으로 폐해가 일어난 경우, 병(disease)라는 용어도 사용될 수 있다.

식물체는 기생체와 병원체에게 영양분과 서식처를 제공한다. 예를 들어 오이는 응애와 오이 흰가루병에 대해 기주 식물체이다. 초식 동물에게 식물체는 **먹이 식물(food plant)**이라고 불린다(잔디는 소의 먹이 식물이다). 그러나 기주 식물과 먹이 식물의 경계는 불분명하다. 병원체에 적용되는 많은 법칙이 기생체에도 적용되는데 본서에서는 '기생체 또는/그리고 병원체'라는 다소 모호한 용어를 사용하기 보다는 병원체라는 용어를 주로 사용할 것이다.

2.1 병이란 무엇인가?

'병원체'라는 용어는 문자 그대로 '병을 발생시키는 것'을 의미한다. 그러나 많은 병원체들이 정말로 병을 유발하는가에 대해서는 의심의 여지가 있다. 좁은 의미에서, **병(disease)**이라는 용어는 식물체 전반에 걸쳐 생리적으로 폐해가 일어난 상태를 의미하여 황변과 시들음, 생리적 발달 장애 그리고 기형 등의 **병징(symptoms)**을 일으킨다. 이러한 증상들은 바이러스, 파이토플라스마, 세균, 그리고 곰팡이의 **감염(infection)**에 의해 가장 두드러지게 나타난다. 저항성 반응에 의한 괴저성의 얼룩이나 국소적 감염으로 인한 괴저성의 병반과 같은 침입자에 대한 식물 조직의 국소적인 반응 또한 병징이라 부를 수 있다.

증상의 강도는 식물체 내에 존재하는 병원체의 양을 판단하는 믿을 만한 지표가 항상 되는 것은 아니다(3.3 참조).

많은 병원체들과 기생체 직접 눈으로 볼 수 있으며 직접적으로 그 수를 헤아릴 수 있고 크기를 측정할 수도 있다. 잎에 보이는 흰가루병 곰팡이의 군집은 병징이 아니며, 식물체 위에 있는 깍지진디와 다를 바가 없다. 그러나 많은 논문에서조차도 그러한 군집이 병징으로 언급되고 있다. 실제로는 병원체의 이러한 눈에 보이는 부분은 **징후**(signs)라고 표현하는 편이 더 바람직할 것이다. 식물체 감염의 결과(생산량 감소, **손상(damage)**)는 직접 눈으로 볼 수도 없고 감염의 정도를 통해서도 예측하기 어렵다. 사람이 감기에 걸렸을 때 저항력이 다른 것처럼 식물도 유전자형에 따라 저항력이 다를 수 있다.

> 잎 얼룩 곰팡이는 국소적인 병반을 일으킨다. 이러한 병반은 병원체가 식물조직에 국소적으로 존재하여 나타나는 직접적인 결과이다. 병원체 자체를 볼 수는 없지만 병원체의 양은 병반의 크기나 수에 의해 간접적으로 가늠할 수 있다. 이러한 병원체들은 증상을 발생시키는 병원체와 직접적으로 눈에 보이는 병원체 사이 중간에 존재한다.

깍지 벌레나 흰가루병에 의한 감염의 경우에는 식물체 전반에 생리적 교란이 일어나는 것이 아니므로 병이란 용어를 피하는 것이 좋을 듯하다. 식물체가 병원체나 기생체('녹병에 의해 심하게 감염된 식물체')에 의해 이용되는 상황에 있기 때문에 병이라는 말 대신 **감염(infection)**이라는 용어를 사용한다. '병'과 '병에 걸린 식물체'라는 용어는 식물체 전체에 다소의 생리적인 교란이 있는 경우에 사용한다(모자이크 바이러스, 시들음 곰팡이 등).

해충(pest)이라는 용어는 기생 동물과 초식 동물을 가리키며 해충 종(種)을 나타낸다('가루이는 토마토의 해충이다'). 해충 종의 집단의 수가 **손상**이 발생하는 크기에 이르게 된 상태를, **대량발생(plaque)**라고 부른다('1993년 토마토에서 가루이에 의한 심각한 대발생이 나타났다'). 많은 수의 해충을 포함하고 있는 식물체는 그 해충에 심하게 침입 당한 것이다. 본서에서는 '편의상 해충에 침입당한 것' 또한 '감염'이란 용어를 사용하기로 한다.

2.2 병원체의 분류

병원체는 감염 과정의 특징에 의해 세분화된다. **활물 기생체(biotrophs**, 예, 바이러스, 흰가루병곰팡이, 녹병균, 겉깜부기 등)는 살아 있는 식물 조직에 의존한다. 다수의 활물 기생 곰팡이는 식물 세포에 **흡기(haustoria)**를 형성하여 식물체로부터 양분을 흡수하다. 이러한 흡기는 원형질을 함입시키며 세포질에는 침입하지 않는다. 기주 식물 세포는 이러한 흡기가 있어도 살아 있는 상태를 유지한다. 흡기는 식물체가 방어기작을 작동하지 못하게 세포를 조절할 수 있다.

대부분 활물 기생 병원체들은 인공적인 배지에서는 배양이 불가능하거나 매우 정교한 방법이 있어야 가능하다.

사물기생체(Necrotrophs)(*Septoria*, 참깨잎반점 곰팡이, 또는 다른 점무늬 곰팡이, 흰색곰팡이(*Sclerotinia sclerotiorum*)와 회색곰팡이(*Botrytis cinerea*))는 그들이 죽인 식물 조직으로부터 필요로 하는 양분을 뽑아내는데 이를 위해 보통 독소를 만들어낸다. 이들은 **부생생물(saprophytes)**과 유사하나 이들은 적극적으로 죽은 식물 조직을 먹고 산다. 이들은 인공 배지에서 쉽게 배양될 수 있다.

반활물기생체(Hemibiotrophs)(역병, 노균병)은 활물기생과 사물기생의 형태로 감염이 시작된 후 곧 식물 조직이 사멸한다. 역병 등 몇몇 반활물기생 종은 인공 배지에서 자랄 수 있으나 상추노균병 같은 종은 자랄 수 없다.

병원균의 또 다른 그룹은 여러 식물 종을 감염시킴으로써 **기회주의적**인 생활상을 갖는다. 이들이 감염시키는 식물이나 그 부위는 성숙기의 과실이나 묘, 부적절한 환경에서 자라는 식물처럼 방어력이 약화된 것이다. 그 예로는 모잘록병 및 유묘를 죽이는 난균류 *Pythium*과 곰팡이 *Rhizoctonia* 등이 있다. 그 외에 *Fusarium oxyporum*, *Verticillium albo-atrum*, *Ceratocystis ulmi*와 같은 **유관속 시들음**과 뿌리썩음병, 거고병균이 있다. 앞의 두 곰팡이는 물관부를 막아 식물체가 시들게 만들며, 나머지는 네덜란드 느릅나무병(Dutch elm disease)을 일으키는 것으로 악명이 높다.

Q1 병원체(**pathogen**), 기생체(**parasite**), 초식 동물(**herbibore**) 간의 차이점과 유사점은 무엇인가?

Q2 병원체(**pathogen**)라는 용어를 흰가루병(**powdery mildew**)에 사용하는 것에 반대하는 이유로 어떤 것을 들 수 있는가? ***Verticillium***의 경우는 어떠한가?

---

3. 병원체와 기생체에 대항하는 자연 발생적인 방어기작

식물의 방어기작에는 **회피(avoidance)**, **저항성(resistance)**, **내성(tolerance)** 등 세 가지가 있다. 세 가지 방어기작 중 농업에서 가장 중요한 것은 바로 저항성이다. 본 장에서는 이 세가지 전략을 소개한 후 저항성에 관하여 집중적으로 다루고자 한다.

3.1 회피

회피는 기주 식물이 특수한 형태나 특정 계절성 혹은 특정 냄새를 가짐으로써 자연계의 다양한 천적들과의 접촉 기회를 줄이는 것이다. 회피 기작은 기주 식물체와 기생체 간의 접촉 전에 작용하며 기생 동물과 초식 동물에 대해 효과적이다. 천적들은 운동성을 가지며 자신의 영양원과 산란장소를 능동적으로 선택할 수 있다. 그래서 식물체는 가능하면 천적들의 마음에 들지 않도록 보여야 하며 가능한 많은 기생체들에게서 벗어나야 한다. 그 예로 **모방(mimicry)**, 위장, 비정상적인 색깔, 샘털이나 가시, 가시털과 같은 형태적 특성, 혹은 기생체의 생활사와 비동시적 발달 등이 있다.

> 모방의 예는 시계풀(*Passiflora*) 속에서 발견된다. 이 속에 속하는 식물은 *Heliconius* 유충의 먹이가 된다. 그러나 몇몇의 시계풀 종은 동일한 지역에 흔히 존재하는 식물과 매우 유사한 잎 모양을 가짐으로써 *Heliconius*에게 먹히지 않는다(Gilbert, 1982).

회피 기작의 또 다른 중요한 그룹은 식물이 만들어 내는 화학 성분이다. 많은 식물체들은 기생 동물의 섭식이나 산란을 회피하게 만드는 혐오감을 주는 물질을 가지고 있으며 천적과 식물이 접촉하기 전이나 접촉 직후에 작용한다. 회피 기작은 또한 **항객성(antixenosis)**이라 불린다. 병원체는 감각기관이 없기 때문에 식물의 이러한 회피 기작은 그렇게 효과적이지 못하다. 일반적으로, 병원체들은 식물체에 수동적으로 도달하기 때문에 식물의 냄새나 가시 등과 같은 회피 기작이 병원체를 피해가는데 효과적이지 않다. 그러나 식물의 구조가 병원성 곰팡이를 회피하게 하기도 한다. 똑바로 선 잎을 가지는 품종은 보다 수평적인 잎을 가진 품종보다 곰팡이 포자가 훨씬 적게 침적되는 것으로 알려져 있다. 식물의 구조에 의해 그 작물 주변의 미기후가 결정되며 이는 병원체의 감염 여부에 영향을 준다.

어떠한 병원성 곰팡이는 주두를 통해 기주 식물을 감염시킨다. 맥각병(*Claviceps*)과 겉깜부기(*Ustilago*)가 그 예이다. 꽃이 닫힌 채로 수정이 되는 폐화 수정이라 불리는 꽃의 습성은 수수, 밀, 그 외의 다른 곡물 작물에서 감염을 피할 수 있게 해준다. 다른 곰팡이균은 기공을 통해 잎에 침투한다. 그들은 발아관을 기공 쪽으로 유도하기 위하여 잎 표면의 형태를 이용한다. 식물체가 비정상적인 표피 형태를 가지고 있거나 기공이 두터운 왁스층으로 덮여 있으면 병원체가 기공을 찾는 데 더욱 어렵게 된다(그림 1). 이 경우 또한 병원체와 식물 간의 긴밀한 접촉 전에 작용하는 기작이므로 회피라 할 수 있다.

회피는 **'이탈(escape)'** 과 혼동되어서는 안 된다. 이탈이라는 용어는 우연에 의해 식물체가 감염되지 않거나 덜 감염되는 경우를 일컫는 말이다. **접종원**의 농도가 매우 낮거나 시험 포장의 불균일한 환경 조건에서 어떤 구역의 식물체에는 감염에 부적절한 조건이 만들어질 경우 이탈은 중요한 인자가 된다. 회피와 달리, 이탈은 유전적으로 결정되는 식물체의 특성에 의해 기인하지 않는다. 육종가들은 이탈을 최소화하기 위해 노력해야 하는데 그렇지 않으면 이탈한 식물체를 저항성 식물체로 선발할 수 있기 때문이다.

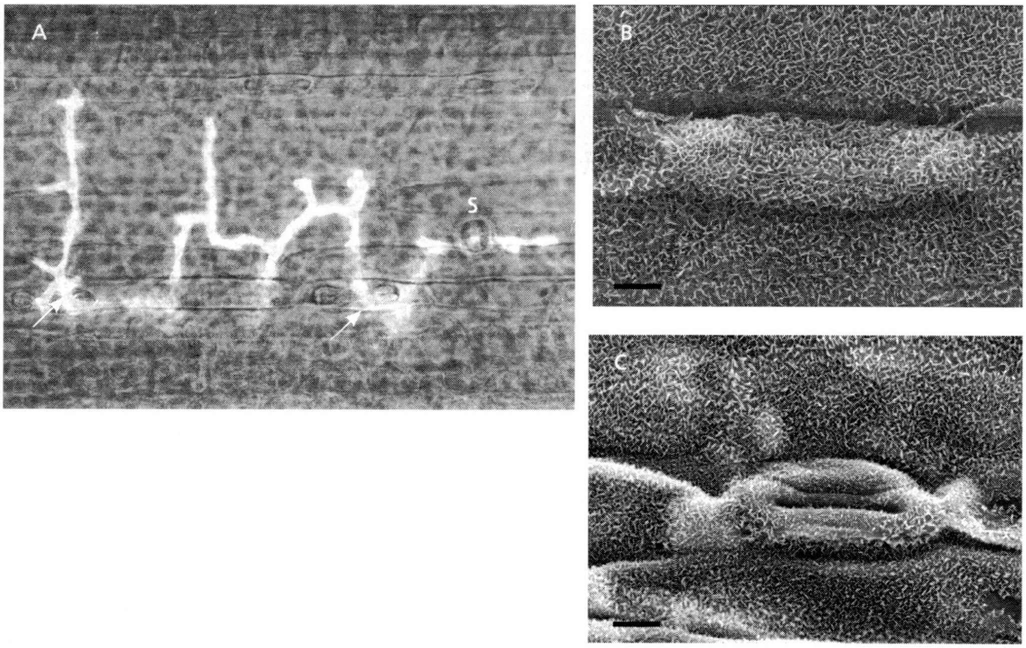

그림 1. 야생 보리 종의 *Hordeum chilense* 한 계통에서의 회피의 예. (A) 첫 번째 기공에서 흡기를 형성하는 대신 두 개의 기공(화살표)에서 자라는 보리잎 녹병균(*Puccinia hordei*)의 발아관과 잎으로의 침투. S: 발아하는 포자. (B) 기공세포를 덮고 있는 풍부한 표피 왁스층으로 인해 녹병균(*H. chilense*)의 발아관이 거의 인식하지 못하는 기공의 주사 전자 현미경 사진. (C) 또 다른 *H. chilense* 녹병균 발아관이 인식할 수 있는 기공의 사진(Nicks and Rubiales(2002), Vaz Patto and Niks(2001).

3.2 저항성

저항성(Resistance)은 식물체가 기생체와의 접촉이 이루어진 후, 기생체의 생장과 발달을 억제하는 능력을 말한다. 저항성은 초식 척추동물보다는 해충, 기생체 혹은 병원체를 대상으로 작동된다. 초식 척추동물의 경우, 식물체와 밀접한 상호작용은 일어나지 않는다. 해충(진딧물, 잎나방벌레, 진드기, 콜로라도 감자잎벌레)에 대한 저항성은 해충의 높은 사망률, 낮은 유충의 생장과 번식률의 감소로 나타나며 **항생작용(antibiosis)**이라 부른다.

저항성은 **감수성(susceptible)** 식물체와 저항성 식물체의 식물체 당 혹은 특정 부위 당 병원체 또는 기생체의 양을 비교함으로써 측정될 수 있다. 많은 **식물-병원체계**(특히 **전신감염**, 또는 뿌리 감염)에서 식물체의 병원체 감염을 정량화 하는 것은 어렵고 지루한 일이다. 증상의 심한 정도가 저항성을 간접적으로 측정하는 수단이기는 하나 증상의 정도와 병원체의 양과 밀접한 관련이 없다(3.3 참조).

3.3 내성

회피나 저항성처럼 내성(Tolerance)이 있는 기주 식물은 기생체의 감염에 따른 해로운 결과를 억제할 수 있다. 그러나 내성은 기생체에 대한 접촉을 억제하거나 기생생물의 생장이나 증식에는 영향을 미치지는 않는다. 내성이란 주어진 기생체의 따른 **손상(damage)** 또는 **병징(symptoms)**을 감소시킬 수 있는 정도를 말한다. 내성 식물체에 기생체이 감염되었을 때에는 **감수성(sensitive)**의 식물체와 비교하여 식물체의 손상이 적고 완화된 병징을 보인다. **감수성(sensitivity)**은 내성과 반대의 개념으로 주어진 밀도의 기생체에 대해 식물체의 손상이나 증상이 보다 심하게 나타난다.

내성과 감수성은 양적형질이며 상대적인 형질이다. 기생체에 의한 피해 정도에 따라 내성과 감수성이 결정된다. 피해 정도가 적을수록 더 높은 내성(즉, 더 낮은 감수성)을 의미한다.

특히, 바이러스학에서는 내성이라는 용어는 바이러스 감염 후 상대적으로 약한 병징을 보이는 경우에도 사용한다. 내성이 가장 강할 때, 기주 식물체 내에서 바이러스가 존재하고 증식함에도 불구하고 어떠한 병징도 보이지 않는다. 이러한 경우, 그 식물을 **보균 식물**이라고 할 수 있다.

바이러스를 식물체에 **접종(inoculation)**한 후 상대적으로 약한 병징을 나타낸다는 것은 다음의 두 가지 경우를 의미한다. 식물체가 저항성이거나 식물체가 강한 내성을 가진 경우(혹은 둘의 조합)이다. 식물체에서 농도가 상대적으로 높게 나올 경우에는 내성으로 결론짓는 것이 타당할 것이다.

1968년 Kooistra는 *Cucumis* virus 2에 대한 저항성을 몇몇 오이품종과 대목에 대하여 검정하였다. 어떤 계통의 경우 특히 일본 품종인 Natsufushinari의 경우 이 바이러스 접종 후에 전혀 병징이 나타나지 않았다. 병징 발현과 관련해서는 완전한 내성이었다. 식물체 내의 바이러스의 농도와 수량의 감소는 병징을 보이는 감수성 개체와 동일한 수준이었다. 이것은 병징이 없는 계통이 감염에 의한 피해에 있어서는 저항성 내지 내성이 아님을 보여준다.

토마토 황화 잎 말림병은 (아)열대와 지중해 기후 지역에서 토마토에 엄청난 손상을 일으키는 것으로 가루이에 의해 매개되는 begomoviruses에 의해 발생한다. 이 바이러스들은 일반적으로 *Tomato yellow leaf curl virus*(TYLCV)에 속한다. 토마토 야생종 *Solanum chilense*에서 저항성 유전자(*Ty* 유전자)가 동정되었으며 재배되는 토마토 품종으로 도입되었다. *Ty* 유전자는 여교배를 통해 Moneymarker라는 품종으로 유전자가 도입되었다. *Ty* 유전자가 도입된 여교배 계통(ABL 계통)은 병징이 보이지 않으나 Moneymarker는 TYLCV에 감염된 표현형을 보인다(그림 2)(Y. Bai, unpublished data). 그 여교배 계통과 Moneymarker에서 TYLCV DNA의 축적 정도는 비슷하였다. 사실상, *Ty* 유전자는 TYLCV의 증상의 발현에 대한 내성과 관련된 것이며 저항성은 아니다.

그림 2. (A) TYLCV에 감염된 Moneymaker 식물체의 황변하고 말린 잎 (B) *Ty* 유전자를 가지는 ABL 계통 식물체, 바이러스는 확인되나 TYLCV 감염 증상은 나타나지 않음. 사진은 TYLCV 접종 후, 3주 이후의 모습임.

병원균 감염, 해충에 의해 씹히거나 뜯기는 손상으로부터 **회복**되는 능력 또한 내성으로 간주된다.

내성의 경제적 중요성에 더해서는 알려진 바가 거의 없으며, 식물 재료의 진정한 내성 정도를 측정하는 것은 매우 어렵다. 내성은 종종 저항성과 혼동된다(6.10, 7.8.1.3 참조).

Q3 *Lithops* 속의 식물은 자갈처럼 보인다. 이것은 남아프리카 사막에서 발견된다. 이러한 형태의 기능은 무엇일까? 이를 표현하는 정확한 용어는 무엇일까?

Q4 저항성과 내성의 정의는 무엇인가? A라는 품종이 B라는 품종과 비교하여 내성과 저항성의 정도를 판단하기 위해 조사해야 하는 항목을 추론하라.

Q5 흰가루병에 대해 병징이 없는 품종의 경우 내성이라고 부르는 것이 맞는가? *Verticillium*의 경우나 beet cyst nematode의 경우는 어떠한가?

Q6 한 육종가가 땅콩이 Peanut Yellow Spot Virus에 대해 내성인지 저항성 인지를 결정하고자 한다. 우선 ELISA 기술을 사용하여 식물체 내에서 바이러스의 축적 정도를 측정하고 접종한 땅콩과 접종하지 않은 땅콩에서의 병징의 발현과 생산량을 조사하였다. 그 결과는 다음과 같다.

품종	바이러스의 상대적 농도	황화와 왜성의 정도	상대적 생산성	
			접종	비 접종
A	100	8	80	90
B	50	0	100	100
C	50	3	40	90

- 가장 저항성인 품종은 무엇인가?
- 가장 감수성(susceptible)인 품종은 무엇인가?
- 가장 내성인 품종은 무엇인가?
- 가장 감수성(sensitive)인 품종은 무엇인가?

Q7 *Verticillium*과 같은 시들음 곰팡이병과 흰가루병에 대해 저항성을 판단할 때 어느 것이 더 쉬울까? 그 이유는?

Q8 3개의 수박 품종에 바이러스에 대한 효과를 확인하기 위해 바이러스를 접종하였다. 바이러스를 접종하지 않은 대조군(**mock-inoculated**)을 만들고 나머지는 바이러스를 접종하였다. 생산성은 식물체 당 측정되었다. 어떤 품종이 바이러스에 대한 가장 높은 내성을 가지는가?

품종	대조군의 생산량 (kg/plant)	접종 후 생산량 (kg/plant)	생산량 (%)
A	26	12	54
B	28	18	36
C	24	23	4

4. 식물과 병원체의 상호작용: 기본 개념

식물과 병원체의 상호작용의 개념을 이해하기 위해서는 다음에서 설명하는 식물과 천적들 간의 **공진화(co-evolution)**를 이해하면 도움이 된다.

녹색 식물은 지구 상의 모든 생명의 근원이다. 식물은 빛을 이용하여 무기물(이산화탄소, 물, 미네랄 등)을 유기물(탄수화물, 지방, 단백질 등)로 바꾼다. 이러한 이유로 광합성을 하지 못하는 생물체들에게 식물체는 매우 매력적인 영양 공급원이 된다. 미생물과 동물의 섭식을 억제하기 위하여 식물체들은 방어기작을 발달시켰다. 이러한 방어기작은 자연계에서 식물 종 마다 매우 다양하게 나타난다. 식물체는 미생물의 침입을 막기 위해 빠르고 효과적으로 상처 난 표피나 조직을 회복시킨다. 식물체들은 또한 독성 물질(알칼로이드 등)을 가지고 있거나 상처나 감염에 대한 반응으로 독성 물질을 만들기도 한다. 이러한 특성을 **'통상적 방어(general defense)'** 라 부르며, 광범위한 해충이나 병원균에 대한 선택압력(selection pressure)으로 인해 **진화(evolution)** 과정 초기에 발생했을 것으로 추측된다. 이러한 일반적인 방어는 대부분의 잠재적인 천적들에 대해 효과를 가진다. 통상적인 방어는 비유도성과 유도성으로 구성되어

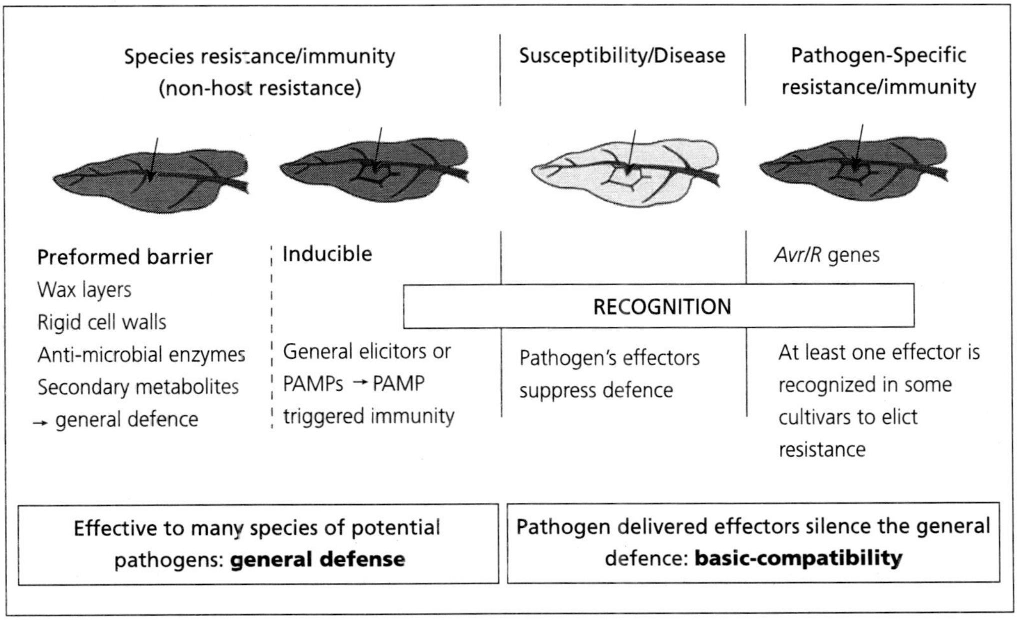

그림 3. 일반적인 저항성과 품종 특이적인 저항성, 그리고 식물과 병원체 간의 인식 기작에 대한 모식도(Nürnberger 등, 2004).

있다(그림 3, 왼쪽). 후자는 일반적으로 PAMP(pathogen-associated molecular patterns: 병원균과 관련된 분자적 패턴)에 의해 유발된다. 이들은 생화학적 복합체 또는 펩타이드로 미생물의 생활에는 필수적이며 식물 조직에는 이질적인 것이다. PAMP의 예로는 식물 병원성 세균의 편모의 구성물질이거나 곰팡이의 키틴 세포벽 복합체이다. PAMP는 식물 수용체에 의해 인지된다. PAMP가 인지되면 **PAMP에 의해 유도되는 면역(PAMP-triggered immunity)**이라 불리는 방어 반응을 개시한다(그림 4, 왼쪽).

식물체를 감염시키기 위해서, 병원체는 PAMP에 의해 유도되는 면역을 억제하거나 이를 피해야만 한다. 그러므로 적응한 병원체는 식물 조직(일반적으로 세포질) 안으로 식물체의 방어작용을 방해하는 **반응기(effector)**를 운반한다. 이들은 식물체의 방어작용을 방해한다(그림 4, 중앙). 이러한 반응기들은 식물 종 특이적으로 작용할 것으로 생각된다. 반응기의 특이성은 식물 병원균의 매우 다양한 특이성을 가장 잘 설명해 주고 있다. 식물 병원균의 대부분은 매우 제한된 범위의 식물 종만을 감염시킬 수 있다(5.3.2와 5.3.3 참조).

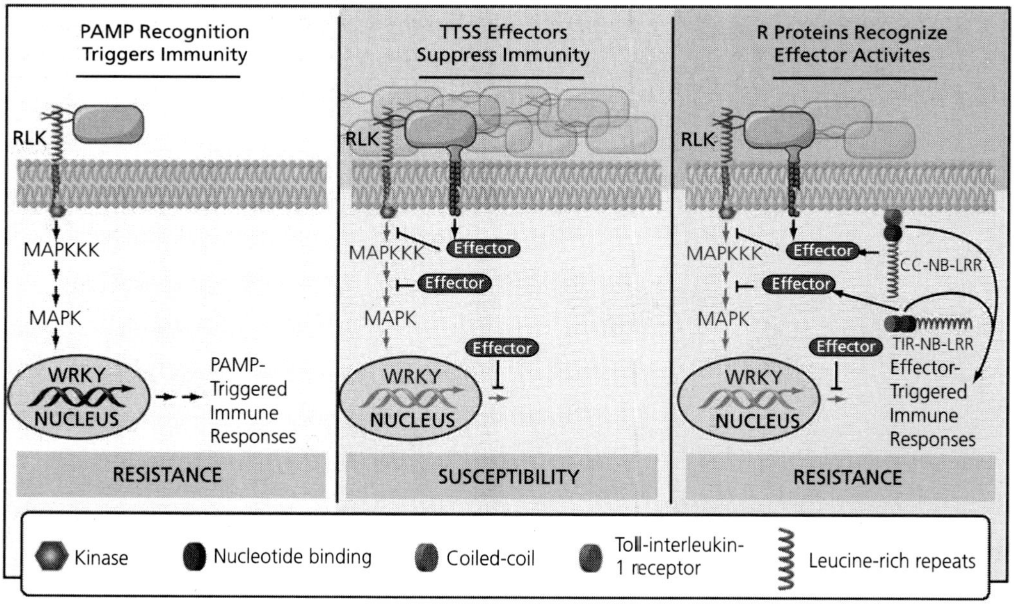

그림 4. 세균성 병원균과 식물 간의 상호작용 모델. (왼쪽) 세포 밖의 receptor-like kinase(RLKs)에 의한 PAMP의 인지는 면역반응을 유도한다. 이것은 MAP kinase cascades를 통한 신호전달과 식물의 WRKY 전사 인자에 의해 조절되는 전사 재진행(transcriptional reprogramming)을 포함한다. (중앙) 병원성 세균은 기주의 PAMP 유도 면역 반응을 억제하는 반응기 단백질들을 분비한다. (오른쪽) 식물의 저항성 단백질(CC-NB-LRR로 표시)은 병원균의 반응기 활성을 인지하고 반응기에 의해 유도되는 면역 반응을 통해 저항성을 나타낸다(Chisholm 등, 2006).

비병원 병원균에 대한 식물의 방어 작용은 빌딩의 도난 경보 장치와 유사하다. 경보는 비특이적인 인자(움직임과 PAMP 등)들에 의해 유도되고 매우 특이적인 방법으로 억제된다.

어떤 생물이 식물 종을 이용할 수 있을 때, 이것은 PAMP에 의해 유도되는 면역 반응과 같은 식물의 통상적인 방어기작을 생물체가 무력화 시킬 수 있는 능력을 가지고 있기 때문으로 생각된다. 식물과 병원체들 간에는 이러한 **기본 친화성(basic-compatibility)**이 존재한다(그림 3, 오른쪽). 기본 친화성의 반의어는 기본 저항성(basal resistance)이다. 만약 기본 저항성이 완벽하고 한 종의 모든 개체 수준에서 작용한다면 이것은 **비기주 저항성(non-host resistance)**(5.3 참조) 또는 PAMP에 의해 유도되는 면역반응(그림 4, 왼쪽)이라고 할 수 있다.

> 완두의 흰가루병 곰팡이(*Erysiphe pisi*)의 분생포자가 보리의 잎에 부착하면, 포자의 정상적인 발아가 일어날 것이다. 병원체가 보리의 상피를 침투하려 할 때, 보리는 세포벽이 침투되는 지역에 빠르게 **돌기(papilla)**를 형성한다. 이로 인해 포자는 보리 세포 안으로 침투에 실패하게 된다. 또한 다른 비병원성 곰팡이의 공격에 대해서도 보리는 유사한 방법으로 반응한다. 그러나 보리의 흰가루병(*Erysiphe graminis* f.sp. *hordei*) 곰팡이는 **흡기**를 형성, 성장, 번식함으로써 보리의 표피 세포에 침투할 수 있다. 이것은 보리의 흰가루병 곰팡이는 완두의 흰가루병 곰팡이에게는 치명적인 보리의 방어기작에 대항할 수 있음을 의미한다.

각 식물 종은 자연에 존재하는 수 많은 적들 중 제한된 수에 대해서만 영양 공급원으로 이용된다. 이러한 병원균의 몇몇은 특정 식물 집단에 대해 상당한 선택 압력을 가한다. 병원성 병원균에 대해 효과적인 저항성을 가지는 식물 개체들은 그러한 저항성이 없는 개체에 비해 훨씬 나은 생존력을 가질 것이다. 병원체와의 경쟁에서 우위를 차지한 것이다. 특정 병원체나 해

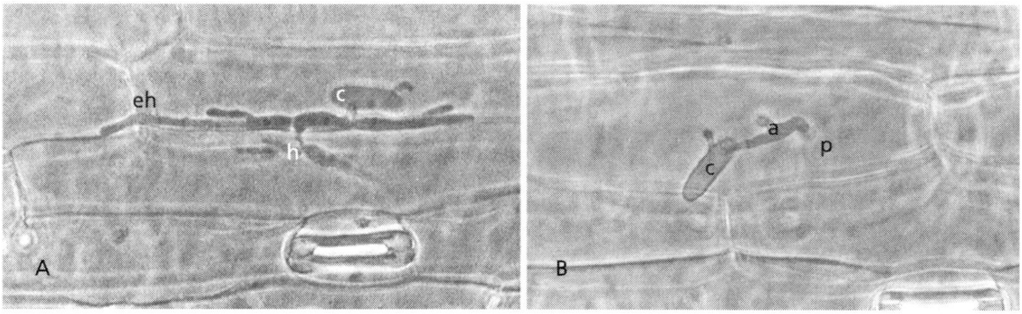

그림 5. 보리의 표피세포에서 확인된흰가루병 곰팡이(*Blumeria graminis*)의 어린 발아체. A: 성공적 감염으로, 식물세포에 흡기(h) 형성, 신장된 두번째 균사(eh)를 형성함. B: 흡기형성에 실패한 흡기(a). 식물세포는 유기돌기형성에 의해 반응한다(p). c: 분생포자

충에 대해 특화된 저항성은 병원균/해충 종 특이적으로 나타난다. 이러한 **병원균 특이적 저항성(pathogen–specific resistance)**은 기본 친화성 위에 작용한다(그림 3, 오른쪽).

> 보리의 흰가루병 곰팡이는 보리를 감염시킬 수 있다. 이것이 기본 친화성이다. 이러한 친화성은 보리의 유전형에 따라 차이가 있다. 어떤 식물체는 다른 것보다 흡기가 더 많이 생긴다. 그러나 흡기가 생긴 경우에도 이를 막아낼 수 있는 방어기작이 있다. 식물체는 반응기(Avr factor)를 인지하는 특이적 저항성(*R*) 유전자를 가지고 있어 *R* 유전자와 *Avr* 유전자의 상호작용 결과 공격받은 세포에서 급격한 괴사가 진행된다. 이와 같은 세포의 자살 기작으로 감염의 진행이 중지된다. 이러한 효과는 기본 친화성이 존재하는 경우에서만 분명히 나타난다.

그러므로 잠재적인 적들에 대한 식물의 방어는 여러 가지 현상들로 구성되어 있으며, 이것은 식물체의 비유도성 혹은 유도성의 독성과 방어 작용(PAMP에 의해 유도되는 면역 반응이 가장 일반적임)을 포함한다. 특정 식물을 이용할 수 있는 병원성을 가지기 위해서는 독성 물질에 대한 내성이나 독성 물질의 파괴, 또는 방어기작을 성공적으로 억제할 수 있어야 한다. 방어기작을 억제하는 목적으로 사용되는 반응기를 식물체는 병원균 특이적 방어(effector-triggered immunity라고 부름)를 활성화시키는 데 이용된다(그림 4, 오른쪽).

5. 저항성 기작의 다양성

5.1 서론

전장에서 회피, 저항성, 내성 등과 같은 다양한 식물의 방어기작에 대해서 이미 논의하였다. 이 세 방어기작 중 저항성이 식물 육종에 가장 일반적으로 활용된다. 이 장에서는 식물 육종가들이 가장 많이 이용하는 다양한 저항성 기작에 대해 공부하게 될 것이다. 저항성의 작용 기작, 유전학, 그 지속성과 특이성에 관해 배우게 된다.

5.2 광범위 저항성

식물에서 가장 뚜렷한 저항성 작용 기작은 **광범위 저항성(broad resistance)**이다. 이것은 여러 종류의 잠재적인 천적들에게 효과적인 저항성 기작이다. 그 예로는 감자와 *Digitalis*의 독성 스테로이드성 alkaloids 및 glycoalkaloid와 *Asclepias*의 유액이 있다.

> Glucosinolates는 광범위한 저항성을 유도하는 식물 화합물로 주로 배추과 속에서 생산된다. 유채속에서는 3종류의 glucosinolates가 생산된다. 식물 조직에 상처가 나면 이 들은 초식 동물에 대해 독성을 가지는 다양한 화합물로 전환된다. 유채(*Brassica napus*)는 oilseed rape로도 알려졌으며 배추과 속의 밝은 노란색 꽃이 피는 식물이다. 유채 잎에서 glucosinolate 함량과 달팽이, 비둘기, 자고새, 사슴 등에 의한 피해는 반비례 관계에 있다. 또한 가수분해된 glucosinolate는 기내(*in vitro*)에서 다양한 곰팡이 병원균에 대해 독성을 가진다. 때문에 glucosinolates는 광범위 저항성의 진정한 예라고 할 수 있다. Glucosinolate의 함량이 높은 유채 품종을 동물 사료로 쓰기에는 독성이 너무 강할 수 있다. 그러나 잎과 종자의 glucosinolate의 함량을 조절하는 유전자가 다르기 때문에 종자에서의 함량은 낮고 잎의 glucosinolate 함량이 낮은 품종을 개발할 수 있다. 놀라운 것은 배추과 속 식물을 이용하는 곤충에게 glucosinolates는 유인 물질로 작용한다는 것이다. 이 곤충들은 glucosinolate의 독성에 견디거나 무독화시킬 수 있다. glucosinolates의 함량은 유채속 특이적인 배추 벼룩 잎벌레(*Psylloides chrysocephala*)에 의한 손상이나 배추흰나비(*Pieris brassicae*)의 **발생 정도(incidence)**와 비례관계를 가진다. 유채속에 특성화된 glucosinolates의 유인물질 효과는 상관관계가 없는 한련(*Tropeolum majus*)에서도 확인된다. 한련 또한 glucosinoletes를 포함하고 있으며 다양한 유채속 특이적인 초식 동물에 의해 먹이로 이용된다(Mithen, 1992; Giamoustaris & Mithen, 1995).

저항성은 **능동(active)**과 **수동(passive)** 저항성 기작으로 구분된다. **수동 저항성(passive resistance)**의 예로 병원균의 존재 여부에 무관하게 식물체 너에 독성 물질이나 기계적 장벽이 항시 존재하는 것을 들 수 있다. 감자의 알칼로이드는 수동 저항성을 부여 한다.

능동 저항성(active resistance)은 병해충이 식물 조직을 침투하기 시작하자 마자 방어 작용을 가동시키는 것을 말한다. 기주 특이적이나 병원균에는 비특이적인 **phytoalexins**의 합성이 그 예이다. 완두콩의 pisatin, 대두의 hydroxyphaseolin, 콩의 phaseolin, 토마토의 nishitin, 포도의 pterostilbene, 사탕나무의 betagarin 등과 같은 화합물의 생산은 상처 또는 침투가 일어난 세포 주위에서 이루어 진다. 이와 같은 생물 독성 작용은 매우 광범위하여 많은 종류의 미생물에 효과적이다. 능동 저항성은 상처가 나거나 감염된 지역에 한정된다.

능동 저항성의 또 다른 예는 **돌기(papillae)**의 형성이다(그림 5B, 6). 곰팡이균(다양한 표피 세포 침투성 병원균들과 밀에서 완두콩 흰곰팡이, 보리의 호밀 잎 녹병)에 의한 세포벽 침투에 대한 반응으로 식물의 세포벽은 돌기를 형성한다.

또 다른 능동 저항성 기작은 **발병 관련(pathogenesis related(PR-)) 단백질**의 생산이다. 식물은 감염이나 씹히는 손상, 또는 다른 종류의 스트레스(토양의 중금속이나 노화)에 대한 반응으

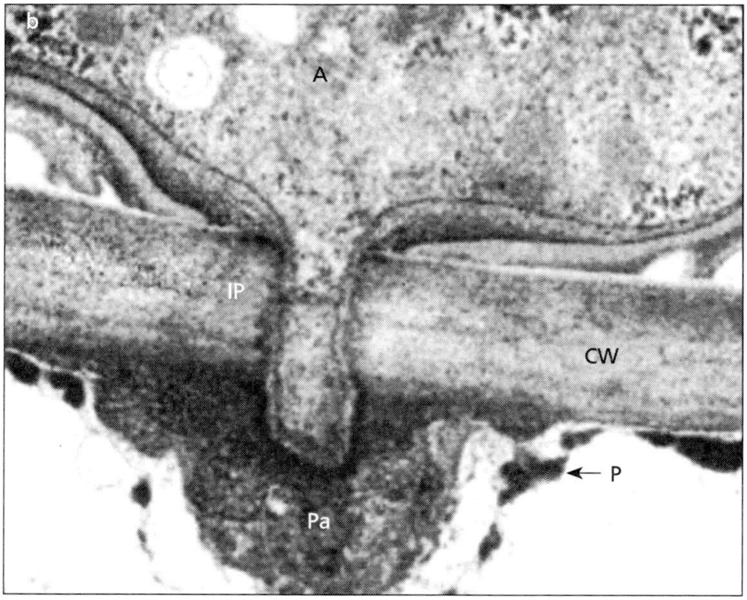

그림 6. 수수 탄저병 곰팡이 (Sorghum anthracnose fungus)(A)가 식물 세포벽 (CW)을 침투하나, 식물체에 의해 돌기(Pa)의 형성이 중단됨. IP: infection peg; P: plasmalemma (Wharton 등, 2001)

로 이러한 단백질을 생산한다. PR 단백질은 식물체 전체에서 합성된다. 이러한 PR 단백질을 합성할 수 있는 식물은 많은 천적들에 대해서 높은 저항성을 보인다. 이러한 효과를 **유도 저항성(induced resistance)** 또는 **전신 획득 저항성(systemically acquired resistance)**이라고 부른다.

> 관다발 시들음 곰팡이 균인 *Verticillium*에 의해 약하게 감염된 목화 묘목은 감염되지 않은 것과 비교하여 잎 진드기에 의한 피해가 훨씬 적다. 반대로, 잎진드기에 피해를 입은 식물은 그렇지 않은 것보다 *Verticillium*에 대한 저항성이 더 강해진다. 또한 잎 진드기가 *Verticillium*에 감염되기 전에 죽더라도 저항성 유도는 여전히 효과적이다. 이러한 유도된 저항성은 전신에서 나타나며 병원체 종에 비특이적이다(Karban 등, 1987).
>
> 몇몇 PR 단백질은 chitinase 또는 glucanase 활성을 가지는 것으로 확인되었다. Chitinase 활성이 있다는 것은 이 단백질이 균성장 억제 작용이 있음을 의미한다. 왜냐하면 chitin이 대부분의 곰팡이 세포벽의 주된 구성성분이기 때문이다. Chitinase는 액포와 아포플라스트(apoplast, 세포 사이 공간)에 축적된다. 체외에서 합성된 chitinase는 식물체 내에서와 마찬가지로 실제로 몇몇의 병원성 곰팡이의 세포벽을 분해한다. 콩의 chitinase 유전자가 도입된 담배와 유채의 형질전환체는 *Rhizoctonia solani*에 대한 감수성이 줄어드는 것을 확인할 수 있다. 이러한 현상은 콩의 chitinase의 축적과 관련되어 있다. 예상대로 *Pythium*에는 저항성이 없는데, *Pythium*는 난균으로 chitin을 함유하고 있지 않기 때문이다. 그러나 또 다른 경우에는 chitinase가 저항성과 관련이 없음을 보여주기도 한다. *Cercospora nicotianae*는 chitin을 주요 세포벽 구성 성분으로 가지는 곰팡이임에도 불구하고 chitinase 유전자가 이에 대한 감수성에 어떠한 영향도 미치지 않는다.

Q9 수동적인 광범위 저항성을 가졌을 때 나타날 수 있는 부작용은 무엇인가? 이로인해 식물 육종에 활용이 어려울 수 있는가?

5.3 비기주 저항성

5.3.1 정의

모든 식물 종은 자연의 잠재적인 수많은 적들에 대해 완벽한 저항성을 가지고 있다. 다시 말하면 모든 식물 종은 대부분의 많은 천적들에 대해 **비기주(non-host)**이다. 비기주 식물이라는 용어는 식물 종과 병원균 종 수준에서만 사용된다. 만약 특정한 병원균 X라는 종에 대해 감수성인 개체가 하나도 없는 식물 종은 그 병원체 X에 대해 비기주라고 말한다. 이전에 어떤 계통에 대해서도 감염의 예가 없으면 그 식물 종을 비기주 종이라고 한다. 이것은 비기주라는 용어가 내재적인 불확실성이 있음을 의미한다. 발견되지는 않은 감수성 개체가 존재할 가능성은 항존한다. 기주와 비기주 간의 명확한 구분은 불분명하다. 어떠한 식물 종을 비기주 상태로 정의하는 데는 다음과 같은 문제들이 있다. 1) 특정 환경 조건(예를 들어 열 처리 후)에서는 비기주로 여겨지는 식물에서 병원체의 번식이 가능하다. 2) 엄밀하게 조사되지 않은 식물 종은 충분한 증거 없이 비기주로 분류된다. 3) 특히 분화종(*formae speciales*)과 같은 병원체에서는 종의 구분이 명확하지 않은 수 있다(5.3.4 참조).

5.3.2 기생 능력

만약 어떤 식물 종이 해충이나 병원균에 대해 비기주라면, 그 병원체는 그 식물 종에 대하여 **기생 능력(parasitic ability)**이 결여되어 있음을 또한 의미하는 것이다. 그 병원체는 (충분히) 적응되지 못한 것이다. 기생 능력은 식물을 영양 공급원으로 사용하는 생물의 능력을 말한다. 이 용어는 **병원성(pathogenicity)**과 거의 유사한 의미이다(5.3.3 참조). 이는 특히, **PAMP에 의해 유도된 면역(PAMP-triggered immunity)**과 같은 식물의 방어기작을 무력화시키고(4장 참조, 그림 3, 왼쪽) 또한 기공을 찾고 목질화된 줄기에 침투하는 것과 같은 일반적인 식물의 특성에 적응하는 능력을 포함한다.

> '기생 능력'이라는 용어는 유액을 분비하는 식물(*Asclepias*)과 그 해충에서 분명하게 그 현상이 확인된다. 유액 분비 식물은 상처 난 곳에서 독성을 가지는 유액을 분비한다. 비적합한 초식 곤충이 이러한 식물 조직을 섭식하게 되면 곧 식물의 합성 유액으로 인해 입 부위가 붙어버린다. *Asclepias*에 기생하는 초식 곤충은 이를 섭취하기 위해 섭취하려 하는 곳 윗부분의 도관에 구멍을 뚫는다. 이를 통해 식물 유액 분비관의 압력을 감소시킨다(Dussourd & Eisener, 1987). 식물의 광범위 저항성은 식물이 많은 **초식 동물(herbivores)**에 대해 비기주 상태를 가지게 하는 역할을 한다. 실제로 연구자들이 *Asclepias*의 유액 분비관을 천공하였을 때, 몇몇의 이 식물을 이용하지 못하던 초식 곤충들이 *Asclepias* 잎을 영양 공급원으로 성공적으로 이용할 수 있었다. 이러한 방법으로 저항성 기작이 인위적으로 제거된다면 *Asclepias*는 이러한 곤충들에게 적합한 영양 공급원이 된다. 현재까지 94종의 분비샘을 자르는(canal-cutting) 곤충 종이 보고되었지만 이중 27%만이 많은 종의 식물을 먹이로 한다**(generalist)**. 이러한 비율은 일반적인 초식 곤충 비율과 비슷한 수치이다. Canal-cutting 습성은 곤충이 먹이가 아닌 분비샘을 만드는 식물에서 양분을 취하는 데는 도움이 되지 않는 것 같다(Dussourd, 2009).

기생 능력을 발달시킨 적응된 천적들 광범위 저항성에 내성을 갖거나 무력화 시키며 능동 저항성의 유도를 억제하는 방법을 습득한 것으로 보인다.

Ouchi 등의 연구 결과에는 흥미로운 정보가 들어있다(1974). 이들은 보리 흰가루 곰팡이(*Blumeria graminis* f.sp. *Hordei*)와 오이 흰가루 곰팡이(*Sphaerotheca fuliginea*)를 이용하여 연구를 진행하였다. 보리는 *S. fuliginea*에 대해 비기주이며, 멜론은 *E. graminis*에 대해 비기주이다. 보리와 멜론에 각각의 흰가루 곰팡이균인 *E. graminis*와 *S. fuliginea*를 각각 접종하였다. 기주 식물에 병원체가 정착해 균사체가 자라나게 한 후 흰가루 곰팡이를 문질러 잎에서 제거했다. 흰가루 곰팡이는 체외 기생균으로 자라며 **흡기**를 형성하기 위해서만 표피 세포에 침투한다. 그 후에 비병원성 흰가루 곰팡이(보리에 *S. fuliginea*와 멜론에 *E. graminis*)를 접종하였다. 만약 이들을 이전에 병원성 곰팡이가 성장했던 곳에 접종하면, 비병원성 균주도 약하게 흡기를 형성하며 비기주 식물에서 증식할 수 있다(그림 7). 확실히 *B. graminis*는 보리에서, *S. fuliginea*는 멜론에서 비병원성 균주에 대해 감수성을 유도한 것이다. 이 균들이 적응하지 못하는 기주에서도 자라는 것으로 보아 보리는 *S. fuliginea*에 적절한 영양을 공급하고, 메론은 *E. graminis*에 영양을 공급하고 있다고 생각할 수 있다. 이러한 증거는 비기주 상태가 해충이나 병

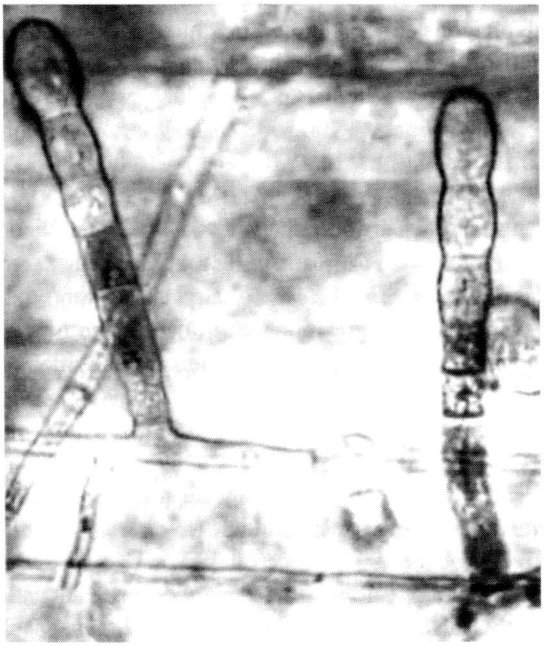

그림 7. 보리 흰가루병 곰팡이를 48시간 전에 접종하여 감수성이 유도된 이후에 멜론의 오이 흰가루병 곰팡이가 비기주인 보리에서 포자 형성을 시작함(Ouchi 등, 1974).

원균의 영양 공급원으로써의 식물에 부적합하기 때문에 생기는 것이 아님을 보여준다 (Ouchi 등, 1974). 녹병을 이용한 세포연구에서 병원체(*Puccinia hordei*)가 보리에서 방어기작을 억제하는 능력을 가지고 있으나 *P. recondita* f.sp. *secalis*(호밀 잎 녹병균)의 경우는 보리에서 그러한 능력이 없음을 나타내는 증거를 제시하였다. 두 개의 녹병균을 보리 묘목에 동시에 접종하였을 때, *P. recondita*는 *P. hordei*에 의해 억제된 보리의 방어기작에 대해 혜택을 받을 수 있었다(Niks, 1989a).

5.3.3 기주 범위

비기주 저항성이 흔하다는 것은 기생체들은 오직 제한된 수의 식물 종만 이용할 수 있다는 뜻이다. 일반적으로 오직 소수의 식물 종만이 병원균에 대해 **기주(host)**로 이용된다. 한 병원체에 대해 기주인 식물 목록을 그 병원체에 대한 **기주 범위(host range)**라고 한다. 기주 범위에 들어가지 않는 식물 종은 비기주 종이라고 한다.

한 식물 종을 감염시킬 수 있는 능력을 가진 것을 **병원성**(**pathogenicity**, 형용사: **pathogenic**)라고 부른다. 광범위한 기주 범위를 가지는 해충과 병원체를 **광범위 병원체(generalists)** 또는 **잡식성(polyphagous)**라고 부른다(예시: 녹색 복숭아 진딧물, 거미 응애, 캘리포니아 총채벌레, 세균성 시들음병(*Pseudomonas solanacearum*), 잿빛 곰팡이(*Botrytis cinerea*)). 반면에 좁은 기주 범위를 가지는 것을 **한정적 병원체(specialists)** 또는 **협식성(oligophagous)**, **단식성(monophagous)**이라고 부른다(예시: 보리 잎녹병, 잎굴파리(*Liriomyza cannabis*), 감자 콜로라도 딱정벌레).

대부분의 해충과 병원체는 제한된 수의 식물 종에만 적응되어 있다. 어떻게 한 생물 그룹 내에서 어떤 종은 일반적인 특성을 보이고 다른 종들은 특화된 특징을 보이는 지에 대해서는 분명하지 않다. 특화된 종이 되는 것은 생존 전략 상 위험 부담이 큰 것으로 보인다. 그러나 자연계에는 한정적 병원체가 다수이며 이들의 특화된 특성으로 인해 경쟁 우위를 유지할 수 있는 것으로 보인다.

5.3.4 분화형

표면적으로 **광범위 병원체(generalists)**으로 보이는 천적들도 사실 서로 다른 **한정적 병원체(specialist)**로 구성되어 있다. 예를 들어, 흰가루병(*Erysiphe graminis*)은 많은 종류의 잔디나 곡류의 대부분에 대해 병원성을 가진다. 이를 자세히 살펴보면, 밀에서 병원성을 보이는 **분리 균주(isolate)**는 보리나 호밀, 귀리에서는 병원성이 나타나지 않는다. 반대로, 보리에서 병원성을 보이는 균주는 다른 곡물에서는 감염을 일으키지 않는다(보리의 야생종인 *Hordeum bulbosum*에서 조차도). 동일한 병원균 종에 포함되나 병원성에 차이를 보이는 종을 ***분화형 (formae speciales)***라고 부른다(단수는 forma specialis이며 축약형은 f.sp임. 예 *Blumeria graminis* f.sp. tritici). 세균학자들은 **병원체 아종(pathovar)**이라는 용어를 동일한 의미로 사용한다. 분화형은 서로 형태적인 특징으로는 거의 구분할 수 없으며 그들은 서로 교배되지 않는다. 이는 분화형이 서로 유전적으로 분화되어 있음을 의미하며 이런 이유로 다른 종으로 여겨진다.

> 그러나 녹병균에서 분화형은 감염 구조, 특히 기공하낭 구조에서 형태적 특징이 다르다는 것이 알려져 있다. 예를 들어, *P. recondita* f.sp. *tritici*(밀에 감염)은 *P. recondita* f.sp. *secalis*(호밀에 감염)와 감염구조가 완전히 다르다. 그러므로 전자를 *P. triticina*라 부르는 것이 더 합당하다. 이것은 분화형이 비록 매우 가깝게 연관된 종일지라도 분명하게 서로 다름을 확인시켜주는 것이다(Niks, 1989b; Swertz, 1994).

5.3.5 비기주 저항성의 유전학

비기주 저항성(non-host resistance)의 유전학이나 기작에 대해 알려진 바가 거의 없다. 비기주 저항성은 한 종 전체와 관련된 특성으로 엄격한 의미에서는 종간 교배가 어렵기 때문에 고전적인 유전 연구를 통해서는 저항성의 유전적 배경을 설명하기가 거의 불가능하다.

> 매우 드문 경우지만 기주와 비기주 식물 간의 교배가 가능하여 유전적 분석을 할 수 있는 경우가 상추(*Lactuca*) 속에서 확인되었다. 재배되는 상추(*L. sativa*)는 노균병(*Bermia lactucae*)에 대한 기주이다. 근연종인 *L. saligna*는 노균병 균에 대해 비기주이다. 이 비기주 식물 종은 어렵지만 재배종의 상추와 교배될 수 있으며 비기주 저항성에 대해 유전 분석 연구를 할 수 있게 한다. Zhang 등(2009)은 *L. saligna*의 완벽한 저항성은 최소 15개의 미동유전자가 관여하는 복수 유전자 유전형질임을 확인하였다.

또 다른 방법은 감수성 개체가 매우 드물거나 감수성 정도가 너무 낮아 거의 비기주와 같은 수준인 경우, 기주와 병원체 간에 유전학 연구를 할 수 있다. 이러한 연구들은 비기주 저항성에 대한 유전을 이해하는데 도움을 줄 수 있을 것이다.

> 비기주 저항성에 대한 유전 연구는 매우 드물다. 애기장대에서 보리의 흰가루병(*Blumeria graminis* f.sp. *hordei*, *Bgh*)에 대해 감수성을 유도하기 위해 돌연변이를 유기하였다. 세 개의 penetration(*PEN*) 유전자가 비기주 저항성에 필요한 것으로 밝혀졌다(Kang 등, 2003; Collins 등, 2003). 세 개의 유전자 중 하나만 돌연변이가 일어나도 흡기 형성 빈도가 늘어났으나 이것이 애기장대에서 *Bgh*에 대한 전반적인 감수성을 증가

시키지는 않았다. 이는 *Bgh*의 증식이 표피 세포의 HR 반응과 관련되어 중단되기 때문이다(Lipka 등, 2008). 이러한 주요 유전자들은 비기주 저항성에 분명히 요구되는 것이나 방어 과정에서 후반부에 작용하는 것으로 보인다. 그러므로 한 병원균에 대해서는 저항성이 억제되고 다른 균에 의해서는 억제되지 않는 것과는 관련이 없다. Niks의 연구실에서 보리를 이용하여 유전 연구를 진행하였다. 보리는 화본과 식물의 몇몇의 녹병균에 대해 미미한 기주(marginal host)이다(그림 8). 밀의 잎 녹병균에 대해 감수성 유전형을 가지는 흔치 않은 보리와 교배하여 특이적으로 밀 잎 녹병에 대해 매우 높은 감수성을 가지는 계통을 선발하였다(Atienza 등, 2004). 이것은 또한 보리에서 일반적으로 비기주로 생각되는 다른 녹병균 종에 대해서도 감수성을 가졌다. 이를 비병원성 녹병균에 대해 면역을 가지는 일반 보리 계통과 교배하여 비병원성 녹병균주에 대한 면역반응이 복수 유전됨을 발견하였다(e.g. Jafary 등, 2008).

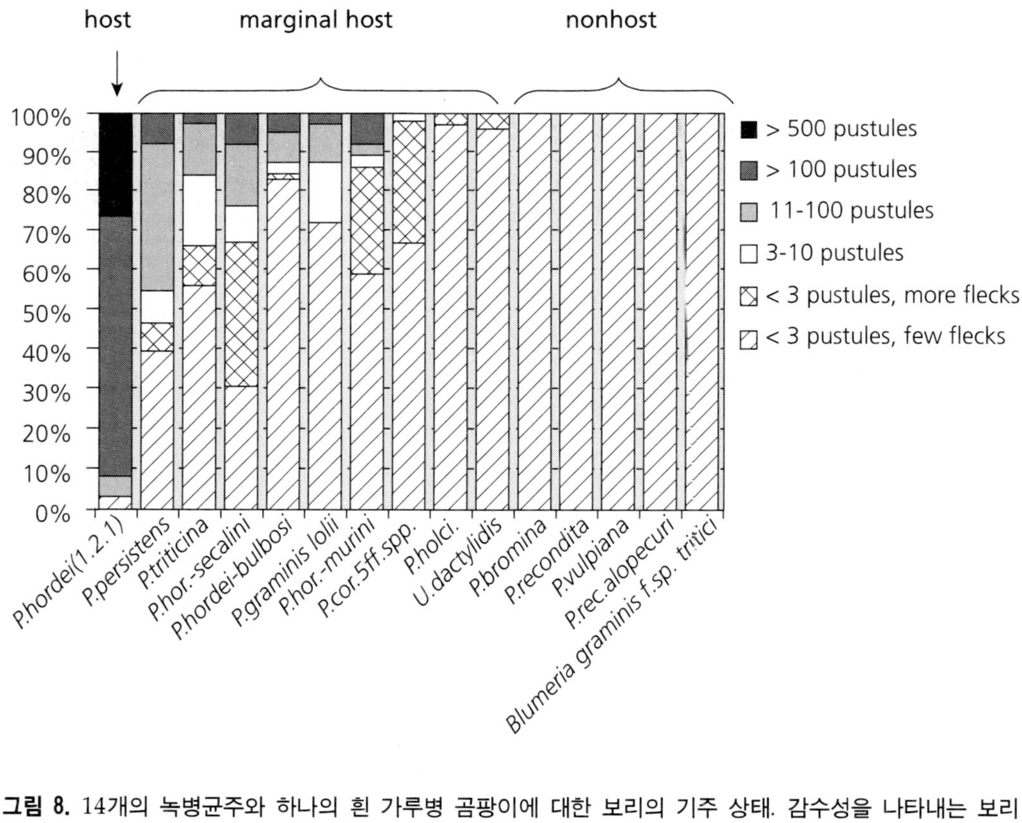

그림 8. 14개의 녹병균주와 하나의 흰 가루병 곰팡이에 대한 보리의 기주 상태. 감수성을 나타내는 보리 계통의 퍼센트(n=110)는 어린 묘 상태에서 확인하였다. 감수성 군은 첫 번째 잎에서의 융기와 얼룩의 수로 측정하였다(Atienza 등, 2004; RE Niks, unpublished results).

5.3.6 저항성 기작

비기주 식물이 비병원성 병원균에 감염되었을 때 나타나는 저항성 기작은 매우 다양하다. 일반적으로 감염 과정의 매우 초기 단계에서 감염이 억제된다. 휴면 상태를 갖는 토양 감염 병원체와 선충, 그리고 다른 천적들은 비기주 식물에 의해 휴면타파가 유도되지 않는다.

잎 병원체 포자는 일반적으로 비기주 식물에서 정상적으로 발아된다. 녹병 같은 기공 침투성 병원체들은 비기주종에서 기공의 정확한 위치를 파악하는데 실패하기도 한다. 이러한 경우는 발아 후 병원체의 감염이 억제되는 것이다. 만약 비기주 식물에서 기공 침투가 성공적으로 이루어지거나 병원체가 식물의 표피 세포로 직접 침투한다면 기공 침투 혹은 식물 세포 침투 바로 과정 중이나 직후에 감염이 곧 중단될 것이다. 식물 세포벽 침투 차단은 **돌기(papillae)**의 형성과 매우 밀접한 관계가 있다. 곰팡이가 식물 세포벽 침투에 성공하면 식물조직은 국부적으로 괴사된다(5.4.1.1 참조, 그림 9). 이러한 괴사의 시작은 5.4.1에서 설명하게 될 과민 저항성(hypersensitivity resistance)과는 다른 방법으로 조절된다.

5.4 기주 저항성

어떤 기주 종 내의 식물들은 동일한 천적들에 대해 모두 감수성을 갖지는 않는다. 다양한 식물의 유전형 집단(계통, 순계, 영양계, 품종)이 천적들에 노출되면 어떤 것들은 병원체의 감염이 되지 않으며 어떤 것은 일부 심각하게 감염이 된다.

Q10 식물 육종가는 흰가루 이, 모자이크 바이러스, 흰가루 곰팡이병에 대한 저항성 연구를 위해 오이의 외래 품종과 토착 품종의 거대한 집단을 이용하여 시험한다. 이러한 천적들 각각에 대해 각각 독립적 실험을 진행한다.

<u>첫 번째 실험</u>: 어린 오이 계통이 자라고 있는 온실에 많은 수의 흰가루 이를 살포한다. 몇 주 후에 각 식물체 당 번데기의 수를 조사하고 각 계통 간의 감염 정도의 차이를 확인한다.

<u>두 번째 실험</u>: 각각의 계통을 모자이크 바이러스에 접종시키고 각 계통 간의 병징 발달 정도의 차이를 확인한다.

<u>세 번째 실험</u>: 균일하게 높은 치사량의 흰가루병 곰팡이 분생포자를 식물체에 살포한 후, 2주 후에 각 계통 간의 감염 정도의 차이를 확인한다.

- 각각의 실험에서 그 결과들은 회피, 저항성 또는 내성과 차이가 있는지 대답하시오.

다음으로는 기주 식물체에서 확인되는 두 종류의 대표적인 저항성 대해 살펴볼 것이다.

5.4.1 과민 저항성

5.4.1.1 작용기작

과민성(hypersensitivity)은 가장 일반적으로 존재하는 저항성 기작이다. 이것은 **활물** 혹은 **반활물** 곰팡이, 세균, 바이러스, 선충 또는 곤충 등에 의한 감염에 대한 반응으로 나타난다. 과민성은 능동 저항성 기작이다. 식물의 반응은 침투 지역 부븐의 세포가 괴사가 일어나며 병원체의 성장이 억제 혹은 멈추거나 병원체가 죽는 것으로 나타난다. 녹병이나 흰가루병과 같은 **흡기(haustorium)**를 형성하는 병원체에서는 거의 대부분 첫번째 흡기가 형성되는 과정이나 **흡기 형성 이후(post-haustorial** resistance)에 이러한 과민 반응이 일어나게 된다. 과민반응은 일반적으로 **파이토알렉신(phytoalexins)**이나 **발병 관련 단백질(pathogenesis related proteins)**의 생성과 같은 다른 능동 저항성 작용 기작과 함께 일어난다(5.2 참조). 병원균의 침입이 시도된 지역은 보통 작은 괴사성 반점이 나타나며 이것은 눈으로 확인할 수 있다(그림 9). 저항성이 감염 과정의 매우 초기단계에서 활성화되거나(빠른 과민 반응) 하나 혹은 매우 소수의 식물 세포에서만 저항성이 제한된다면 식물 조직의 감염에 의한 영향은 눈으로 확인할 수 없다. 이러한 식물을 **면역(immune)**이 된 식물이라 부른다. 만약 저항성의 발현이 약하거나 과민성 반응이 서서히 일어나면(늦은 과민 반응) 병원체는 여전히 성장하고 낮은 수준으로 번식할 수 있으나 병원체의 감염 부위는 감수성인 식물체보다 더 괴사되고 백화현상이 일어난 세포에 의해 둘러싸여 진다.

그림 9. 과민 저항성 식물(위쪽)과 감수성 식물(아래쪽)의 예. (A), (B)보리에서 모리 잎 녹병균(*Puccinia hordei*); (C), (D) 상추의 노균병(*Bremia lactucae*); (E), (F) 감자의 잎마름병(*Phytophthora infestans*).

예를 들어, 밀은 줄기 녹병균 *Blumeria graminis f.sp. hordei*에 대한 과민성 반응을 보인다. 여름 포자는 발아하여 1차, 2차 발아관을 형성한다. 2차 발아된 이 시점까지는 저항성과 감수성 식물 간의 차이는 보이지 않는다. 감수성 식물체에서는 침투된 식물 세포에서 식물 세포막과 세포벽 사이의 흡기를 형성한다. 이러한 흡기를 통해 곰팡이는 식물세포로부터 영양분을 빼낼 수 있다. 흡기를 형성한 곰팡이는 감염한 식물에서 과민 반응을 일으킬 수 있다. 식물 세포막의 투과율이 증가하고 이것은 세포질 누출과 곰팡이의 성장과 증식을 막는 일련의 반응들을 유도한다. 일반적으로 곰팡이가 그 안에서 흡기를 형성하지 않더라도 그 주변 지역의 식물 세포들은 괴사를 일으킨다. 괴사가 일어난 식물 조직은 크고 작은 가시적인 작은 얼룩으로 보인다.

과민 저항성 반응(HR)은 첫 번째 세포에서 흡기를 형성한 이후 즉각적으로 발생하거나(그림 10 아랫줄의 토마토 흰가루 곰팡이, 그림 11C의 보리에서의 흰가루 곰팡이) 또는 곰팡이의 감염이 상당히 진행되었을 경우(그림 11B의 보리 흰가루 곰팡이와 그림 9A의 녹병균)에만 발생하는 것으로 보인다.

5.4.1.2 레이스 특이성

과민 반응의 가장 흥미로운 점은 매우 높은 특이성이다. 저항성 병원체 종에 특이적일뿐 아니라, 병원체의 특정 유전형에 대해서도 특이적이다. 저항성이 효과가 있는 유전형을 가지는 병원체를 **비병원성(avirulent)**라고 부르며 저항성이 효과가 없는 병원체의 유전형을 **병원성(virulent)**라고 부른다. 여러 병원체의 유전형을 X축으로 놓고 병원체에 대한 기주 식물 유전형의 저항성 정도를 Y축으로 표시할 수 있다. 기주 식물 유전형의 저항성 정도가 병원체 유전형에 대해 만약 그림 12의 도표(Y축 값)처럼 여러 막대 그래프로 표시되면 특정한 상호작용이 있음을 의미하며 이를 **수직 저항성(vertical resistance)**라고 한다(Vanderplank, 1963).

육종가들은 종종 많은 수의 식물 수집종을 다양한 **분리 균주(isolates)로 접종한다**. 분리 균주는 병원체 또는 해충의 샘플로 식물체 또는 실험실에서 식물체나 기내에서 가능한 순수하게 유지되거나 액체 질소에 얼린 형태로 보관된다. 몇몇의 뚜렷이 구분되는 유전형을 가진 기주 식물이 다양한 병원균의 분리 균주에 **접종**되었을 때, 분리 균주마다 서로 다른 **병원성 범위(virulence spectrum)**가 관찰된다. 병원성 범위는 특정한 범위의 저항성 계통 또는 특정 저항성 유전자들에 대하여 특정 분리 균주가 병원성을 보이는 것을 말한다(5.4.1.4 참조). 동일한 병원성 범위를 가지는 분리 균주를(생리적) 레이스라고 부른다. 그러므로 레이스는 병원체 종 또는 분화형(forma specialis) 내에서 동일한 병원성을 나타내는 단위를 말한다. **복합(complex)** 레이스는 광범위한 병원성 스펙트럼을 가지는 레이스를 말한다(5.4.1.3 참조). 그림 12의 그래프는 방어 작용의 유도가 매우 특이적임을 보여주는 것이다. 매우 특정한 유전형을 가진 병원체만이 과민 반응을 유도할 수 있다. 그러므로 '수직적' 저항성은 **레이스 특이적**

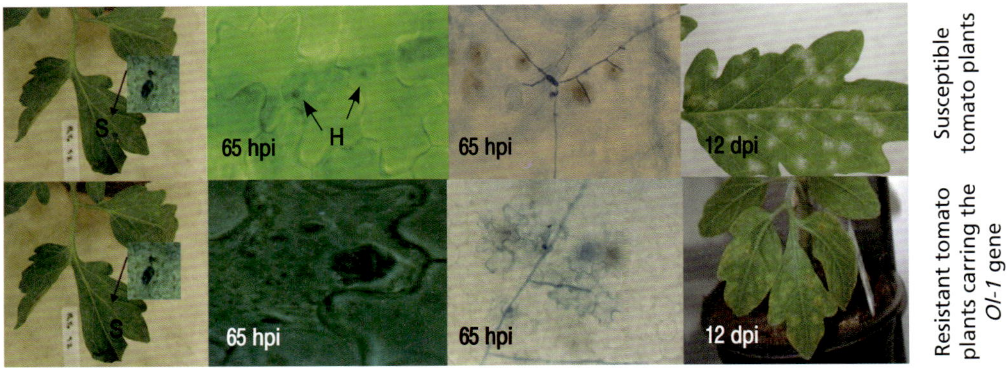

그림 10. 토마토와 흰가루 곰팡이균(*Oidium neolycopersici*)과의 관계 곰팡이 포자, 흡기, 균사, 괴사 세포와 괴사 세포와 얼룩의 미시적, 거시적 관찰. 위 줄은 감수성 식물로 왼쪽에서부터 포자가 잎에 내려앉고 접종 65시간 후, 표피 세포에 흡기를 형성, 잎 표면에서 균사를 신장하고 접종 12일 이후 곰팡이 포자를 형성하는 과정을 보여준다. 아래 줄은 과민 저항성 반응을 보이는 것으로 왼쪽에서부터 포자가 잎에 내려앉고 접종 65시간 후, 하나의 표피 세포에서 흡기가 형성된 후 세포 괴사가 일어나며 잎 표면에서 균사 신장과 함께 푸른 색으로 염색된 다세포성 세포 사멸이 확인되고 잎에서 괴사 얼룩이 확인되는 과정을 보여준다.

(race-specific)이라고도 불린다.

바이러스와 세균에서 종종 **'생물형(biotype)'**이라는 용어가 사용된다. 선충에서는 '레이스'대신에 **'병원형(pathotype)'**이라는 용어가 사용된다. 오늘날에는 '병원형'이라는 용어가 곰팡이와 난균에서 비슷한 의미로 사용된다.

Q11 '레이스'는 무엇인가? '레이스'와 '분화형' 간의 유사점은 무엇이고 차이점은 무엇인가?

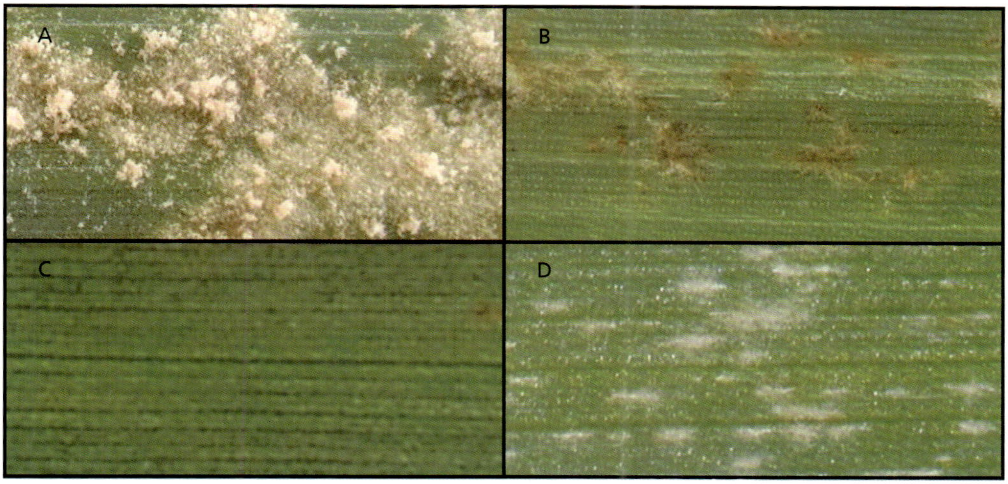

그림 11. 보리 유묘에서 나타나는 흰가루병 곰팡이(Blumeria graminis)의 다양한 감염 증상. (A) 과량의 포자로 인한 감염. (B) 늦게 작동하는 과민성 반응, 균체형성과 포자형성을 허용한다. (C) 매우 빠르게 작동하는 과민 저항성. 단일 표피 세포에서 괴사현상이 확인되며 이것은 현미경을 통해서만 확인됨. (D) 이병성 반응, 그러나 A보다 훨씬 적은 감염 비율을 보임. 저항성의 비 과민성 반응의 종류로 생각됨.

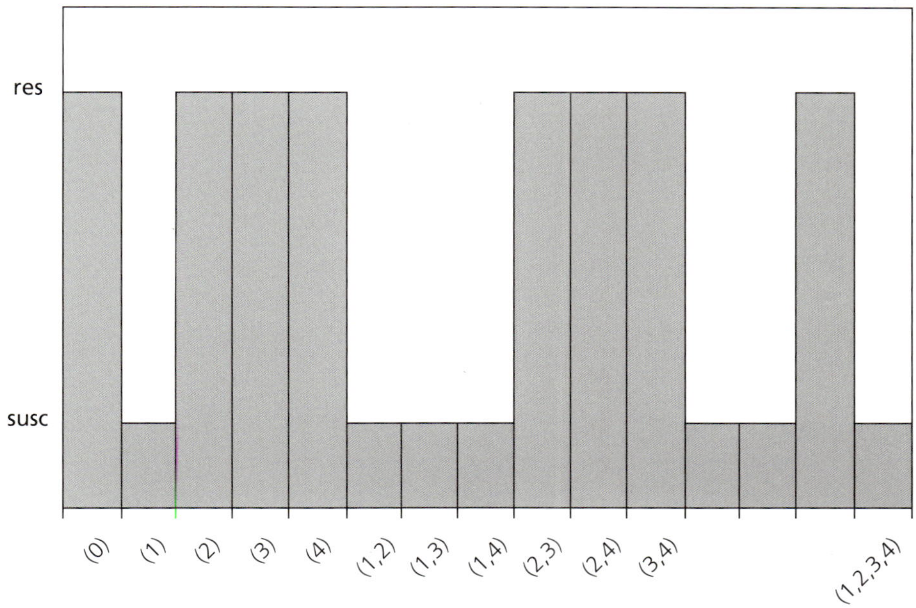

그림 12. 감자 재배종 Kennebec에서의 역병에 대한 레이스 특이적(수직) 저항성. X축은 다양한 병원균 **레이스**를 나타내며 Y축은 저항성 정도를 나타낸다(Vanderplank, 1963).

Q12 *Septoria tritici*의 분화는 4가지 곰팡이 분리 균주와 듀럼 밀(*Triticum drum*, 4x), 빵밀(*T. aestivum*, 6x)을 이용하여 연구되었다. 이 표는 포자체에 덮혀 있는 잎 표면의 상대적 비율을 나타낸다(**G.H.J. Kema** 등, 미출판 데이터).

- 이 실험을 통해 식별될 수 있는 *Septoria tritici*의 분화 정도는 얼마나 되는가?
- 이러한 분화 수준에 사용될 수 있는 용어는 무엇인가?

	Septoria isolate								
	IPO 86013	IPO 99015	IPO 95036	IPO 88004	IPO 94218	IPO 89011	IPO 02166	IPO 95052	IPO 86022
Bread-wheat									
TA 4152-19	0	0	0	0	0	0	0	0	0
TA 4152-60	39	19	5	19	20	2	39	0	0
BR34	31	56	35	40	40	28	68	0	0
Grandin	18	17	43	10	38	30	27	0	2
Salamouni	33	15	10	24	0	14	25	0	0
Katepwa	55	51	54	5	46	48	12	0	0
Durum wheat									
Langdon 16	10	1	21	7	6	9	10	32	50
IsraelA	4	0	8	11	0	4	2	0	14
PI 478742	0	0	6	29	0	0	5	5	10
PI 481521	18	0	14	16	13	3	3	19	20
Altar84	3	0	4	16	0	0	2	20	24
Ben	12	24	10	30	12	11	15	38	34
PI 41025	3	0	26	27	0	27	0	31	14

5.4.1.3 유전자 대 유전자 관계

위에서 이미 기주 식물의 저항성이 특정 병원균의 유전형에 대해서만 효과적이라고 설명했다. 이것은 식물 조직의 감염이 식물의 유전자뿐 아니라 병원체의 유전자에 의해 서로 결정됨을 의미한다. 과민 반응형 저항성은 주로 우성 유전자에 의해 결정된다. 이배체의 병원체에서 비병원성은 일반적으로 병원성에 대해 우성이다. 대다수의 병원체들(흰가루 곰팡이균, 세균, 바이러스 등)은 반수체이며 이들에 우성과 열성이라는 용어를 적용할 수 없다. 여기서는 비병원성 대립유전자는 일반적으로 기능을 가지는 유전자이며 반면에 병원성 대립유전자는 기능이 상실되었거나 비명원성 유전자가 없는 상태라고 보는 것이 타당할 것이다.

1940년대까지 식물과 병원체 간의 유전적 상호작용은 '**유전자 대 유전자(gene-for-gene)**' 모델에 따라 설명되고 있었다. 유전자 대 유전자 가설은 아마와 아마 녹병을 이용한 철저한 유전연구를 바탕으로 Flor에 의해 처음 제안되었다. 그 당시에 Flor(1956)는 유전자 대 유전자 가설을 다음과 같이 표현하였다. '기주 식물에서 저항성을 결정하는 각각의 유전자에 대항하여 기생체의 병원성을 결정하는 특성 유전자가 존재한다.'[1] Flor의 정의에서 강조된 것은 병원성이다. 현재의 가설은 비병원성에 더 비중을 둔다. '저항성 유전자는 병원체가 이에 상응하는 비병원성 유전자를 가지고 있는 경우에만 효과가 있다'.

과민 저항성은 상응하는 비병원성 유전자의 유전자 산물에 의해 유발된다고 가정하고 있다. 비병원성은 병원체의 특성으로 하나 혹은 그 이상의 저항성 유전자의 작용으로 인해 기주를 감염시킬 수 없게 된다. **유전자 대 유전자** 가설에 의하면 저항성 유전자와 비병원성 유전자의 산물이 서로 짝이 맞기 때문에 이 상호작용은 매우 특이적이다.

기주 식물체가 두 개의 과민 저항성 유전자좌, *R*1과 *R*2를 가졌다고 가정하자. 두 개의 유전자좌는 저항성 대립유전자(우성이며 기능이 있는 *R*1과 *R*2) 또는 감수성 대립유전자(*r*1과 *r*2)를 가진다. 저항성 유전자는 병원체가 상응하는 비병원성 유전자를 가지고 있는 경우에만 효과가 있다. *R*1의 경우 *Avr1*, *R*2는 *Avr2*가 상응하는 유전자이다(표 2). 비병원성 유전자좌에 다른 대립유전자(열성이며 기능이 상실된 *avr1*과 *avr2*)가 있으면 병원성을 갖게 된다. 이 병원성 유전자는 기주 식물에서 저항성을 활성화하지 못한다.

기주 식물체와 분리 균주 간의 유전자 조합에 따라서 그 상호작용은 **화합성(compatibility**, + 라고 표기하며 성공적 감염) 또는 **불화합성(incompatibility**, −로 표기하며 저항성 반응)을 나타낸다.

식물의 반응을 표현하기 위해 **저항성(resistance)**과 **감수성(susceptibility)이**라는 용어가 사용된다. 이와 유사하게 병원체의 특성을 나타내기 위해 **비병원성(avirulence)**과 **병원성 (virulence)**이라는 용어가 사용된다. 비병원성 유전자에 의해 암호화되는 단백질은 일반적으로 반응기(그림 3, 4)로 작용할 것으로 생각하며, 이것은 반어적으로 **발병**을 촉진하도록 기주 세포의 기능을 조정한다.

1. 현재는 '병원성(virulence)'이라고 부른다.

표 2. 과민 저항성을 유도하는 기주 식물의 두 개의 유전자좌와 비병원성과 관련된 두 개의 병원체 유전자좌 간의 상호작용, 둘 다 두 개의 대립유전자가 있음. 감수성/병원성과 관련된 것은 소문자로 표기하였으며, 저항성/비병원성과 관련된 것은 대문자로 표기하였다. 기주 식물체는 이배체의 동형접합체, 자가 수정 작물로 생각하고, 병원체는 반수체의 흰가루병균과 같은 자낭균류이다. +는 화합성(감수성) 상호작용을 의미하고, −는 불화합성(저항성) 상호작용을 의미한다.

Host	Pathogen			
	Avr1 Avr2	*avr1 Avr2*	*Avr1 avr2*	*avr1 avr2*
r1r1r2r2	+	+	+	+
R1R1r2r2	−	+	−[1]	+
r1r1R2R2	−	−	+	+
R1R1R2R2	−	−	−	+

[1] 다른 상호작용

몇몇의 **사물기생(necrotroph)** 병원체는, 예를 들어 밀의 *Stagonospora nodorum*, 기주 특이적인 독소를 생산하여 감염을 위하여 괴사를 일으킨다. 이러한 독소들 역시 성공적인 발병에 기여하기 때문에 반응기라고 부른다. 이들은 다수의 다른 식물체에는 무해하다. 이들은 단지 기주 종 특이적일 뿐 아니라 기주의 특정한 유전형에 대해서만 효과가 있다. 독소에 대한 감수성은 대부분 우성 형질이며, 이는 유전자 산물이 독소에 대한 수용기임을 의미한다. 이것은 위의 활물 기생체의 예와 같은 유전자 대 유전자 상호작용을 보여준다(Friesen 등, 2008): 수용기/독소 인식은 괴사를 유도하며 이 경우에는 감수성이 나타나게 한다. 수용기가 없거나 수용기의 변이가 일어난 경우 혹은 독소가 없거나 독소의 변이가 일어난 경우에는 불화합성이 유도된다. 이러한 저항성은 토마토의 *Alternaria alternara*에 대한 저항성처럼 대부분 열성으로 나타난다(Van der Biezen 등, 1995).

Q13 표 2로부터 어떻게 비병원성 유전자를 특이적으로 가지고 있는 병원체에 식물체가 감염되었을 때만 불화합 반응이 일어나는지 추론하라.

R1R1r2r2를 가지는 식물체는 ***Avr1 avr2***의 유전형을 가지는 병원균에 대해 저항성을 가진다. 하나의 유전자 쌍(***r2-avr2***)은 감수성을 유도할 수 있으나 다른 유전자 쌍(***R1-Avr1***)은 저항성을 유도한다. 그러므로 한 ***R-Avr*** 유전자 쌍은 식물에서 저항성을 유도하기에 충분하며 이것은 다른 유전자 쌍(***r-Avr*** 또는 ***R-avr, r-avr***)에 의해 뒤집히지 않는다.

Q14 한 이배체의 자가 수정 작물에 병원체의 비병원성 유전자와 유전자 대 유전자 관계를 가지는 *R1*에서 *R4*의 4개의 저항성 유전자가 알려져 있다. 저항성과 비병원성은 각각 우성 유전자이다. 모든 유전자는 주동 유전자이다. 표에서 품종과 분리 균주 간의 조합이 화합성(+)인지 불화합성(–)인지 표시하라.

Cultivar	Genotype	Isolate A	Isolate B	Isolate C	Isolate D
		Avr1 avr2 avr3 avr4	***avr1 avr2 Avr3 Avr4***	***Avr1 avr2 avr3 Avr4***	***Avr2 Avr2 Avr3 Avr4***
Jetta	*R1R1R2R2r3r3r4r4*				
Uno	*r1r1r2r2R3R3R4R4*				

• *유전자 대 유전자 관계에 대한 분자적 기초*

우성으로 작용하는 저항성 유전자와 비병원성 유전자의 산물이 과민 반응을 유발하는 특이적 인지과정에 작용한다는 과학적 증거들이 축적되고 있다(그림 13).

이러한 '인지' 현상은 식물의 세포막이나 세포질에서 이루어지는 것 같다. 병원체의 비병원성 유전자에 돌연변이가 생겨 병원성 대립유전자가 되면 비병원성 유전자 산물이 없어지거나 변형되게 된다. 따라서 비병원성 유전자 산물이 없기 때문에 식물세포에서의 인지 현상은 일어나지 않을 것이고 과민 반응도 유도되지 않을 것이다. 식물은 성공적으로 감염되고 식물체와 병원체 사이에는 화합반응(compatibility)이 일어난다.

토마토와 토마토 잎 곰팡이인 *Cladosporium fulvum* 사이의 병체계에서는 저항성 유전자들인 *Cf2*, *Cf4*, *Cf5* 및 *Cf9*와 비병원성 유전자인 *Avr4*와 *Avr9*가 분리/동정되었다(De Wit, 2000). 그 후로 여러 식물과 병원균들 사이에서 더 많은 저항성 유전자(*R* gene)와 비병원성 유전자(*Avr* gene)가 밝혀졌다. 이 '인지 체계'에서의 큰 특징은 다음과 같다.

1. 대부분의 경우에서 *Avr* 유전자 산물과 이에 상응하는 *R* 유전자 산물의 직접적인 상호작용은 일어나지 않는다. 현재는 일반적으로 이 *R* 단백질의 기능을 '삼자 모듈'로 설명한다(Van der Hoorn 등, 2002). 즉 *R* 단백질이 특정 기주 단백질(병원성을 유도하는 병원균 반응기(effector)의 목표)을 지키면서 병원균 반응기에 의한 변화를 감지하는데 이를 '가드 모델(Guard model)'라고 한다.
2. 많은 저항성 유전자들은 매우 높은 상동성(homology)을 보인다. 서로 다른 병원체에 대항하는 서로 다른 식물체들의 저항성 유전자의 단백질 산물은 2~3개의 공통된 도메인을 가지고 있다(Dangl and Jones, 2001: Takken 등, 2006). 이렇게 공통적으

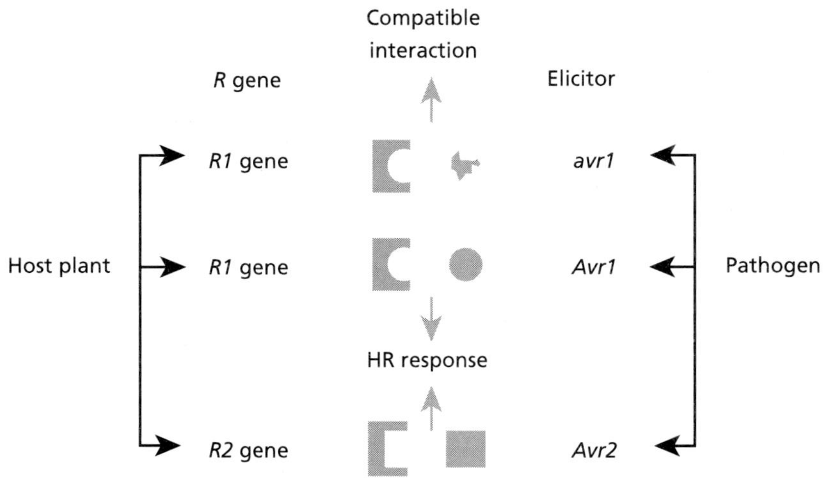

그림 13. 분자적 단계에서의 '유전자 대 유전자' 상호작용을 묘사한 그림. 중앙에 R_1과 R_2 유전자 산물이 표시되어 있다. 서로 다른 모양은 병원균의 *Avr* 유전자에 따라 특이적으로 상호작용하는 것을 나타낸다. 제대로 상호작용이 일어나면 과민반응이 일어나게 되며, Avr_1 유전자가 돌연변이로 인해 avr_1으로 바뀌어 기능을 잃었을 경우 과민반응이 일어나지 않는다.

로 가지고 있는 단백질의 도메인들을 기준으로 저항성 유전자들을 4개의 그룹으로 분류한다(표 3).

3. 비병원성 유전자 산물(**반응기**)은 두드러진 상동성을 보이진 않는다. 심지어 같은 *C. fulvum*에서 분리한 *Avr4*와 *Avr9* 조차도 거의 유사한 점이 없다. 이는 이 비병원성 유전자들에 각각 상응하는 저항성 유전자인 *Cf4*와 *Cf9*의 아미노산 서열이 91% 이상 같다는 것을 생각하면 굉장히 놀라운 일이다(De wit, 2000). 그러나 *Phytophthora oomycete* 종들의 경우, 반응기들은 보존되어있는 RXLR(Arg-X-Leu-Arg, X는 임의의 아미노산) 모티프를 가지고 있다. 현재까지 밝혀진 바로는 모든 확인된 난균류의 비병원성 유전자들은 이 RXLR 반응기들로 알려져 있다. 이들의 N 말단 도메인은 신호 펩티드와 RXLR 모티프(식물 세포 안으로 전달되기 위한 도메인)을 가지고 있다. 그리고 빠르게 진화하는 C-말단 도메인이 반응기의 식물 세포 내에서의 기능을 결정한다. *P. infestans* 유전체에서는 563 *RXLR* 유전자들이 밝혀졌다. (Hass 등, 2009).
4. *Cf9* 유전자를 가진 토마토를 감염시킬 수 있는 *C. fulvum*의 *avr9*는 *Avr9* 유전자에 결실이 생긴 것이다. 그에 비해 *avr4* 대립유전자는 *Avr4* 유전자에 몇 개의 점 돌연변이(point mutation)가 생긴 것으로 이러한 돌연변이는 *Avr4*의 단백질 산물 구조를 변형시켜 *Cf4* 저항성 유전자를 인식하는 능력을 사라지게 한다(De Wit, 2000).

표 3. 최초로 동정된 식물 저항성 유전자(4가지 그룹) 및 *R* 유전자에 대한 예시

종류[1]	단백질 모듈	유전자	식물	병원체	*Avr* 유전자
1	NBS-LRR	*RPS2*	Arabidopsis	*Pseudomonas syringae*	*AvrRpt*
		RPM1	Arabidopsis	*P. syringae*	*AvrRpm1/avrB*
		I-2	Tomato	*Fusarium oxysporum f.sp. lycopersicon*	*avr2*
2	LRR	*Cf-2*	Tomato	*Cladosporium fulvum*	*Avr2*
		Cf-4			*Avr4*
		Cf-5			*Avr5*
		Cf-9			*Avr9*
3	Protein kinase	*Pto*	Tomato	*Pseudomonas syringae*	*AvrPto*
4	LRR-Protein kinase	*Xa-21*	Rice	*Xanthomonas oryzae*	*all races*

Class[1]은 염기 결합 부위(nucleotide binding site)와 NBS LRR(leucine-rich domain)을 가지고 있는 가장 큰 저항성 단백질 그룹이다. 이 그룹은 N 말단 부위에 Toll/Interleukin-1 리셉터(TIR)나 coiled coil(CC) 모티프의 유무에 따라서 세부 구분될 수 있다. Class 2는 세포질 외부의 세포막 앵커(cytoplasm anchor)와 짧은 C 말단 세포질 꼬리를 가진 LRR 단백질로 특징된다. Class 3는 세포질 세린 단백질 카이네이즈을 가졌으며 Class 4는 뚜렷한 LRR 도메인과 세포질 내부의 세린 카이네이즈 도메인으로 구분된다.

- *유전자 대 유전자 상호작용 가설에서 비병원성에 주안점을 두어야 한다.*

앞에서 이미 언급한 것과 같이 유전자 대 유전자 가설(숙주에서 저항성을 조절하는 각각 유전자들에 상응하여 기생체에서 병원성을 조절하는 특정한 유전자들이 존재한다.)은 잘못된 가설이다. 비병원성을 강조하는 대체론에는 다음과 같은 두 가지의 주장이 근거로 제시된다.

1. 한 저항성 유전자가 병원체의 모든 분리균에 효과적인 경우는 매우 흔하다. 이 경우 병원체 집단에서 비병원성 유전자에 해당하는 대립유전자 빈도가 1이며 병원체에는 병원성 유전자가 없다는 뜻이 된다. 그러나 그럼에도 비병원성 유전자와 저항성 유전자의 산물들 간의 유전자 대 유전자 관계가 성립한다.

Q15 토론할 것: 이러한 저항성 유전자는 레이스 특이적인가?

2. Flor에 의해 처음 제안되었던 특이성은 저항성과 병원성의 관계 때문이 아닌 저항성 유전자

와 비병원성 유전자들에 의한 것이다. Flor는 병원성 유전자가 *R* 유전자를 무효화하여 저항성을 '무너뜨린다고' 추측하였다.

• *유전자 대 유전자 상호작용에 대한 설명*

유전자 대 유전자 관계로 인해, 숙주의 유전형과 분리 병원체들 사이에서 차별적 상호작용이 일어날 수 있다. **차별적 상호작용(differential interaction)**이란 관찰되는 감염률이 식물 품종과 분리 병원체에 따라 달라지는 것을 의미한다(표 2). 유전자 대 유전자 상호작용은 1) 식물에 두 개나 그 이상의 저항성 주동 유전자가 있을 때, 2) 병원체에 비병원성 유전자가 두 개나 그 이상이 있을 때 3) 이러한 저항성과 비병원성 유전자의 특이적 조합으로 인해 차별적 상호작용이 유도될 때 설명할 수 있다(표 2).

대부분의 경우 식물 육종가들은 자신의 식물체에 어떤 저항성 유전자가 있는지도, 자신이 시험하고자 하는 병원체 분리균 안에 어떤 병원성 유전자가 있는지도 모른다. 그러므로 유전자 대 유전자 상호작용을 증명해내는 일은 그리 간단하지 않으며 철저히 유전학적 분석에 의지하고 있다. 그러나 특히 병원체에서, 예를 들어 쉽게 교배를 할 수 없는 병원체의 경우 유전학적인 분석이 어려운 경우도 종종 있다. 많은 병원체 종들은 무성이거나 양성 생식을 이끌어내기에는 너무 많은 시간이 걸린다(예를 들면 *Cladosporium fulvum*, *Oidium neolycopersici*, *Verticillium*과 *Fusarium*, 식물 병원성 박테리아와 바이러스). 이러한 **식물-병원체 시스템**에서 유전자 대 유전자 상호관계는 1) 숙주의 저항성이 단일 유전자로 유전되고 2) 다양한 병원체 분리균을 다양한 식물 유전형에 접종 실험할 때 차별적 상호작용을 보일 때만 타당성이 있다고 할 수 있다(표 4).

이후에 분자 생물학적인 연구를 통해 식물 병원성 세균[담배 야화병균(*Pseoudomonas syringae*)와 대두 잎그슬림병(*Xanthomonas campestris*)]에서 유전자 대 유전자 가설을 확인하였다(Staskawicz 등, 1984 and Shintaku 등, 1989). 박테리아에서는 전통적 유전학 연구는 불가능하다. 그런 연구들은 박테리아나 바이러스가 무성이기 때문에 목표 유전자를 목표 유전자의 발현을 억제시킨 돌연변이나 형질전환을 이용해야 한다. 최근 *Ralstonia, Xanthoonas, Pseoudomonas* 균에서 50개 이상의 반응기 분자군들이 발견되었다. 한 개의 단일균주는 약 40개의 기능성 반응기를 담고 있을 것이다. 병원성을 가진 박테리아 균주가 그러한 반응기 유전자로 변이되었을 때, 상응하는 저항성 유전자를 지닌 숙주 유전자형에 대해 비병원성이 된다.

표 4. Potato virus X 4종의 균주 접종에 대한 4개 감자품종의 반응(Cockerham, 1955 이후).

품종	저항성 유전자	바이러스 분리 균주[1]			
		1	2	3	4
Arran Banner	*nx nb*	+	+	+	+
Epicure	*Nx nb*	−	+	−	+
Arran Victory	*nx Nb*	−	−	+	+
Craig's Defeance	*Nx Nb*	−	−	−	+

[1] + = 전신감염, 감수성
− = 국소적 세포괴사 반응, 과민성 반응

최소한 50개의 서로 다른 식물-병원체 시스템에서 유전자 대 유전자 상호작용이 입증되거나 추정되었다. 이 때의 병원체들은 보통 흰가루 곰팡이병, 노균병, 녹병, 난균, 역병같은 잘 연구되어 있는 식물 병원성 곰팡이균들이다. 그러나 바이러스, 박테리아, 고등 기생 식물(초종용, 사철쑥더부살이(*orobanch*))과 곤충(hessian fly, 밀 모기붙이 파리)(표 5와 6)에서도 유전자 대 유전자 상호작용이 입증되었다.

5.4.1.4 유전학

유전자 대 유전자 상호작용에 대해 다룬 5.4.1.3에 있는 예에서 보여준 것과 같이 저항성 유전자좌는 유전자좌의 번호가 표시된 *R*로 표시되었다(표 4와 연습문제 14를 보라.). 실제로 많은 **식물–병원체 시스템**에서, 상호작용하는 병원체로부터 숙주 식물을 보호하는 여러 저항성 유전자가 발견되어 왔고 각각의 저항성 유전자는 병원체로부터 식물을 완전하게 보호한다(표 5). 하나의 식물-병원체 시스템에 저항성 유전자가 수십 개 존재할 수도 있다. 그러나 땅콩-땅콩녹병(*Puccinia arachidis*), 근대(beet)-근대 낭 선충(*Heterodera schachtii*), 포도-포도 노균병(*Plasmopara viticola*)같은 식물-병원체 시스템에서는 저항성 유전자가 하나도 발견되지 않았다.

유전자 대 유전자 상호작용의 결과 한 식물 종에서 병원체 하나에 대해 80개 이상의 서로 다른 저항성 유전자가 있다면(표 5) 병원체에도 같은 수의 반응기 유전자(비병원성을 부여하는)가 생겨날 수 있다. 그러나 일반적으로 각 식물에서 저항성 유전자좌의 대부분은 감수성 대립유전자로 채워져 있다. 그러므로 개개의 숙주 식물은 특정 병원체에 대하여 많은 유전자좌에 0개, 한 개 혹은 두 개의 기능적인 저항성 대립유전자를 가지고 있다. 그러나 약 5~10개 병원성 대립유전자를 갖는 병원체 유전자형이 드물지 않음에도 불구하고 대부분의 비병

표 5. 알려진 과민성 저항성 유전자(*R* 유전자)의 수와 몇 개의 식물-병원체 시스템에서 확인된 레이스의 수

작물	기생체 혹은 병원체	수	
		R 유전자	레이스
Soybean	Phytophthora root and stem rot, *Phytophthora sojae*	14	many
Lettuce	downy mildew, *Bremia lactucae*	〉16	many
Spinach	downy mildew, *Peronospora farinosa f.sp. Spinaciae*	3	3
Potato	late blight, *Phytophthora infestans*	〉11	many
Coffee	coffee rust, *Hemileia vastatrix*	9	〉30
Tomato	leaf mould, *Cladosporium fulvum*	〉10	〉10
Tomato	vascular wilt, *Fusarium oxysporum* f.sp. *lycopsersici*	3	3
Flax	flax rust, *Melampsora lini*	30	many
Barley	leaf rust, *Puccinia hordei*	〉 9	many
Barley	powdery mildew, *Erysiphe graminis f.sp. hordei*	〉20	many
Wheat	leaf rust, *Puccinia recondita f.sp. tritici*	〉30	many
Oat	crown rust, *Puccinia coronata*	〉40	many
Maize	maize rust, *Puccinia sorghi*	25	many
Rice	rice blast, *Pyricularia oryzae*	14	many
Rice	rice bacterial blight, *Xanthomonas oryzae*	30	many
Wheat	hessian fly, *Mayetiola destructor*	20	8*

*곤충종, 레이스는 생물종으로 기술됨

원성 유전자좌는 기능성 반응기 대립유전자로 채워져 있다. 저항성 유전자 수는 알려진 저항성 유전자좌의 수보다 더 많다. 이는 유전자좌당 여러 저항성 대립유전자(복대립유전자)가 있을 수 있기 때문이다. 즉, 어떤 식물에서 서로 다른 유전형들을 살펴보면, 한 염색체 자리에 하나 또는 그 이상의 저항유전자(*R* gene)가 존재 할 수 있다(표 6). 하나의 저항성 유전자좌(R-loci)에는 실제로 여러 개의 저항성 유전자 유사 염기서열들이 존재할 수 있다. 그 중에는 가짜 유전자도 있고 저항성의 잠재적 후보 유전자(아직까지 병원체에 대한 유효한 저항성

표 6. 복대립유전자들을 가진 몇 개의 유전자좌에서 알려진 저항성 대립유전자의 수, 어떤 유전자좌(*로 표시)는 저항성 유전자(복합유전자좌)에 매우 가까이 연관되어 있음.

병원체	기주 식물	유전자 좌	유전자 좌당 저항성 유전자의 수 (대립유전자)
Melampsora lini	Flax	K, L, M*, N*, P	2, 13, 7, 3, 5
Erysiphe graminis	Barley	Mla	〉21
Erysiphe graminis	Wheat	*Pm3*	3
Puccinia graminis	Wheat	*Sr7, Sr9*	2, 6
Puccinia sorghi	Maize	*Rp1*, Rp3, Rp4*	14, 6, 2
Puccinia recondita	Wheat	*Lr2*	4
Puccinia striiformis	Wheat	*Yr3, Yr4*	3, 2
Puccinia oryzae	Rice	*Pi-k, Pi-ta, Pi-z*	4, 2, 2
Cladosporium fulvum	Tomato	*Cf4/Cf9** en *Cf2/Cf5**	2, 2
Tobocco mosaic virus	Capsicum pepper	L	4

은 입증되지 않았지만)들도 있다. 이러한 유전자좌를 **복합유전자좌(complex loci)**라고 한다.

> 토마토의 11번 염색체의 *I*-2 유전자좌는 [*Fusarium oxysporum* f.sp. *Lycopersici(Fol)* race 2]병원체에 대한 저항성 유전자좌이다. 이 유전자좌에는 race 2에 대해 *12C-1*, *12C-5*라는 불완전 저항성유전자와 *12C-K*라는 완전 저항성 유전자가 존재한다(Sela-Buurlage 등, 2001). 1번 염색체(Parnicke 등, 1999)와 6번 염색체(Dixon 등, 1996)의 *Cf* 유전자좌나 6번 염색체의 *Mi-1* 유전자좌(Seah 등, 2004)와 같은 토마토의 또 다른 유전자좌들의 염기서열 분석은 나란히 정렬된 다유전자군의 존재를 보여준다.

분자유전학 연구에 따르면 감수성 기주식물체에서조차도 복합유전자좌에서 저항성 유전자에 상동하는 염기서열이 나타난다. 그러한 상동 염색체의 기능은 알려져 있지 않다. 그러한 기능성이 없는 유전자로부터 돌연변이나 부등교차(unequal crossing over)와 유전자 간 재조합에 의해 새로운 저항성 유전자가 생성될 수 있다고 짐작된다.

> DNA 염기서열 분석으로 이들 복합유전자좌에서 여러 상동 유전자 사이의 부등 교차가 빈번하게 일어나는 것이 밝혀졌다. 교차는 유전자 간(상동 유전자 사이에서) 또는 유전자 내(상동 유전자 내)에서 일어날 수 있다. 두 경우 모두 복합 유전자좌에 있는 다수의 상동 유전자 수의 변화를 이끌어 낼 수 있다. 이에 더하여 유전자 내 교차는 상

동 유전자를 새로운 조합으로 재배열할 수 있을 것이다. 그런 경우 상동 유전자들이 각각 서로에게 대립유전자이라는 게 더 이상 분명치가 않게 된다. 옥수수의 복합 *RpI* 녹병 유전자에는(Sun 등, 2001) 강하게 연관된 상동 유전자들이 감수분열시 다르게 배열되어 잘못 짝지어짐으로써 재조합을 통한 새로운 단상형(haplotype)을 만들어낸다. *HRpI-D* 단상형(haplotype)에서 *RpI* 유전자좌는 저항성 유전자 *RpI-D*와 그것의 8개 paralogue(한 종에서 유전자 중복으로 생겨난 상동유전자들)를 가지고 있다. 염기서열을 비교해 보면 이들 paralogue들에 있는 DNA 사이에 91~97%의 유사성이 있으며 또한 과거 paralogue들 사이에 있었던 재조합의 증거도 나타난다. *HRpI-D* 단상형에서, *RnpI* 저항성 유전자의 완전한 또는 부분적인 손실에 의한 감수성 레이스는 유전자를 암호화하는 구역(유전자 내의)에서 일어난 부등교차로 설명될 수 있을 것이다.

놀랍게도 한 병원체 종에 대한 저항성 유전자와 한 개 이상의 다른 병원체 종에 대한 저항성 유전자가 불과 수 cM 내에서 유전자좌의 군을 이룬다.

보리의 염색체 1H의 긴 쪽 부분에는 보리 흰가루병(*Blumeria graminis f.sp. hordei*)에 대한 반응을 결정하는 유전자를 가진 유전자좌가 적어도 6개가 있다. *Mla* 유전자좌는 그 중 하나이다. 이 유전자좌에 연관되어 보리 잎 녹병(*Puccinia hordei*) 저항성 유전자좌가 있다. 이러한 여러 가지 병원체에 저항성을 갖는 유전자들의 연관은 옥수수에서도 발견된다. 염색체 10번의 짧은 쪽에는 복합 유전자좌 *Rp1, Rp5, Rp6, Rpp9*들이 약 3 cM의 거리 안에 있다. 이 *Rp* 유전자좌들은 *Puccinia sorghi* 저항성을 결정하고 *Rpp*유전자좌는 *P. polysora*에 저항성을 결정한다.

토마토에서 염색체 6번의 짧은 쪽에는 *Mi-1*-cluster가 *Cf2*-cluster와 *Ol-4/6*-cluster와 연관되어 있다. *Mi-1* 유전자는 매우 다른 세개의 병원체, 즉 근류선충, 진딧물, 가루이에 대한 저항성을 결정한다(Nombela 등, 2003). *Cf2* 유전자는 토마토 곰팡이(*Cladosporium fulvum*)에 대한 저항성을 결정한다(Dickinson 등, 1993). *Ol-4*와 *Ol-6*는 *Oidium neolycopersici*에 의해 생긴 토마토 흰가루병에 저항성을 결정한다(Bal 등, 2005).

일반적으로 하나의 병원체 종에 대해 저항성을 보이는 서로 다른 대립유전자의 형질의 존재를 확인할 수 있는 실험방법에는 접종실험과 유전학적 분석, 두 가지가 있다.

대부분 저항성 유전자들은 특정 병원체의 유전형에 대해서만 저항성 반응을 나타낸다(5.4.1.2를 보라). 보통 서로 다른 저항성 대립유전자는 저항성을 보이는 병원체 분리균주에 대한 스펙트럼이 서로 다를 것이다. 그러나 두 개의 식물체 유전자형을 여러 종의 병원체 분리균주로 실험했을 때 이 둘이 같은 병원체 분리균주에 대해 저항성 혹은 감수성을 보인다 해도 두 식물체 유전자형이 같은 저항성 유전자를 가지고 있다는 것을 나타내지는 않는다. 분명 실험에

표 7. 보리의 잎 녹병의 품종 확인군. 잎 녹병에 대한 저항성 유전자(과민성을 보이는)는 *Rph*로 나타낸다. 식물은 온실에서 어린묘로 실험되었다.

보리품종	***Rph*** 유전자 (*R* 유전자의 염색체 상 위치)	***Puccinia hordei*** 분리균주					
		1.2.1=F Neth.	13 Crete	28 Morocco	8 Kenya	A UK	22 France
Sultan	No *Rph* genes	+[1]	+	+	+	+	+
Sudan	*Rph1* (2H)	+	+	+	–	+	–
Peruvian	*Rph2* (7HS)	+	+	+	+	–	+
Ribari	*Rph3* (7HL)	–	–	+	+	–	–
Gold	*Rph4* (1HS)	+	+	–	+	+	+
Quinn	*Rph2* + *Rph* 5 (7HS+3HS)	+	+	+	+	–	+
Bolivia	*Rph2* + *Rph6* (7HS+3HS)	+	+	+	–	–	+
Cebada Capa	*Rph7* (3HS)	–	–	+	–	–	–
Egypt IV	*Rph8*(?)	+	+	+	+	–	+
CI 1243	*Rph9(5HL)*	–	–	–	–	–	–

[1]+는 화합성(감수성), –는 불화합성(저항성 또는 적당히 저항성)

사용되는 병원체 분리균주의 종류가 적을수록 두 개의 식물체 유전형 사이에 레이스 특이성(race-specificity) 차이를 발견하기는 어렵다(표 7을 보라). 뚜렷하게 효과적인 저항성 유전자를 가지지 않는 기주 계통을 '보편적 감수성(universal suscept)'이라 부른다. 그러한 계통은 접종 실험 시 감염을 유발하는 조건인지 아닌지를 나타내는 양성 대조군으로써 유용하다. 또한 식물 저항성에 대한 유전학적 분석에서 적절한 교배친으로 사용된다.

> 표 7은 보리녹병곰팡이, *Puccinia hordei*에 대한 *R* 유전자(*Rph*로 불림. 5.4.1.6을 보라)를 가진 여러 보리 품종을 열거하고 있다. 'Sultan'은 보편적 감수성 품종이다. 대부분의 *Rph*-유전자는 각각 다른 효용성 스펙트럼을 갖고 있다. 그러나 같은 스펙트럼이라고 꼭 *R* 유전자가 같다는 것을 의미하지는 않는다. Kenyan 분리균주 8을 사용하지 않았다면 *Rph3*와 *Rph7*의 스펙트럼은 우연히 같았을 것이다. 그럼에도 불구하고 이들 유전자의 각기 다른 위치는(7HL과 3HS) 이들이 다른 유전자라는 것을 분명히 보여준다.

식물체 유전형들이 같은 저항성 유전자를 공유하는지 다른 저항성 유전자를 가지는지에 대해서는 대립성(allelism) 검사라고 불리는 유전학적 분석이 필수적이다. F_2, F_3 집단에서(가능하다면 BC 집단까지) 접종 실험을 하면 저항성이 같은 유전자좌에 있는 유전자에서 온 것인지 다른 유전자좌에 있는 유전자에서 온 것인지가 확인될 것이다. 재조합이 발견되지 않았지만(완전 연관) 교배친의 저항성 유전자가 레이스 특이적인 형태로 다르다면 그 유전자들은 하나의 유전자좌에 있는 것이라는 결론을 내릴 수 있을 것이다. 매우 많은 후대를 시험해도 재조합형이 발견되지 않는다면 이 저항성 유전자는 아마도 복대립유전자일 것이다.

Q16 3개 벼 품종의 *M. grisea*에 대한 저항성을 연구하였다. 수 차례의 검정 교배가 이루어졌다. 후대는 여러 병원체 분리균으로 검정되었다. 검정 성적은 정성적이다. += 화합성(**compatible**); −= 불화합성(**incompatible**). 3개의 벼 품종은 다음과 같은 결과를 냈다(표). 품종 **A**와 각 저항성 품종 **B**와 **C** 사이에 모든 F_2 집단은 적정 분리균주로 실험했을 때 저항성 3:감수성 1의 분리비를 보인다. 예를 들어 분리균주 2나 분리균주 3로 시험했을 때 **A**와 **C**의 교배의 경우 F_2 집단에서 3:1 분리비를 보였다. **B**와 **C**의 교배의 경우는 분리균주 3로 시험했을 때 F_2에서 분리가 나타나지 않았다(모든 후대가 저항성).

벼 품종	*M. grisea* 분리균주		
	1	2	3
A	+	+	+
B	−	+	−
C	+	−	−

- 유전자 대 유전자 상호작용을 성립한다고 했을 때 3개 벼 품종 저항성과 곰팡이에서의 비병원성에 대한 유전학적 관계를 제시하라.
- 유전자대 유전자 상호작용인가? 설명하라.

Q17 숙주 식물체의 저항성과 병원체 분리균주의 비병원성의 유전학적 관계가 잘 알려져 있지 않다면 접종 실험이 그 실마리를 제공할 수도 있을 것이다. 적어도 결과를 설명할 수 있는 최소한의 저항성 유전자는 밝혀낼 수 있을 것이다. 이는 아래의 예에서 설명된다.

아마 녹병 곰팡이에서 얻은 5개 분리균주(*Melampsora lini*)를 아마(**flax**) 5개 품종에 접종했다. 그 결과(표) 식물과 병원체 유전형 사이의 화합성(+)과 불화합성(−)이 확연히 구별되었다.

- 이 다섯 가지의 분리균주 중에 몇 가지 분리균주 레이스가 있는가?
- 유전자 대 유전자 상호작용인가?

• 최소한 얼마나 많은 종류의 저항성 유전자가 이 결과를 설명하는 데 필요한지 추론하라.

아마 품종	*Melampsora lini* 분리균주				
	1	2	3	4	5
Pinto	+	+	−	+	+
Remon	−	+	−	−	+
Marco	−	−	+	+	−
Vesuvius	−	+	+	−	+
Clara	−	−	−	−	−

Q18 육종 프로그램에서 여러 종류의 상추 육종 계통을 이용하여 상추 노균병(*Bremia lactucae*)에 대한 저항성 실험을 수행했다. 식물체는 가능한 동일한 조건으로 접종했고 감염량은 분생포자가 나타나는 잎의 면적으로 판단하였다. 실험은 4번 반복했으며 감염된 잎의 평균 비율은 아래와 같다.

상추육종계통	*Bremia lactucae* 분리균주				
	1	2	3	4	5
A	0	0	0	1	0
B	20	1	22	19	19
C	10	9	13	10	9
D	30	33	37	28	30
E	0	0	35	23	23

• 이 실험에서 종 특이적 저항성에 대한 단서가 있는가?
• 분리균주 1에 대한 **A**계통의 저항성은 얼마나 많은 유전자에 의해 결정되는지는 어떻게 판단할 것인가?
• 분리종 1에 대한 **E**계통의 저항성이 그 분리종에 대한 **A**계통의 저항성 유전자와 같은 유전자에 근거하고 있다고 어떻게 설명할 수 있는가?

5.4.1.5 저항성의 표현형 발현

저항성 표현형의 발현은 유전자에 따라 상당히 다를 것이다. 저항성 발현이 주로 대립유전자 자체의 특성이라는 것은 주목할 만한 일이다. 대립유전자가 속해 있는 유전적 배경은 단지 발현의 정도를 일부 수정하는 효과를 가질 뿐이다. 저항성 대립유전자는 저항성 반응을 나타내도록 하는 '스위치'와 같은 역할을 할 '뿐'인 반면 저항성 반응 자체는 과민성 반응을 유도하는 여러 식물 유전자들에 달려 있다(5.4.1.1을 보라).

> 토마토에서 *Cladosporium fulvum*에 대해 저항성인 Cf_1처럼 어떤 저항성 유전자들은 다소 약하고 불완전한 저항성을 가진다. 또 다른 저항성 유전자들은 성체 식물에서만 효과가 나타나는 특징을 보이기도 한다. 예를 들면 밀에는 줄기 녹병에 대한 저항성 유전자인 Sr_2가 있는데 이에 대한 또 다른 유전자인 Sr_6와 Sr_{14}는 더 높은 온도(26℃)나 더 낮은 온도(15℃)에서는 효과가 없다.
>
> 또한 밀의 황색 녹병(Yellow rust)의 경우 저항성 유전자는 온도에 따라 다르게 발현되는 것이 일반적이다. 어떤 *R* 유전자는 병원체 발생 초기에 작용하기도 하고 다른 건 후기에 작용하기도 한다; 5.4.1.1을 보라.

저항성 표현형의 발현의 정도를 결정하거나 조절하는 요인으로는 1) 저항성 유전자(토마토에서 잎곰팡이병에 대해 불완전한 저항성을 주는 Cf_1과 대비하여 완전 저항성을 일으키는 Cf_2), 2) 유전적 배경(*Rph3*는 보리 품종 Ribari에서 보리잎병에 완전 저항성을, L94 배경에서는 불완전 저항성을 나타낸다), 3) 비병원성 유전자에 대해 동형이건 이형이건 상관없이 병원체 분리균의 유전형, 4) 식물의 발달 단계, 5) 온도와 같은 환경 요인, 6) 조직의 종류. 저항성 유전자 *Rpi-blb2*는 품종 돌루카 잎에 있는 감자역병에 대해 효과적이지만 그 품종의 덩이줄기에는 효과가 없다.

최근 몇 년 간 저항성 유전자의 억제유전자(suppressor)와 저항성에 필요한 유전자에 대한 보고가 점점 많아지고 있다. 그러한 유전자들은 보통 돌연변이 유기를 통해 동정된다. 물론 돌연변이는 *R* 유전자를 파괴하여 감수성 돌연변이체가 생겨난다. 그러나 감수성 돌연변이체들 중에는 원래의 *R* 유전자는 그대로 있지만 유전체의 다른 유전자 부분에 돌연변이가 생겨나는 경우도 종종 있다. 그런 유전자를 '저항성에 필요한 유전자'라고 부른다. 돌연변이로 인해 감수성 식물이 저항성 돌연변이체로 변하는 경우도 있다. 그런 경우 돌연변이가 일어난 유전자는 감수성 인자일 수 있다. 정상 대립유전자는 병원체의 성공적인 감염에 필요한 인자를 암호화한다. 밀 이질배수체(alloploid)에서 저항성 식물체와 감수성 식물체를 교배하면(예를 들어 저항성 *Aegilope squarrosa* 유전자형 DD×감수성 *Triticum turgidum* 유전자형 AABB) 흔히 감수성 잡종이 나온다. 그런 경우 과민 저항성의 발현을 막는 억제 유전자의 존재를 생각할 수 있다. 과민 저항성 유전자는 '스위치' 단백질로써 작용한다고 생각할 수 있다(5.4.1.2와 5.4.1.5를 보라). 만일 유전자 산물이 병원체에서 유래한 특정 신호를 감지하게 되면 '신호전달 경로'가 발동되어 식물에서, 식물체의 예정 세포사멸(programmed cell death), **phytoalexin**과 **PR 단백질** 합성을 만들어내는 단계적 생리적 반응을 유도한다. 살리실산(SA), 자스몬산(JA)과 에틸렌(ET)은 잘 밝혀진 유전자 정보전달 분자로 '신호전달 경로'를 형성한다. 억제 유전자와 저항성에 필요한 유전자는 감지과정, 신호전달 또는 방어 유전자의 발현 과정 어디에선가 작용할 것으로 추정된다.

그러나 어떤 억제유전자는 특정 저항성 유전자 특이적이고 또 다른 경우는 여러 또는 모든 저항성 유전자의 발현을 억제하는 것처럼 보인다는데 주목할 필요가 있다.

Chong과 Aung(1996)은 귀리 관청병(crown rust, *Puccinia coronata*)에서 저항성 유전자를 억제하는 매우 흥미로운 연구 결과를 보고했다. 그들은 귀리에 새로운 저항성 유전자인 *Pc94*를 도입하였는데 실험을 통해 이 저항성 유전자가 상업적으로 중요한 다른 *Pc* 유전자들과 같은 유전자좌에 위치하는지 여부를 밝혀 내고자 하였다. *Pc* 유전자 중 하나는 *Pc38*이었다. 그들은 *Pc94* 계통과 *Pc38*을 가진 계통을 교배하였는데 F_1은 *Pc94*에 비병원성이고 *Pc38*에 병원성을 보인 분리균주에 감수성이 있는 것으로 나타났다. 이는 *Pc94*는 다른 교배 조합에서는 우성인 것으로 알려져 있었기 때문에 주목할 만한 것이었다. F_2는 *Pc38* 뿐만 아니라 *Pc94*에도 비병원성을 보인 분리균주로 시험하였는데 저항성 15:감수성 1로 분리되었다. F_3 계통 108개의 개체들도 두 번 시험하였다. 한 번은 *Pc38*에 병원성이고 *Pc94*에 비병원성인(*Avr94* 레이스) 분리균주에, 또 한 번은 *Pc38*에 비병원성이고 *Pc94*에 병원성인(*Avr38* 레이스) 분리균주에 시험하였다. 각 계통은 모두 감수성이나 저항성으로 분리되었고 그 결과는 다음과 같다.

레이스 *Avr38*에 대한 반응	레이스 *Avr94*에 대한 반응			
	저항성	분리	감수성	계
저항성	0	0	27	27
분리	0	34	22	56
감수성	6	14	5	25
계	6	48	54	108

*Avr38*로 한 F_3 시험은, 1:2:1 분리비(가장 오른쪽 열)였다. *Pc94*에 비병원성인 분리균주으로 시험한 경우는 이론적으로 예측되는 1:2:1에 크게 벗어나는 것을(맨 아래열) 발견하였다. 이는 *Pca94*는 저항성인 *Pc38* 유전자가 있는 상태에서는 발현되지 않는다는 것

을 나타낸다. 이를 표에서 추론해 보라. 결론적으로 *Pc*38 유전자나 그와 가까이 연관된 유전자는 *Pa*94의 발현을 억제한다.

Jφrgrgensen(1988)은 돌연변이 유발 물질을 흰가루병에 대한 저항성 유전자 *Mla-12*를 가지고 있는 보리 품종인 Sultan5에 처리했다. 그는 처리 계통의 후대에서 15개의 감수성 돌연변이체를 얻어 이 돌연변이체를 보편적 감수성 품종 칼스버그(Carlsberg)와 교배시켰다. 15개 돌연변이체 중 13개는 모든 후대가 감수성이므로 돌연변이에 의해 *Mla-12* 유전자가 손상된 것으로 나타났다. 그러나 나머지 2개의 돌연변이체의 후대 검정에서 *Mla-12* 저항성을 가진 식물체가 확인되어 이 두 돌연변이체는 *Mla-12* 유전자가 여전히 온전한 것으로 나타났다. 이에 대한 설명으로는 두 돌연변이체의 감수성은 신호전달 경로나 방어 반응 자체에 결정적인 역할을 하는 유전자의 손상에 의해 생겼을 것으로 추정되었다. 이 유전자는 *Mla-12*와 연관되지 않으며, 이 유전자는 '저항성에 필요한 유전자'의 전형적인 예이다.

Q19 두 동형 접합체인 기주 식물체를 교배하였다. 둘 다 우성 과민 저항성 유전자를 가지고 있다. 그러나 둘 중 하나는 우성 저항성 억제 유전자 또한 가지고 있다. 다른 교배모본은 열성 저항성 억제 유전자를 가져 저항성 유전자의 발현을 방해하지 않았다.

- 비병원성을 나타내는 대립유전자를 가지는 병원체 분리균주를 접종한 후 두 교배모본 F_1, F_2에서 저항성과 감수성의 표현형의 빈도는 어떻게 나올 것인가?
- 만약 억제 유전자가 발현 할 수 있다는 사실을 모르고 자식계통과 부모와의 저항성의 차이가 오로지 저항성 유전자좌의 변이에서 나온 것으로 설명한다면 저항성의 유전 결과는 어떻게 될 것일까?

5.4.1.6 저항성 유전자의 명명법

모두는 아니지만 대부분의 단일 저항성 유전자는 과민성을 유도하는 유전자이다. 멘델 유전법칙으로 유전되는 유전자의 경우, 유전자의 이름은 보통 그 유전자가 효과적으로 작용하는 천적을 지칭하여 표시한다. 병원체의 학명이나 영어 이름이 그 기준이 된다.

예를 들어 밀의 *Yr* 유전자는 황색 녹병(Yellow rust, *Puccinia striiformis*)에 효과적이고 토마토에서 *Cf* 유전자는 잎 곰팡이병(*Cladosporium fulvum*)에 효과적이다. 몇몇 **식물-병원체** 시스템에서는 전통적으로 또 다른 명명법이 사용된다. 아마에서 아마 녹병 저항성 유전자는 그 유전자가 위치해 있는 유전자좌 이름을 따라 지어졌다(*K*, *L*, *M* 등) 감자에서 감자역병에 대한 저항성 유전자의 경우 간단하게 *R* 유전자라 불려지나 현재는 *Rpi*로 불려진다(resistance to *Phytophthora infestans*).

유전학에서 일반적으로 모든 저항성 유전자들은 우성 대립유전자는 대문자로, 열성 대립유전자는 소문자로 나타낸다.

> 토양성 사물기생 병원균인 *Periconia circinata*에 의해 발병되는 Milo 병에 대한 수수의 저항성 유전자처럼 열성인 경우 저항성 유전형은 *pc/pc*이고 감수성은 *Pc/Pc*나 *Pc/pc*로 표시된다. 흥미롭게도 감수성 유전자는 특정 기주 독소에 대한 수용체로 작용한다고 예상되는 NBS-LBR형이다(Nagy와 Bennetzen, 2008). 이는 5.4.1.3에서 소개된 거울상 유전자 대 유전자 상호작용의 예이다.

그러나 유전학에서 각 유전자좌는 고유 기호가 부여된다. 천적인 어떤 종에 대한 저항성 유전자는 각각 다른 유전자좌에 놓이기 때문에 천적을 의미하는 2개의 문자로는 충분치 않다. 아마에서는 각 유전자좌에 다른 문자를 부여하여 구분하였다(위의 예시를 보라). 하지만 이 방법은 유전자좌의 이름으로는 그 기능이나 어떤 유전자가 병원체에 효과적인지를 알기 어렵다는 단점이 있다. 보통 문자나 숫자가 저항성 유전자의 유전자좌를 나타내기 위해 추가된다. 숫자들은 유전자나 유전자좌가 문헌에 보고된 연대기적 순서로 부여된다. 밀에서는 황색녹병에 대한 *Yr1*, *Yr2*, *Yr3*에서 *Yr18*까지의 저항성 유전자가 알려져 있다.

더 복잡한 문제는 여러 복대립 유전인자를 나타나는데 있는데 여러 저항성 대립유전자들이 유전자좌에 존재할 수도 있다. 이러한 대립유전자들은 문자로 표시한다(또는 유전자좌가 문자로 나타나 있다면 숫자로 나타낸다.).

> *Yr3* 유전자좌에는 *yr3*(감수성), *Yr3*, *Yr3a* 그리고 *Yr3b* 저항성 대립유전자가 알려져 있다. 감자역병 저항성은 근연종인 *S. demissum* 종으로부터 도입되었는데 염색체상의 *R* 유전자의 위치 및 유전 양상에 대하여는 거의 알려져 있지 않았다. 이 이형접합 4배체 작물의 유전학은 복잡하다. *R* 유전자(*R1*에서 *R11*)는 다른 유전자좌에 있건 같은 유전자좌의 복대립유전자이건 상관없이 단순히 필요에 따라 번호가 매겨졌다. 지난 10년 동안 많은 감자역병 저항성 유전자들이 유전자 지도 기반 클로닝(map based cloning)이나 대립유전자발굴(allele mining)을 통해 클로닝되었다.
>
> 저항성 유전자는 *Rpi*로 명명 되었고 이에 더해서 기주 품종의 이름을 붙여서 명명되었다. (이전에는 *R1*에서 *R11*로 명명되던 것이 *Rpi-blb1*, *Rpi-blb2*, *Rpi-blb3*와 같이 명명됨) 연구자들은 귀리의 청관병에 대해서는 *Pc35*, *Pc54*, *Pc96*과 같은 저항성 유전자 기호를 사용한다. 여기서의 숫자는 그 유전자가 발견된 연대순을 나타낸다. 이 유전자들이 한 가지 복대립유전자들인지 아니면 다른 유전자좌에 속하는지는 유전자 기호로는 알 수가 없다.

분자 생물학자는 병원체의 단축된 이름에 저항성 유전자 기호 *R*(열성은 *r*)을 붙여주는 관습이 있다. 보리의 잎 녹병(*Puccinia hordei*) 저항성 유전자는 *Rpi1*에서 *Rpi19*(병원체의 학명인 *Puccinia hordei*를 따라서 붙임)로 나타낸다. 이들 유전자의 옛 이름은 *Pa1*에서 *Pa19*까지 인데 이는 병원체 *Puccinia anmala*의 옛 학명에서 따온 것이다.

> 본서에서는 가상의 저항성유전자는 *R*로, 작은 숫자로 유전자좌를, 소문자 알파벳으로 그 유전자좌에 있는 대립유전자를 표시하였다. 저항성 대립유전자 ***R1a***와 ***R1b***는 감수성 대립유전자 ***r1***과 같은 유전자좌에 있다. 예를 들어 대립유전자 ***R2***는 또 다른 유전자좌에서 볼 수 있을 것이다.

5.4.1.7 레이스

- *명명법*

레이스(Race)에 대한 명명법은 **식물-병원체 시스템**마다 다르다. 가장 단순한 형태로 레이스는 처음 발견된 저항성 품종의 이름을 따라 짓는다. 병원체의 레이스는 지역적으로 국한하여 사용되는 코드나 그 레이스는 처음 발견되었던 국가를 나타내는 코드로 표시하기도 하고(상추 노균병에서 NL-과 CZ-코드) 레이스가 발견된 때에 따라 연대순으로 일련번호를 매겨 표시하기도 한다(토마토의 붉은 곰팡이).

그러나 레이스의 이름은 대부분 그 레이스에 작용하지 않는 저항성 유전자를 기초로 하여 붙여진다(병원체에 상응하는 비병원성 대립유전자가 없기 때문이다.). 감자역병(*Phytophthora infestans*)을 예로 들면 이 레이스에 작용하지 않는 감자의 저항성 유전자를 따라 이름이 붙여진다.

예를 들어 레이스 (1, 3)은 저항성 유전자 *R1* 또는 *R3*을 지닌 품종에 대해서 병원성을 보이는 종이다. 레이스 1,3,4,5,6,7은 *R1*, *R2*, *R3*, *R4*, *R5*, *R6*, *R7* 유전자가 하나 또는 2개 이상의 조합으로 있는 품종에 대해서 병원성을 보이는 종들이다. 모든 *R* gene에 대해서 비병원성인 레이스는 0으로 표시된다.

보리 잎 녹병(*P. hordei*)과 같은 병원체에서의 레이스는 병원성을 보이는 *Rph* 유전자의 숫자와 비병원성을 보이는 *Rph* 유전자의 숫자로 이루어져 있으며 1로 구분된다. 이런 방식으로 레이스는 1,2,4,5,6,8/3,7,9와 같은 형식으로 표기된다. 이 분리균은 *Rph10*에서 *Rph19*까지에 대하여 (비)병원성 검증을 하지 않았다.

녹병균에도 역시 레이스에 대한 표기 방법이 있는데 이 경우 한 품종에서의 병원성은 각 품종에 고유하게 부여된 숫자로 나타낸다. 이 숫자들을 합하면 고유한 숫자합이 되는데 이렇게 하면 관계자들은 쉽게 그 레이스의 병원성 스펙트럼을 추론해 낼 수 있다. 예를 들어 황녹병 중 하나의 레이스는 15E158로 표기된다. 이러한 방식 때문에 관계자 외에는 이름의 의미를 파악하기 매우 어렵다.

Q20 Q14(43쪽) 연습문제를 보아라. 감자역병에서 연습한 방식으로 분리균 A에서 D를 레이스 표기를 하라.

• *특징*

분리균주의 **병원성 스펙트럼**을 확인하기 위해서 특정 작물의 계통이나 품종들: **판별품종군 (differential set of cultivar)**이 사용되는데 흔히 이런 품종들의 구성은 국제적으로 공인되어 있다.

판별품종군은 알려진 저항성 유전자를 지닌 계통 및 품종으로 구성될 수 있다(표 7). 그 외에는 품종들이 분리균주를 다른 방식으로 구분한다고 경험적으로 판단하여 이를 통해 다른 종류의 저항성 유전자를 가졌다는 것을 확인할 수 있다.

> 실험 판별품종군은 아주 적은 정보만을 제공한다. 우리는 병원체 분리균주가 다른 종류의 비병원성 유전자를 가지고 있음을 알아내고 이를 이용해 다른 유전형을 가진 기주를 시험한다. 판별품종군의 품종과 다르게 반응하는 기주 유전형은 새로운 저항성 유전자나 새로운 유전자 조합을 지닌 품종일 것이다.

판별품종군은 같은 유전적 배경을 가지고 있으나 각각 다른 저항성 유전자를 지닌 근동질 유전자계통(NIL)을 사용하는 경우도 있다.

> 밀에서 근동질 유전자 계통이 20개 이상 만들어졌는데, 이들은 Thatcher라는 같은 유전적 배경 아래 밀잎 녹병 곰팡이 *Puccinia tritici*에 저항성이 있는 서로 다른 *Lr* 유전자를 갖고 있다. 이 계통군은 Thatcher를 반복친(recurrent parent)으로 사용하여 여교배를 반복해 얻어졌고 적절한 녹병 분리균 저항성을 획득하는 과정 동안 반복적으로 검증되었다.

많은 식물-병원체 시스템에는 많은 저항성 유전자가 알려져 있으므로(표 5) 20개 이상 계통으로 이루어진 판별품종군은 특별한 것이 아니다. 물론 더 적은 계통이나 품종으로 이루어진 판별품종군은 더 적은 수의 레이스를 분류해 낼 수 있을 것이다.

Q21 단 세 계통으로 이루어진 판별품종군으로 최대 몇 개의 레이스를 파악해 낼 수 있을까?

판별품종군에서 같은 병원성 스펙트럼을 보이는 분리균주가 꼭 같은 레이스인 것은 아니라는 것을 알아야 한다. 또 다른 기주 유전형을 추가할 경우 어떤 분리종은 추가된 유전형에 있는 저항성에 대해 병원성 대립유전자를 가질 것이고 어떤 분리종은 비병원성 대립유전자를 가져 다른 레이스에 속한다는 것을 잘 보여줄 것이다.

판별품종군에서, 하나 이상의 품종에서 하나 이상의 저항성 유전자를 가지고 있다면 병원성 스펙트럼에 대한 정보는 신뢰하지 못할 수 있다(연습문제 Q22를 보라).

Q22 표 7에 있는 자료를 보고 분리균주 8과 A에 있는 병원성/ 비병원성 인자는 무엇인지 확인해 보라.

5.4.1.8 저항성의 지속성

• *서론*

저항성 육종에서 가장 중요한 목표는 도입된 저항성 유전자의 지속성(Durability)이다. 많은 경우에서 품종에 도입된 저항성은 시간이 지남에 따라 그 효과가 감소하게 되는데 이러한 현상을 **저항성소실(Break-down** 혹은 **erosion)**이라 한다.

이 현상은 주어진 각 품종에 저항성 점수를 매겨 몇 년을 비교해 보면 더욱 명확해 진다(그림 14). 이때 주어진 품종이 완전하게 저항성이 있으면 9 혹은 10점이고 감수성이 있는 품종이면 0 이나 1점으로 표시된다. 많은 경우에서 도입 첫해에는 저항성 점수가 높은데 몇 년이 지난 후 그 점수가 낮아지는 것을 볼 수 있다.

McDonald와 Linda(2002)는 기주 식물 종에서 유전적 저항성을 극복하는 병원체 집단의 점진적인 잠재력은 증식/교배 시스템과 유전/유전자형 흐름에 달려 있다고 설명했다. 성장기 당 최소한 한 번의 교배 사이클을 갖고 있고 확산기에 무성생식을 하는 혼합된 생식 시스템을 갖고 있으며 먼 거리로 병원균 번식체를 퍼뜨릴 수 있는 병원체는 저항성 유전자가 무너질 위험이 매우 높다. 이러한 병원체로는 상추노균병, 보리흰가루병, 감자역병병원균과 많은 녹병균 종류가 있다. 반대의 경우에는 거의 배타적으로 무성생식을 하거나, 번식체의 확산성이 낮은

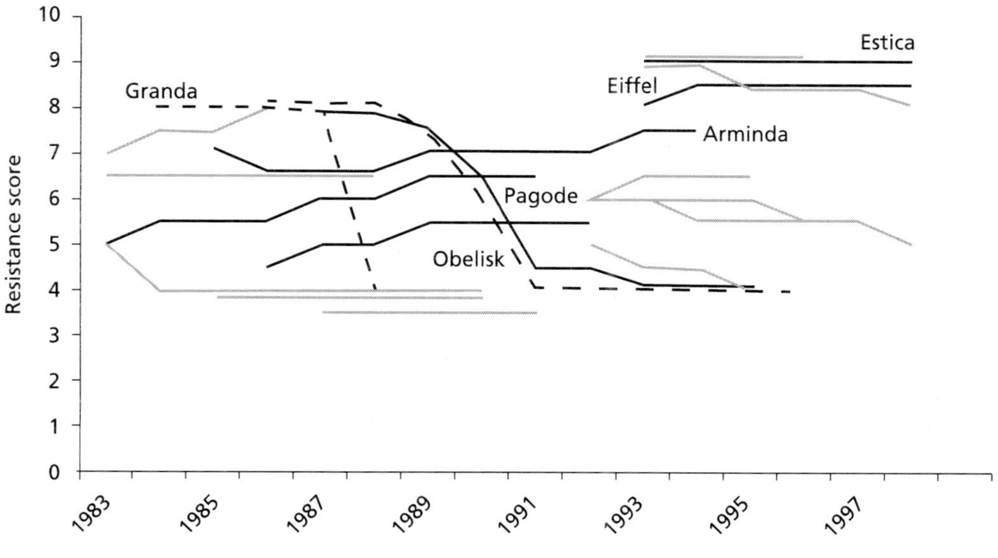

그림 14. 16년 이상 네덜란드 권장 품종 리스트에 있는 겨울 밀 품종의 잎녹병 저항성 정도. 숫자가 높을수록 저항성이 강함

잎시들음병, *Xanthomonas campestris*, 뿌리혹선충 같은 토양성 병원체가 있다. 이들에 대한 저항성은 지속적이다.

같은 식물-병원체 시스템에서 조차 하나의 *R* 유전자가 다른 것보다 더 지속성이 있는 것으로 밝혀질 수 있다는 것은 놀랄만하다(표 8).

모든 저항성에 대해서 저항성의 지속성 정도는 매우 중요하며 본서에서도 여러 상황들을 논의할 것이다. 그러나 과민 저항성(HR)의 경우 저항성의 지속성이 짧은 것으로 악명이 높다. 특히 흰가루병 노균병, 녹병균, 겉깜부기병에 대한 과민성은 보통 매우 수명이 짧다(표 9). 이러한 병원균은 모두 좁은 기주 범위를 가지고 많은 레이스가 알려진 **활물 기생**이거나 **반활물 기생**이다. 그 이유 하나만으로도 여기서 지속성에 대한 논의를 할 필요가 있다.

• *정의*

그림 14에 나타난 것과 같이 품종의 저항성 소실(break-down)은 병원체 집단 내의 변화의 결과이다. 일반적으로 넓은 지역에 새로운 저항성 유전자를 가진 하나 이상의 품종이 재배될 경우 선택압(selection pressure)이 작용한다. 기능을 하지 않는 반응기를 가진(병원성) 빈도가

표 8. 여러 식물-병원체 시스템에서 저항성 유전자들의 지속성. 품종이 도입된 이후 저항성이 유지되는 기간으로 지속성을 나타낸다.

작물	품종	병원체	지속성
Wheat	Clement	Yellow rust, *Puccinia striiformis*	1
Wheat	Tadorna	Yellow rust, *Puccinia striiformis*	1
Wheat	Flevina	Yellow rust, *Puccinia striiformis*	5
Wheat	Manella	Yellow rust, *Puccinia striiformis*	14
Wheat	Felix	Yellow rust, *Puccinia striiformis*	18
Spinach	R1	downy mildew, *Peronospora farinosa*	2
Spinach	R2	downy mildew, *Peronospora farinosa*	15
Cabbage	one gene	*Fusarium oxysporum*	〉60
Apple	Northern Spy	Woolly aphid, *Eriosoma lanigerum*	130(Australia)
	(one gene)		〉139(elsewhere)
Apple	Winter Magetin(polygenic)	Woolly aphid, *Eriosoma lanigerum*	〉148

낮은 병원체 유전자형이 생존이 유리하여 집단 내에서 발생빈도가 증가하게 된다. 병원체 집단에 대한 품종의 선택압은 다른 무엇보다 특정 *R* 유전자를 가진 품종의 절대적이며 상대적인 재배면적과 그 저항성이 원래 우세한 병원체 유전자형의 증식을 어느 정도 막을 수 있는가에 달려 있을 것이다. 물론 저항성의 지속성은 저항성 품종을 대규모로 재배하여 몇 년이 지나 봐야만 판정될 수 있다. 그러한 이유로 저항성의 지속성은 Johnson(1984)에 의해 다음과 같이 정의되었다. 병원체가 발생할 수 있는 환경에서 대규모로 재배되었는데도 그 저항성이 ***오랜 기간 동안*** 유효하다면 이 저항성은 병 지속성이 있다고 본다.

이와 같이 병 저항성의 지속성은 시간이 지난 후에만 확인이 가능하다. 그렇다고 하더라도 완전히 지속성이 있다고 단정지어서는 안 된다. 예를 들어 밀의 한 품종인 Arminda의 저항성이 내구력이 있다고 판단하는 것은 섣부른 판단이다(그림 14). 이 품종은 1994년 까지 재배되었고 저항성 점수는 7.5였지만 상업적으로는 이미 전성기가 지난 품종이었다. 만약 이 품종이 몇 년 더 훨씬 더 대규모로 재배되었다면 Arminda의 저항성은 결국 무너지고 말았을 것이다. 결국 Felix 품종에서 황색 녹병균 저항성이 무너지기까지 18년이 걸렸다(표 8).

표 9. 1965년에서 1979년 기간 동안 밀과 보리 품종에서 세 가지 병원체에 대한 저항성의 수준(10=완전 저항성, 1=지극히 감수성). 첫 번째 열의 숫자는 네덜란드 권장 품종 리스트 도입 년도 저항성 점수이고 두 번째 열의 숫자는 6에서 12년이 지난 후의 저항성 수 점수이다.

	황녹병[1]		흰가루병[2]		흑수병[3]	
보리 품종						
Delisa	6	6	6	4	8	6
Impala	5	5	9	→ 4	4	4
Sultan	6	6	6	6	9	→ 4
Volla	4	4	6	4	4	3
Mazurka	6	6	9	→ 5	6	4
Minerva	6	6	8	8	8	8
밀 품종						
Clement	9	→ 3	8	→ 3	8	9
Manilla	8	6	8	5	9	9
Caribo	6	5	6	4	7	→ 4
Norda	8	→ 4	7	→ 4	7	7

1 *Puccinia striiformis*

2 *Blumeria graminis* f.sp. *hordei* or *tritici*

3 *Ustilago nuda* f.sp. *hordei* or *tritici*

아마 육종에서 대부분 아마 품종은 아마 녹병(*Melampsora lini*)에 대해 과민 저항성 유전자를 도입하여 보급되었다. 1956년에는 권장 품종 리스트에 있는 점수를 보면 보리나 밀에 나타나는 녹병과 흰가루병에 보이는 저항성 점수 평균에 비해 아마의 저항성 평균 점수가 높지 않았다(표 10). 그러나 1974년 이후 아마 녹병에 대한 아마의 저항성 수준은 매우 높게 유지되어 왔다. Hera나 Natasja와 같은 개별 품종은 15년 이상 완전 저항성을 유지해 온 반면 개별 품종에서 보리와 밀에서의 저항성은 전형적으로 재배된 지 10년 안에 무너진다.

아마 녹병에 대한 아마의 이러한 뚜렷한 과민 저항성 지속성은 서부 유럽에서 매우 좁은 지역에서 재배되었기 때문에 생긴 것으로 보는 것이 가장 타당한 설명이다. 이러한 이유로 아마 녹병의 접종원은 거의 없다. 미국에서 아마는 유럽에서보다 좀더 중요한

표 10. 1956, 1974, 1988년도 네덜란드 권장 품종 리스트에 따른 밀, 보리, 아마 품종의 평균 저항성 점수(3=매우 감수성; 10=완전 저항성) 몇몇 품종에 대하여는 도입 년도의 점수와 몇 년 후의 점수를 괄호 속에 제시함.

병원체	1956	1974	1988	재배종					
밀				Tadorna			Clement		
Yellow rust	6.9	6.6	6.8	9	→ 3	*(8)*	9	→ 4	*(5)*
Leaf rust	6.0	6.1	5.8	5	→ 5	*(9)*	9	→ 4	*(5)*
보리				Impala			Aramir		
Powdery mildew	6.6	7.0	6.4	9	→ 4	*(9)*	9	→ 5	*(6)*
아마				Hera			Natasja		
Flas rust	6.3	9.0	10.0	10	10	*(15)*	10	10	*(15)*

작 물인데 아마 녹병에 대한 저항성은 녹병과 흰가루병에 대한밀과 보리의 저항성만큼이나 수명이 짧다. 이러한 예로 볼 때 병 내구력의 정의에 재배면적의 크기를 포함시키는 것이 매우 적절하다.

- *저항성 붕괴에 대한 분자생물학적 설명*

(5.4.1.3)에서 논의한 바와 같이 식물에서 과민성 반응은 수용체 분자(receptor molecule, 저항성 유전자 산물)가 병원체 유래 분자를 인식하면서부터 시작된다. 이 분자는 **일반 방어기작**을 억제하는 **반응기**로 진화했는데 실제는 **비병원성 유발인자**로 작용한다. 비병원성 유전자좌의 결손이나 돌연변이가 있는 병원체는 비병원성 유전자 산물을 생성하지 못하거나 기능이 없는 산물을 만듦으로 과민성을 끌어내지 못할 것이다.

그러므로 **저항성 붕괴**는 일차적으로 병원체에서 비병원성 유전자좌의 '기능 상실' 돌연변이의 결과이다. 이 저항성에 대응하는 병원체의 비병원성 대립유전자 *Avr1*의 빈도가 1이라면 *R1* 저항성 유전자를 가진 새로운 품종이 도입되고 이 때 *Avr1* → *avr1*으로 돌연변이가 일어나면 저항성이 붕괴될 것이다. 돌연변이는 새로운 병원성 레이스의 출현에 결정적인 역할을 한다. 병원체의 돌연변이로 비병원성에서 병원성으로 변한다는 보고도 매우 많다.

Flor(1958)은 16개 유전자좌가 서로 다른 분리균주을 교잡하여 비병원성 유전자좌 16개가 이형접합(*Avr*/*avr*)인 잡종 아마 녹병균(flax rust)을 만들었다. F_1 세대에서는 여름포자(urediospore) 상태로 키워서 영양번식하였다. 아마 녹병균 유전형에서 *Avr*/*avr*에서 *avr*/*avr*로의 돌연변이(즉, 비병원성에서 병원성으로 변이)가 일어난 것은 상응하는 *R* 유전자(저항성유전자)를 가진 기주 아마(Flax) 유전형을 감염시킬 수 있는지를 보면 알 수 있을 것이다. Flor는 이 아마 녹병균 F_1 세대에게 X-ray를 조사하는 방법으로 154개의 돌연변이를 만들었다. 그 중 60개는 다음 실험에 부적합하였다. 나머지 94개의 돌연변이 가운데 92개는 한 개의 비병원성 인자에서 나머지 두 개는 두 개의 비병원성 인자에서 돌연변이를 일으켰다. 비병원성 유전자 *AvrL6*와 *AvrM3*에서는 *AvrP*와 *AvrP3*보다 20배나 높은 돌연변이 빈도를 보였다.

*AvrL6*와 *AvrM3*의 자연 발생적인 돌연변이도 확인되었는데 이는 인공적으로 유도된 돌연변이 빈도와 자연 발생적인 돌연변이의 빈도가 서로 상관관계가 있음을 의미한다. 평균 돌연변이 빈도(전체 16 유전자좌)는 유전자좌당 1에서 300,000개의 돌연변이가 된 포자가 발생하였다. 자연발생적인 돌연변이의 빈도는 이보다 상당히 낮다.

자연발생적인 돌연변이빈도는 유전자당 $1/10^8$ 정도였다. 이러한 예측 빈도를 바탕으로 Leijerstam(1972)은 잎 면적의 약 1% 정도로 상당히 많이 감염되어 있는 밀 포장의 흰가루병 병원체군에서 하루에 헥타르당 유전자좌당 2,000개 돌연변이가 발생하리라는 예측을 하였다.

병원성 유전자를 가진 병원체 유전자형이 이미 다른 장소에서 나타났다면 다른 곳으로부터의 병원체의 이동이 저항성 붕괴의 원인이 될 수도 있다. 또한 병원체 내의 재조합도 관련이 있다.

새로 도입된 품종이 여러 저항성 유전자(예, *R1R1, R2R2*)를 갖고 있는데 그 병원체에서 유전형은 *Avr1Avr2*, *Avr1avr2*, *avr1Avr2*만 존재한다고 가정해보라. 그런 경우 저항성은 병원체의 모든 개체에서 유효할 것이다. 그러나 *Avr1 avr2*와 *avr1Avr2*끼리 유전자 재조합이 일어나는 경우 그 품종을 감염시킬 수 있는 재조합형 *avr1 avr2*가 발생할 수도 있다.

- *안정화 선발(stabilizing selection)*

왜 병원체가 대응하는 저항성유전자를 갖고 있는 기주에게 치명적인 저항성 반응을 유도하는 한 개 이상의 유전자를 가지고 있는지를 알아보는 것은 흥미롭다. 그러한 비병원성 유전자를 가진 병원체는 스스로의 생존과 증식의 기회가 감소할 뿐만 아니라 병원체 집단에 있는 그런 유전자가 선택 이익(selective advantage)을 가지리라고는 생각하기 어렵다. 분명히 병원성 대립유전자가 훨씬 더 유리함에도 5.4.1.4에서 언급했다시피 병원체 유전형마다 비병원성 유전자 수십 개가 존재할 수 있다.

각각의 비병원성 유전자가 병원체의 생리적 기능, 특히 식물 세포 기능을 병원체의 감염에 유리하게 조절하기 위한 **반응기**로써(4장과 5.4.1.3을 보라) 다소 중요한 역할을 하고 있다는 것이 가장 최근에 나온 설명이다. 이 설명이 맞는다면 비병원성 유전자의 결손은 식물의 방어 기능을 억제시키는 병원체의 능력을 감소시키는 결과를 낳아 감염이 성공적으로 일어나지 않을 것이다. 이것은 훌륭한 생각이다. 남아프리카의 전염병학자 Vanderplank(1963)는 그의 책에서 이 원리를 생각해 냈고, 이를 **안정화 선발** 가설이라고 했다. 비병원성 유전자가 없으면 병원체의 적응도가 훼손되리라고 예측했다. 이 이론에 따르면 **복합종**(여러 가지 저항성 유전자를 가진 기주 유전자형을 감염시킬 수 있는 능력으로 인한)의 선택 이익은 감소된 적응도의 약점을 벌충하는 것이 될 것이다. 이 원리로 병원체 집단에서 관찰되는 **병원성 스펙트럼**의 다양성을 설명할 수 있을 것이다.

> 토마토에는 *Cladosporium fulvum*에 대한 여러 저항성 유전자가 있는데 그 중에서도 특히 *Cf9* 유전자는 현대의 많은 품종에 도입이 되었다. 이 *Cf9*을 지닌 품종이 넓은 토마토 재배면적을 차지하고 있음에도 불구하고 *Cf9*에 대한 병원성을 가진 분리균주는 상업적 토마토 재배지역에서 대규모로 발생한 적이 없다. 이는 *Avr9* 유전자가 병원체의 적응도(fitness)에 필요하다는 것을 의미한다.
> 병원체의 적응도에 비병원성 유전자가 관여한다는 다른 유사한 증거는 토마토와 담배 모자이크 바이러스(TMV)에서 발견된다. 실험실에서는 *Tm* 저항성 유전자를 가진 토마토에 병원성이 있는 바이러스 계통이 확인되었지만 상업적 토마토 재배지에서는 그러한 병원성 종은 거의 발견되지 않았다.

위에 든 실례에도 불구하고 안정화 선택 원리의 일반적인 타당성을 뒷받침할 결정적인 증거는 없는 것 같다. 게다가 안정화 선택 원리를 반박하는 여러 설득력 있는 의견까지 있다.

첫째, 일반적으로 병원체는 비병원성 유전자의 손실을 잘 견딜 거라는 주장이 있다. 20여 개 이상의 병원성 유전자를 지닌 레이스들이(즉 20개 이상의 기능성이 없는 반응기들) 그리 드물지 않다. 각각의 병원성 유전자가 병원체의 병원성에 필요한 반응기 유전자의 결손을 의미한다면 그런 **복합종**은 발견되지 않았을 것이다. 비슷한 기능을 하는 반응기가 많아 몇 개쯤 없어져도 다른 반응기로 보상받기 때문에 가능한 것이다.

둘째, 여러 식물-병원체 시스템에서 병원성과 비병원성 분리종 간의 적응도 차이를 보편적으로 감수성인 기주 식물을 이용하여 실험하였다. 안정화 선택 이론에 근거한 예상과는 달리 분리균주 간의 적응도에서 뚜렷하고 일관된 차이가 나타나지는 않는다.

셋째, 기주에서의 저항성 빈도와 병원체에서의 병원성 대립유전자의 빈도에 근거한 논쟁이 있다. 비병원성 인자가 일반적인 방어기능을 억제하여 병의 발생에 기여한다면 비병원성의 손실은 병원체의 생존력 감소와 연관될 것이다. 이러한 비병원성 대립유전자의 손실(=병원성 대립유전자로 대체)은 이러한 적응도 손실을 보상하는데 상당한 이점을 가질 것이다. 그러한 보상은 병원성을 '필수적인' 것으로 만들어 대응하는 *R* 유전자를 가지고 있는 식물을 감염시키는데 유리하게 작용할 것이다. 그러므로 병원체에서 오직 그러한 비병원성 대립유전자만이 병원성 대립유전자에 의해 대체될 것이며 이 병원성 유전자는 기주에 상당한 빈도로 있는 저항성 유전자에 상응하게 된다. 지역 기주 집단에서는 거의 또는 전혀 나타나지도 않는 저항성 유전자에 상응하는 병원성 대립유전자는 유리한 점이 전혀 없으며 오히려 생존 능력 감소라는 불리함만 갖게 될 것이다. 그러나 이러한 '불필요한' 병원성 유전자는 많은 식물-병원체 시스템에서 매우 일반적으로 나타난다.

이러한 논리적인 한계에도 불구하고 비병원성 유전자가 병원체의 병원성에 필요한 반응기라는 것이 일반적인 생각이다. 비병원성 유전자들은 중복된 기능이 있으며 많이 없어져도 병원체는 이를 잘 견뎌낸다.

Q23 "밀 품종 '클레멘트'는 맥류녹줄병(Yellow rust)에 대한 저항성 유전자가 도입되자마자 저항성을 잃었다" 이에 대한 반대 의견을 내시오.

5.4.2 부분 저항성

5.4.2.1 정의

과민 저항성은 흔히 식물 감염 과정 초기에는 충분히 효과적이다. 그 결과 감염의 흔적은 육안으로 거의 관찰되지 않는다(5.4.1.1). 이 경우 식물의 저항성과 감수성의 유전형은 매우 쉽게 구별 될 수 있다(그림 11A와 11C). 이러한 저항성은 질적 형질이다. 약한 불완전 과민 저항성 식물에서는 병원체가 증식할 수 있다(그림 11B). 이러한 경우의 저항성은 양적 형질인데 감염된 조직의 괴사와 황화현상이 나타나며 완전 과민성저항성과 근본적인 차이는 없다.

그러나 세밀히 관찰하면 '완전히 과민한' 기주-병원체 조합 또한 감염의 정도에서 양적인 차이를 보일 수 있다. 그러한 차이는 병원체가 여러 번 증식을 거쳐, 복제인자와 세대기간에서의 조그만 차이가 각각의 기주 유전자형 유행병 발생에서 중요한 차이로 누적되었을 때 포장시험에서 뚜렷이 나타난다.

> 감자 품종 '빈치'는 좋은 사례가 될 것이다. 이 품종은 역병에 대해 감수성을 가진 것으로 유명하다. 그러나 트리스탄다쿠냐(Tristan da Cunha) 군도(역병이 일어나지 않는 곳)에서 얻어진 감자 클론들은 일반적으로 빈치보다 훨씬 더 심하게 감염된다. 이는 역병이 일어나는 지역에서 경작하기에는 아주 부적합한 수준 밖에 안 되지만 빈치에도 적은 양의 저항성은 있다고 결론지을 수 있다.

감염형(infection type)인데도 불구하고 유행병 발생을 감소시키는 결과를 가져오는 이러한 저항성을 **부분 저항성**라 부른다. 정의에 따라 부분 저항성은 감염이 일어나고 과민성이 아닌 것을 말하며 녹병균, 흰가루병균, 노균병균 같은 활물기생이나 반활물기생식물 관계에 적용되고 있다. 이와 다소 비슷한 개념으로 문헌에서 사용하는 용어로는 **'포장 저항성(field resistance)'** '양적 저항성(quantitative resistance)과 'slow rusting'('slow mildewing')이 있다. 이러한 역학적인 용어는 부분 저항성이라는 정의 안에서 사용되는 것이므로 필수적으로 '감수성' 감염형태이어야 하는 것은 아니다. 그러므로 포장 저항성과 slow rusting은 정확한 부분 저항성과 불완전한 과민 저항성 모두를 나타낼 수 있다(Vada와 Monte christo와 비교, 표 12).

부분 저항성은 여러 작물에 흰가루병과 녹병, 감자에 감자역병, 그리고 벼에 세균성 점무늬병(*Xanthomonas oryzae*와 *Pyricularia oryzae*)과 같은 많은 식물-병원체 시스템에서 보고되었다.

> 부분 저항성의 대표적인 사례는 보리 잎 녹병에서 발견되었다(*Puccinia hordei*). 분명하게 품종특이적인 *Rph1*에서 *RPH19*로 표시되는 다수의 과민 저항성 유전자 이외에도 이 식물-병원체 시스템에는 감수성 조합 사이에서도 감수성 수준에서 커다란 차이가 있다. 표 11에서 앞의 5개 품종은 품종 특이적인 저항성에서 분명하게 반면 아래쪽에 4개의 품종은 모두 감수성 반응을 보인다. 포장 실험에서 이들 '감수성이 있는'(+ 표 1) 품종에서의 감염량은 상당히 다르다(표 12).

5.4.2.2 부분 저항성의 구성요소

부분 저항성의 결과로 유행병 발생이 감소한 것은 여러 가지 구성요소 때문이다. 식물-병원체 시스템에 따라 다양한 구성요소가 그 역할을 할 것이다.

표 11. 9개의 보리 품종과 4종의 보리 녹병(*Puccinia hordei*) 분리 균주 간의 화합성(+)과 불화합성(-) 상호작용

품종	***Rph*** 유전자	분리 균주			
		1–2	22	A	T4OSS
Sudan	*Rph1*	+	–	+	+
Estate	*Rph3*	–	–	–	+
Gold	*Rph4*	+	+	+	+
Cebada Capa	*Rph7*	–	–	–	+
Egypt	*Rph8*	+	+	–	+
L94	-	+	+	+	+
Sultan	-	+	–	+	+
Julia	-	+	+	+	+
Vada	-	+	+	+	+

표 12. 4회 표본 채취일의 6개 보리 품종의 묘 당 보리 녹병 분리종 1과 2의 여름 홀씨 구조체의 수. 경작지 사이는 겨울밀로 구분지었다. Sultan, Julia, Vada는 각각 부분 저항성 수준이 다르고 Monte Christo는 불완전하게 효과적인 과민성 저항성 유전자를 가지고 있어 어느 정도 병원체를 증식시킨다. 두 가지 저항성 형태 모두 유행병 발생을 감소시키는 결과를 낳는다.

품종	출수기	시료 채취 일			
		14/6	27/6	3/7	12/7
L94	9/6	5	500	〉5000	–
Mamie	16/6	5	500	〉5000	–
Sultan	21/6	1.5	20	1000	–
Julia	22/6	0.7	2.0	17	100
Vada	21/6	0.3	0.5	1.1	4.5
Monte Cristo	5/6	0.9	8	28	–

예를 들어 보리/잎 녹병의 경우 **잠복기, 감염빈도**와 **홀씨 구조체 하나당 포자 생산**이 가장 주요한 구성요소이다(그림 15; 표 13). 잠복기는 최초 감염과정에서 병원체의 증식까지 걸리는 시간이다. 녹병곰팡이와 함께 홀씨구조체는 성숙한다. 감염빈도는 감염을 증가시키는 결과를 낳는다.

빈도는 증식을 위해 감염을 일으키는 포자의 퍼센트를 의미하며 또한 식물체당, 각 잎당, 조직 cm^2 당 관찰되는 감염의 회수를 나타내기도 한다.

감염 빈도와 여름포자추 당 포자 생성수는 작물에 대한 병원체의 번식 지수를 상당 부분 함께 결정한다.

이러한 특성들은 **단주기**(monocyclic) 실험 결과 얻어진 것이다(온실 내 실험). **다주기**(polycyclic)의 실험 결과(포장에서의 실험)에서 조사된 각 항목은 가장 감수성이 높은 것으로 알려진 기존 작물보다도 상당히 낮은 값들을 나타내었다. 이것은 표 14에 나타나 있다.

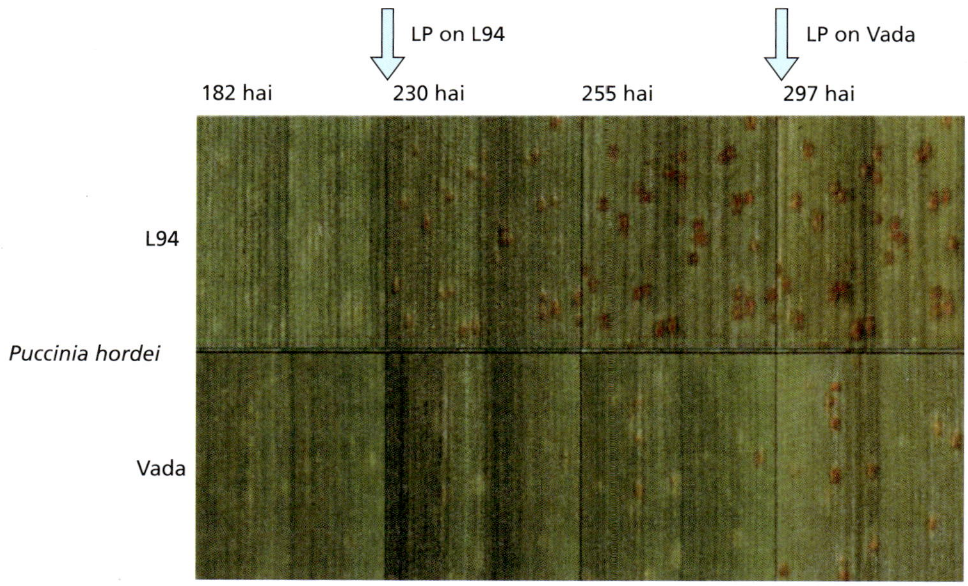

그림 15. 보리녹병균에 감염된 보리 묘 잎 조각: L94 계통(매우 이병성이 있는)와 Vada 품종(높은 수준의 부분 저항성, 접종 후 일정 시점 촬영(hai). L94와 비교하여 Vada에는 작은 혹들이 훨씬 더 느리게 발생함에 주목. LP=잠복기. Marcel 등(2007)

표 13. 보리점녹병(*Puccinia hordei*) 균주 1-2에 대한 4가지 보리 품종의 부분 저항성 특성들에 대한 값

저항성 특성	품종		
	L94	Sultan	Vada
상대적 감염 빈도(L94=100%)	100	75	40
잠복 기간(일수, 16℃ , 잎 기준)	8	10.5	15
여름포자추 당 상대적인 포자 생성 비율(L94=100%)	100	70	40

표 14. 잠복 기간과 번식률 요소들이 보리 보리점녹병(*Puccinia hodei*)의 여름포자 수에 미치는 영향을 나타낸 단순 모델. 이 모델은 가장 이병성인 보리 품종 (A)과 가장 저항성인 보리 품종을 가정하였다. A 품종에서 붉은 녹병 병원체는 10X의 번식률과 8일의 잠복기를 나타내었고 C 품종에서는 5X의 번식률과 12일의 잠복기를 나타내었다. 감염 양적인 차이를 나타내는 지수는 다주기(polycyclic)의 포장 실험에서 얻어진 것과 유사하였다(표 11 참조).

품종	일수										여름포자추 수
	0	8	12	16	24	32	36	40	48		
A	1	10		10^2	10^3	10^4		10^5	10^6	=	1,000,000
C	1		5		5^2		5^3		5^4	=	625

부분 저항성에 의한 병 발생의 감소는 여러 요인에 기인하며 식물-병원체 시스템마다 부분 저항성을 이루는 요소들은 다를 수 있다. 예컨대 *Magnaporthe oryzae*에 대한 벼의 부분 저항성은 잠복 기간의 증가에 의한 것 때문이 아니라 주로 감염 빈도의 감소와 병반 확장 속도의 저하에 의한 것이었다.

엄밀히 말해서 부분 저항성의 수준은 다주기 실험(포장 실험)을 통해서만 직접적으로 측정될 수 있다. 이것은 시간과 노동력이 많이 소모되는 일이다. 그러한 이유로 인해 저항성을 설명하는 하나 또는 다수의 요소들은 단주기 실험을 통해 측정된다. 그 결과는 포장에서의 부분 저항성 측정 결과와 상당이 일치해야 한다. 기주의 부분 저항성을 예측하기 위해 얼마나 많은, 어떠한 요소들이 실제적으로 측정될 수 있는지는 다음에 달려있다:

1. 각 요소와 포장에서의 부분 저항성과의 상관관계
2. 실험 오차와 측정의 편리성
3. 개별 구성요소 간의 상관관계 정도

> 보리의 성체 단계 끝 잎에서 보리점녹병의 잠복기간은 포장에서의 부분저항성과 상당히 높은 연관성을 갖는다. 잠복 기간을 측정하는 것은 많은 노동력을 필요로 하고 간편하지 않은 측면도 있지만 실험적 오차는 적다. 유묘 단계에서의 잠복 기간은 포장에서의 부분저항성과 더 적은 상관관계를 갖는다. 감염 빈도는 잠복 기간 및 부분 저항성과 역 상관관계를 나타내며 측정에 별다른 노력이 필요하지 않다. 그러나 실험적 오차는 매우 크다. 이러한 실험적 오차는 많은 부분이 식물체 접종 시 불가피하게 발생되는 접종원의 농도의 변이에 의해 발생된다. 보리점녹병에 대한 보리의 부분저항성을 잘 예측하기 위해서는 일반적으로 끝 잎에서 잠복기간을 측정하는 것으로도 충분하다.

5.4.2.3 기작

부분저항성에 어떠한 기작이 관여하는지를 일반화시킬 수는 없다. 특정한 작물 구조는 식물체 내의 공기 습도를 낮추거나 포자의 침착을 줄일 수 있다. 이러한 효과는 감수성인 식물체의 경우에 있어서도 발병의 확대를 막을 수 있다. 하지만 이러한 경우로 우리는 3.1절에서 이미 회피(avoidance)에 대해 다룬 바 있다. 이는 부분 저항성과 회피를 구별하기 위해서는 주의 깊은 관찰이 필요함을 의미한다. 부분 **저항성**(3.2절에 언급된 '저항성의 개념 참조)에 있어서는 식물과 천적 간의 긴밀한 접촉이 있어야 한다.

부분 저항성의 기작을 밝히기 위해 면밀한 관찰이 이루어진 경우는 드물다. 그러한 사례들에서는 부분 저항성을 가진 식물에서 병원체의 세포벽 침투와 성장, 번식이 감수성 식물에서 보다 덜 효과적으로 이루어짐을 보여준다.

보리녹병균이나 흰가루병균과 같이 **흡기** 혹은 **흡수근(haustorium)**이 있는 병원체의 경우에는 부분 저항성이 **돌기(papillae)**의 형성과 함께 나타남이 관찰되어 왔으며 돌기는 식물 세포 내에서 흡기가 형성되는 것(그림 5B와 5.2절 참조)을 막는 것으로 추축되었다. 곰팡이 개체가 식물세포에 성공적으로 침입하여 흡기를 형성하는 확률이 낮아질수록 부분 저항성의 강도는 높아진다.

> 따라서 보리에서는 두 가지 종류의 저항성, 즉 과민반응을 이용한 저항성과 부분 저항성이 서로 각각에 연이어 나타난다(표 11과 12 참조). 과민반응은 **흡기 형성 이후(post-haustorial)**에 일어나며 부분저항성은 **흡기 형성 이전(pre-haustorial)**에 일어난다. 이들은 하나의 병원체 종에 대한 방어기작으로써 보리에서 나타나는 완전히 근본적으로 서로 다른 두 가지의 기작을 나타낸다.

흡기 형성 전의 부분 저항성 기작은 비기주 식물체들에 흰가루병균이나 녹병균을 접종하였을 때 관찰된다(5.3.6절). 이러한 측면에서 부분 저항성은 양적 형질이며 비기주 저항성으로 보인

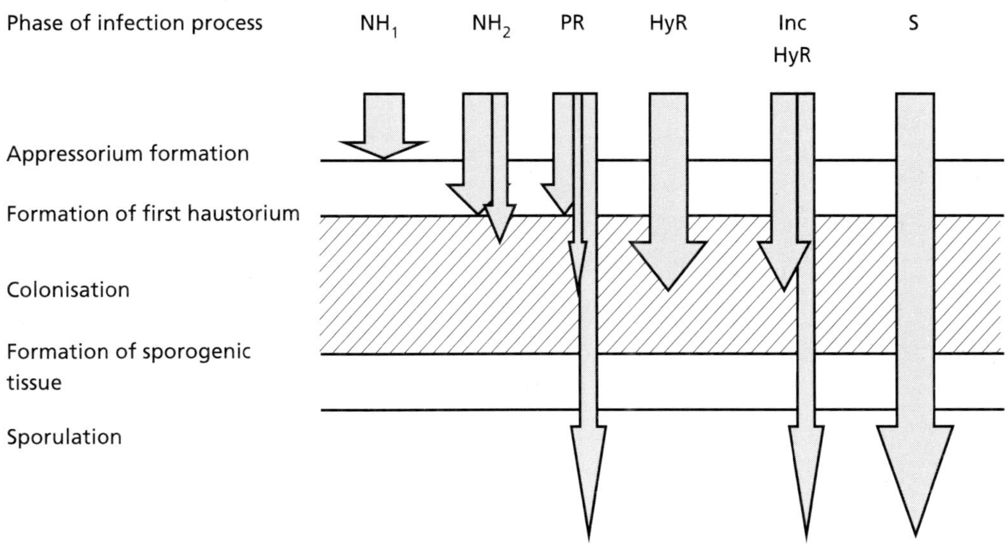

그림 16. 녹병균의 발달 단계에 대한 모식도는 성공적인 감염 기작을 이해하기 위해 필요하다. 화살표의 너비는 각 단계에 이르는 콜로니 비율에 비례한다. 다음은 녹병균/식물체 조합을 표현한 것이다. NH_1: 상추(비기주)에서의 보리 점녹병균; NH_2: 밀(비기주)에서의 보리 점녹병균; PR: 보리 Vada 품종(부분저항성)에서의 보리 점녹병균; HyR: 과민반응성 저항성 유전자인 *Rph3*를 지닌 보리 품종에서의 보리 점녹병균; Inc HyR: 불완전 과민반응성 저항성 유전자인 *Rph5*를 지니는 보리 품종에서의 보리 점녹병균; S: L94계통(이병성)에서의 보리 점녹병균.

다. 이와 같은 유사성으로 인해 부분 저항성은 **통상적 방어(general defense)**(4장; 그림 3의 왼쪽)수준에서 작용할 것으로 추정된다. 따라서 이것 또한 '**기본 저항성(basic resistance)**'으로 알려져 있다.

동일한 기작이 부분 저항성을 이루는 다양한 요소들을 설명할 수 있을 것이다.

> 보리의 줄기 녹병균 포자가 부분 저항성 보리 품종의 잎에 접종되었을 때 접종된 곰팡이의 일부는 식물 세포 내에서 흡기를 형성하는 데 실패한다. 이러한 곰팡이 개체는 영양분을 얻지 못하며, 이는 감염 빈도가 감소하는 이유이다. 다른 감염 곰팡이의 일부는 흡기 형성에는 성공하지만 균사 가닥은 종종 돌기 형성을 유도하여 해당 가닥에서 흡기 형성을 하지 못한다. 이와 같은 결과는 곰팡이 콜로니의 성장과 발달을 늦추어 잠복기가 길어진다. 따라서 낮은 감염 빈도와 긴 잠복주기에 해당하는 부분 저항성 요소들은 녹병균의 흡기 형성 감소라는 같은 기작에 의해 발생된다. 이러한 측면에서 두 요소들이 높은 상관관계를 나타난다는 것은 당연하다.

서로 간의 큰 상관관계 없이도 연이어 나타나는 저항성 요소들은 저항성의 다양한 기작에 관여할 것으로 여겨진다. 이론적으로 이러한 요소들은 육종을 통해 하나의 품종에 축적될 수 있다.

어떠한 식물-병원체 시스템에 있어서는 부분 저항성과 과민 반응 저항성 간에 질적인 차이가 나타나지 않는다. 감자의 역병균(*phytophthora infestans*)이나 보리의 구름무늬병균(*Rhynchosporium secalis*)과 같은 **반활물 기생(hemi biotroph)**이 그 예에 해당되며, 이 병원체에 대해서는 가장 친화성이 높은 감염의 경우에도 식물 세포의 괴사가 유도된다. 소위 역병 포장 저항성 감자 품종들은 감수성 품종에 비해 더 빨리 더 많은 괴사를 일으키나 과민 반응을 효과적으로 유도하는 저항성 유전자를 지닌 감자 품종에 비해서는 더 늦게 더 적은 괴사를 일으킨다.

많은 병원체는 어린 식물체나 어린 조직을 늙은 식물체나 조직에 비해 더 잘 감염시킨다. 잠복기간은 늙은 식물체나 잎에 비해 어린 식물체나 잎에서 더 짧게 나타나는 경향이 있다. 노화속도에 있어서도 유전적인 변이가 나타난다.

> 벼 도열병균(*Magnaporthe oryzae*)는 특별히 벼의 어린잎을 감염시킨다. 부분 저항성 유전형 벼의 경우 감염 빈도는 감수성 품종에 비해 낮다. 또한 부분 저항성 유전형을 지닐 경우 어린 잎과 늙은 잎 간의 감염 빈도 차이가 감수성 품종에 비해 훨씬 크게 나타난다. 이러한 효과는 이 병원체에 대한 벼의 부분 저항성의 수준을 결정하는 중요 요인이 된다(Roumen, 1992).

5.4.2.4 균주 종에 대한 특이성

과민 반응과 마찬가지로 부분 저항성은 대다수의 경우 병원체 종에 특이적이다. 이것은, 예를 들어, 흰가루병에 대한 부분 저항성의 수준이 잎녹병에 대한 부분 저항성 수준과 상관관계를 갖지 않는 것을 의미한다. 줄기 녹병, 황색 녹병, 잎녹병, 관녹병 등의 녹병균이 곡물류의 경우와 같은 식물 종에 있어서는 각 녹병균 종에 대한 부분 저항성의 수준은 서로 상관관계를 지니지 않는다.

대개 부분 저항성의 수준은 병원체의 모든 유전자형에 대해 거의 동일한 효과로 작용한다. 따라서 이를 **종 비특이적(race-non-specific) 저항성**이라고 부른다. 하지만 이러한 균주 비특이성은 부분 저항성의 정의에는 포함되지 않는다! 만약 하나의 기주 식물체 유전자형이 나타내는 종 비특이적 저항성을 병원체의 여러 유전자형에 대응하여 그래프로 표현한다면 수평선으로 나타나는 그래프를 얻게 된다(그림 17). 따라서 이러한 종류의 저항성은 **수평 저항성(horizontal resistance)**이라는 다른 이름으로도 불린다. 실제 데이터를 통해 종 비특이성을 확인할 수 있으나 실제 나타나는 그래프는 수평선이 아니다(그림 18).

하지만 다음과 같은 점을 고려해야 한다.

1. 균주들은 유전적으르 결정되는 **공격성(aggressiveness)**에 있어서 서로 다를 수 있다. 기주 식물체 하나의 유전형에 대해 다양한 종은 병원성의 정도에 따라 서로 다른 감염 정도를 나타낼 수 있다. 하지만 이러한 병원성은 일반적으로 품종 비특이적이다. 만약 다양한 균주에 의한 감염 정도에 대한 식물체 유전자형의 순위가 일정하고 식물체와 균주와의 상호작용이 심하게 일어나지 않는다면 이러한 저항성은 종 비특이적 저항성이라고 할 수 있다.
2. Parlevliet과 Zodaks(1977)는 포장실험과 부분 저항성을 이루는 각 요소를 측정한 경우 모두 식물 품종과 균주와의 작은 상호작용이 종종 발생함을 지적하였다. 표 15는 이러한 현상의 예시이다.

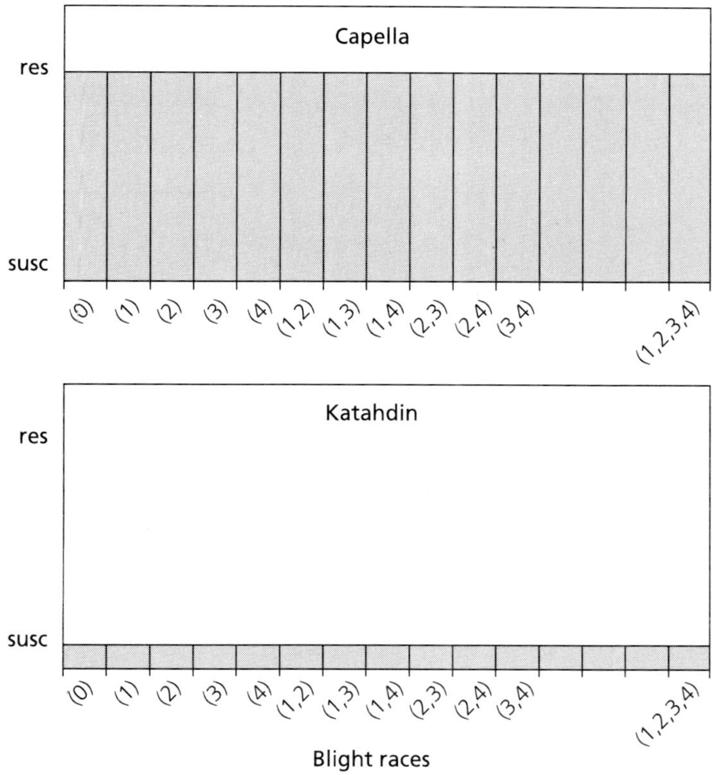

그림 17. 감자 품종인 Capella의 역병에 대한 종 비특이적(수평적) 저항성 정도를 감자역병균 종에 대응하여 표현한 그래프. Katahdin은 훨씬 낮은 수준의 저항성을 지닌다. Y축은 저항성 정도를 나타내며 X축은 다양한 병원체 균주를 나타낸다(Vanderplank, 1963).

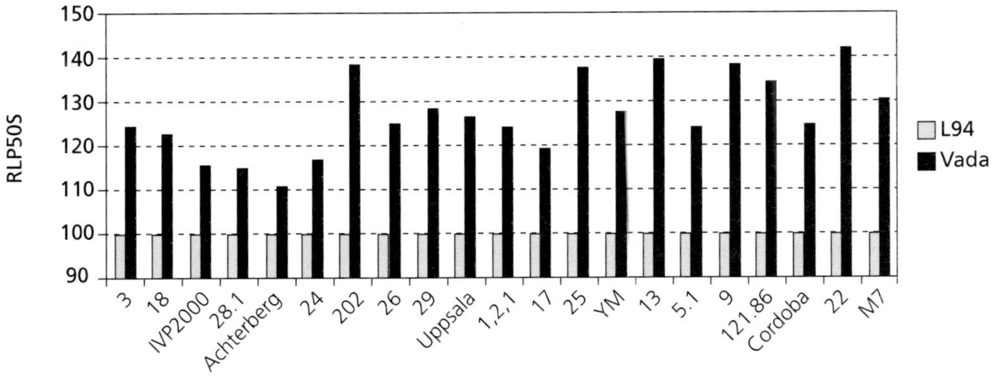

그림 18. 21개 보리 품종 Vada에서 보리점녹병균주의 잠복기를 계통 L94에서의 기간에 대해 상대적으로 나타낸 표. 모든 균주에서 Vada의 저항성은 잠복기간의 증가를 유도하였고 부분 저항성은 균주 비특이적인 것으로 나타났다.

표 15. 다섯 가지 보리점녹병균에 대한 네 가지 보리 품종의 감염 정도. 감염 정도는 개화 후 4주쯤 잎 전체면 중에서 여름포자에 의해 덮인 면적을 퍼센트로 나타낸 것을 사용하였다. 각 품종의 재배지는 겨울 유채의 야생종을 사이에 넓게 재배함으로써 분리시켜 놓았다(Parlevliet, 1987).

품종	균주				
	11–1	18	1–2	22	24
L94	〉40	〉40	〉40	〉40	〉40
Berac	8.1	6.7	3.1	5.0[b]	0.9
Julia	4.5	12.1[a]	1.8	1.1	0.6
Vada	0.8	0.5	0.6	0.2	0.1

[a] 완전한 기주 비특이성을 나타낼 경우 3%의 감염률이 나타나게 된다.

[b] 완전한 기주 비특이성을 나타낼 경우 2%의 감염률이 나타나게 된다.

보리점녹병균(*Puccinia hordei*)에 대한 부분저항성의 대체적인 특성인 균주 비특이성에 있어서는 지금까지 L94의 감염 능력이 모든 균주 중에서 가장 높은 것으로 나타났으며 Vada의 경우가 가장 낮은 것으로 조사되었다(표 15).

데이터에서 서로 약간 다른 상호작용들이 일부 발견된다. 하지만 실험 오차 범위와 같은 자릿수에 속하는 정도의 차이이므로 일반화시키기 어렵다. 이러한 상호작용이 제대로 증명된다면 부분 저항성은 엄밀히 말해 균주 비특이적이라고 말할 수 없다.

또한 저항성이 균주 비특이적으로 나타나는 다른 식물체-병원체 시스템에서 더욱 세밀하게 측정한 결과 보리-잎녹병균에서처럼 품종과 균주 간 약한 상호작용이 일어날 수 있음이 나타났다[예: 감자-감자역병(*Phytophthora infestans*), 밀-붉은 녹병균(*Puccinia recondite*), 밀-흰가루병균(*Erysiphe graminis*), 유채-검은뿌리 음병균(*Leptosphaeria maculans*), 보리-보리구름무늬병균(*rhynchosporium secalis*), 벼-도열병균(*Xanthomonas campestris* pathovar *oryzae*)]. 이러한 경우 상호작용은 매우 작아서 균주를 분류하는 것은 의미가 없다.

5.4.2.5 유전양식

일반적으로 부분 저항성은 적은 효과를 나타내는 여러 유전자에 의한 양적 형질이다. 이러한 유전자들에 대한 유전자좌는 '양적 형질 유전자좌(QTL)'로 불린다. 서로 다른 부분저항성을 가진 계통 간 교배를 통해 얻어진 후대의 특성을 검정할 경우 수확량과 같은 형질에서처럼 전형적인, 양적 연속 분리를 보인다(그림 4). 후대에서 양친보다 더 극단적인 저항성이나 감수성을 나타내는 유전형이 관찰되는 초월분리의 경우(transgression), 이는 양친이 서로 다른 양적 형질 유전자좌에 존재하는 부분 저항성 유전자들을 지닌 것으로 결론짓는다. 이러한 초월분리는 매우 흔한데 이는 병원체에 일정 정도 저항성을 부여하는 QTL이 작물에 매우 많이 존재함을 의미한다.

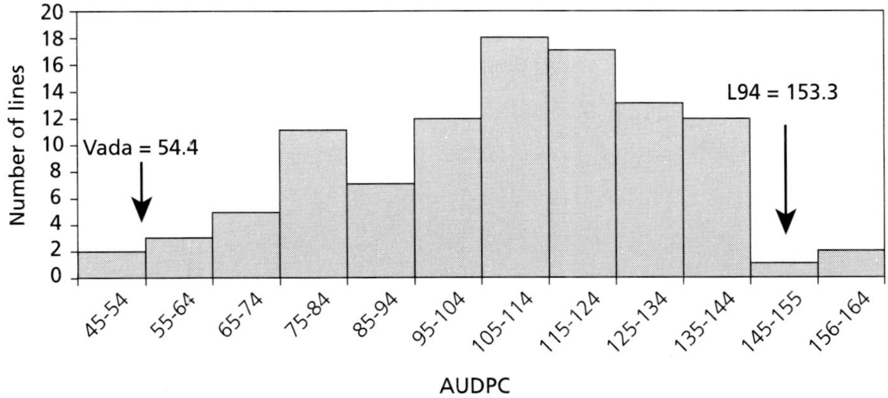

그림 19. L94와 Vada와의 교배를 통해 얻은 보리 F_9 계통 103개 간의 상대적인 감염 정도. 감염 정도는 포장 실험을 통해 측정되었으며 AUDPC(병 진행 곡선 아랫부분의 면적)가 계산되었다. 히스토그램은 양적이며 다수의 유전자가 관여하는 유전양상을 나타낸다(Qi 등, 1998).

부분 저항성은 정의상 다수 유전자의 작용으로 유전되는 것은 아니다. 단일 유전자에 의한 병 저항성 유전의 경우에서도 감염이 일어나더라도 발병 규모를 줄인다는 요건을 만족시키는 경우가 있을 수 있다. 흰가루병 저항성 유전자인 보리의 *mlo*나 잎녹병 저항성 유전자인 보리의 *Lr34*의 경우가 이와 같이 단일 유전자에 의해 부분 저항성이 유전되는 예라고 할 수 있다.

> 에티오피아 보리 계통인 L92에서 흰가루병(*Erysiphe graminis* f.sp. *hordei*) 저항성이 발견되었는데 이 저항성은 병 **감염 빈도(infection frequency)**를 크게 낮춘다. 단수 주기 실험에서 저항성의 경우 감수성 보리가 약 1,000 정도 적은 콜로니가 관찰되었다. 이 콜로니들은 병원성이 있는 종류였다. 또한 현미경 관찰에서는 식물세포의 괴사가 일어나지 않았다. 따라서 이 저항성은 부분 저항성의 요건을 완전히 충족시킨다.
>
> L92의 저항성은 *mlo*로 명명된 하나의 열성 유전자에 의해 발생하며 이 유전자는 4번 염색체에 위치한다. 이 유전자를 가진 보리 유전자형에서는 흰가루병 곰팡이의 감염이 차단된다. 표피세포를 뚫기 시작하면 **돌기(papilla)**를 형성하기 위해 캘로스(callose)와 같은 화합물이 많은 양으로 급격하게 축적된다. *mlo*유전자는 아마도 세포벽을 수리하는데 필요한 피드백 체계에 손상을 일으키는 것으로 여겨진다. 기능을 하는 대립유전자인 *Mlo*는 클로닝되었다. 이 유전자와 상동성을 지닌 유전자들은 토마토나 애기장대와 같은 다른 식물 종에서도 존재한다(Bai 등, 2008). 상동 유전자 서열에 기능 상실 돌연변이(Loss-of-function)가 일어난 경우 다른 식물 종에서도 흰가루병에 대한 저항성이 나타났다.
>
> 몇몇 밀 품종에서는 과민성 반응을 동반하지 않는 잎녹병(*Puccinia recondite* f.sp. *tritici*)에 대한 양적 저항성이 나타난다. 유전학 연구를 통해 이러한 저항성은 *Lr34*로 불리는 우성 유전자에 의한 것으로 밝혀졌는데 이 유전자는 F_2와 여교잡 집단에서 확실한 단일 유전하였다. 이 유전자에 의한 효과는 여러 유전자에 의한 부분 저항성에 의한 효과와 매우 유사하였지만 효과는 더욱 컸다. 이는 잠복기를 증가시키고 감염 빈도를 줄이지만 감염 부위에서 과민반응이 일어나지는 않았다. Lr34는 밀 잎녹병에 효과적일 뿐 아니라 맥류줄녹병(stripe rust)와 흰가루병에 대한 저항성도 나타내었다. 해당 유전자는 클로닝되었으며 ABC transporter을 암호화하는 것으로 나타냈다(Krattinger 등, 2009).

부분 저항성의 단일 유전자의 경우에는 과민 반응 저항성의 유전자들과 동일한 명명법을 따른다(5.4.1.6절 참조): 단순히 숫자를 차례대로 붙여주면 된다. 멘델 유전 양식을 따르지 않는 QTL의 경우에는 표준화된 명명법이 없다. 아마 RXXq로 표시할 수도 있을 텐데 여기서 XX는 병원체의 속명과 종명을, q는 양적임을 나타낸다.

Q24 병 저항성 QTL을 명명할 때 어떠한 문제점이 있을 것으로 생각하는가?

Parlevliet와 Zadoks는 식물 부분 저항성에 관여하는 양적 유전자들이 병원체의 병원성에 관여하는 유전자들과 비록 미동 유전자 대 미동 유전자(minor-gene-for-minor-gene)의 관계일지라도 유전자 대 유전자(gene-for-gene) 관계를 이루어 작용할 것이라는 제안을 하였다. 앞에서 설명한 바 있듯이 차별적인 상호 관계는 유전자 대 유전자 관계의 결과 중 하나라고 볼 수 있다(5.4.1.3 참조). 병원체의 요소들[최근 반응기로 많이 불림; 4장 참조]은 부분 저항성에 관여하는 유전자들에 의해 암호화되는 타깃들과 유전자 대 유전자(gene-for-gene) 방식으로 결합할 수도 있다. 이는 식물체의 방어를 억제하기 위한 반응기의 목표가 된다(Niks and Marcel, 2009; Van der Hoorn and Kamoun, 2008).

5.4.2.6 지속성

부분 적항성은 지속적으로 효과적이다라는 의견이 지배적이며 저항성이 무너지는 사례는 매우 드물다.

식물체-병원체 시스템인 보리-흰가루이병균, 밀-잎녹병균에서 특별히 과민 반응(앞 절들 참조)을 동반하지 않으며 NBS-LRR 타입 *R* 유전자가 아닌 저항성 유전자인 *mlo*나 *Lr34* 유전자의 경우 현재 넓은 지역에서 재배되는 현대 품종들에서 이러한 유전자들을 널리 활용하고 있음에도 불구하고 저항성이 무너지지 않은 것으로 알려졌다.

> 서유럽에서 봄보리 전체 재배면적 중 70% 가량의 지역에서 *mlo* 유전자를 지닌 품종들이 재배되어 왔지만 흰가루병균이 이 유전자를 극복했다는 보고는 없다. 하지만 실험실에서 *mlo* 보유 저항성 품종들에 반복적으로 흰가루병 균주를 접종하였을 때 *mlo*에 대한 병원성이 향상된 균주들이 나타났다(Lyngkjær 등, 1995; Schwarzbach, 1979). 원래의 균주에서는 0.04%의 분생자(conidia)가 콜로니를 형성하였지만 실험실 실험 과정에서 선별된 균주의 경우 2~4%의 분생자가 콜로니를 형성하였다(Schwarzbach, 1998).

또한 보리에서 양적으로 유전되는 보리점녹병 부분 저항성도 지속적인 것으로 보인다. 다수의 작물에서 널리 재배되는 품종의 대부분은 적정한 수준의 부분 저항성을 지니고 있다. 과거 이러한 저항성이 침식된 경우는 관측된 바 없다. 결론적으로 이 저항성은 지속적인 것으로 받아들여진다.

> 만약 미동 유전자 대 미동 유전자 관계가 실제로 존재할 경우 병원체가 부분 저항성에 관여하는 개개의 유전자를 무너뜨릴 수 있을 가능성을 배제할 수는 없다. 이것은 포장에서는 실제로 관찰할 수 없을 정도로, 부분 저항성을 약간만 **감소**시킬 것이다. 예를 들어 표 15의 예에서는 균주 18번이 Julia의 부분 저항성 유전자를 무너뜨린 반면 균주 22번은 Berac의 유전자를 무너뜨렸다.

5.4.2.7 잔류 저항성

과민 저항성과 부분 저항성 관여 유전자들은 같은 식물 유전형에서 동시에 존재할 수 있다. 만약 과민 저항성이 완전하게 발현될 경우 식물체는 완전하게 저항성이기 때문에 부분저항성이 직접적으로 관찰되지 못할 수도 있다.

> 감염 과정 중 보리점녹병 곰팡이는 우선 흡기의 형성을 방해하는, 가능한 부분 저항성 유전자들의 효과에 대응하여야 한다. 그 다음으로 흡기를 형성한 이후에는 과민성 *Rph* 유전자들이 작용할 수 있다. 첫 번째 흡기 형성 이전에 차단된 감염체는 식물 조직에 괴사를 일으키지 않을 것이다. 결과적으로 같은 *Rph* 유전자를 가지고 있지만 부분 저항성에 대한 유전자의 효과가 다른 두 종류 유전자형의 식물이 접종될 경우 곰팡이에 의해 유도된 괴사 조직의 양이 다르게 나타날 것이다. 단수 주기 실험에서는 더 높은 수준의 부분저항성을 가진 품종에서 더 낮은 수준의 부분저항성을 지닌 품종에 비해 괴사 병반이 적게 나타날 것이다.

그러나 새로운 **병원성(virulent)** 균주가 출현할 경우 식물체의 감염이 발생할 것이다. 식물체가 감염되는 정도는 식물체의 유전적 배경에 있는 부분 저항성의 수준에 의해 결정될 것이다.

병원체의 병원성 균주가 출연한 이후 나타날 수 있는 양적인(대부분 부분적인) 저항성은 **잔류 저항성(residual resistance)**이라고 불린다. 사실 이것은 다른 형태의 저항성이라기 보다는 하나의 병원성 병원체의 유전자형이 원래의 비병원성 집단을 대체할 때 나타나는 부분 저항성이다.

> 잔여저항성을 유발할 수 있는 또 다른 현상이 있다. 병원체에 의해 무너진 *R* 유전자의 경우에도 어느 정도의 저항성을 지닐 수는 있다. 1) 이는 병원체의 병원성을 결정짓는 해당 *Avr* 요소의 기능의 중요성으로 인한 것일 수도 있다. *Avr* 요소를 갖지 않는 병원체의 경우 *R* 유전자를 지니는 식물체에 병원성을 지닐 수 있지만 적합성(fitness)의 정도에서의 손실이 있다는 측면에서 *R* 유전자는 여전히 적은 감염 수준과 연관성이 있을 수 있다. 2) 다른 가능성은 *Avr* 유전자가 완전히 기능을 상실한 것이 아니라 단순히 변형되었을 가능성이다. 이 변형에 의해 *R* 유전자에 의해 인지되는 효율이 감소되어 과민성 저항성이 부분적으로만 무너지게 된다.

6. 다양한 형태의 천적

본 장에서는 가장 중요한 두 기주 저항성에 대해 상세히 다루었다. 본 장에서는 다양한 범주의 천적을 비교적 간단하게 다룰 것이다. 식물의 천적은 다양하며, 매우 뚜렷이 구별되는 생물 종에 속하므로 각 종류의 천적의 특성을 언급해야 할 필요가 있다.

본 장에서 공부할 내용은 천적의 다양성, 저항성 육종에 활용되는 저항성의 종류와 기작, 저항성의 지속성, 대체 방제 수단(살충제 처리, 종자 소독, 증식 재료의 보증 등과 명백히 다른 방법들) 등 이다.

6.1 척추동물

고등 척추동물은 작물에 매우 심각한 손상을 일으킨다. 예로는 들쥐, 생쥐, 토끼, 사슴 그리고 새가 있다. 일반적으로 작물 재배 단위 면적 당 비교적 적은 수의 동물이 존재하지만 각 개체는 상당한 피해를 일으킬 수 있다.

유해 척추동물 종들에 대한 저항성 육종 방법은 거의 없다. 유해 동물에 대한 비특이적 저항성이 일부 알려 있으며 5.2절에서 소개된 **광범위 저항성(broad resistance)**이다. 또한 **회피(avoidance)** 기작(3.1절)을 활용할 수도 있다. 척추동물에 대한 효과적인 저항성은 사람이나 가축에도 영향을 줄 수 있음을 주지해야 한다.

> 아프리카에서는 종자를 섭취하는 새들이 수수 재배에 있어 큰 피해를 일으킨다. 특히 핀치와 비슷한 멋쟁이새 쿠엘레아(*Quelea quelea*)는 이러한 면에서 악명이 높다. 수수 품종 중에서 당도가 높은 알곡과 접근이 용이한 원추화서 구조를 지닌 경우에 가장 큰 피해를 입는다. 거위 목처럼 생긴 꽃자루와 큰 명포와 까끄라기(awn), 그리고 종자가 촘촘하게 달린 꽃자루 특성을 가진 개체의 선발을 통해 작물을 보호할 수 있는데, 특히 다른 먹이감이 있는 경우 효과적이다. 이러한 형태적인 특성들은 진정 저항성이라기보다는 **회피**에 해당된다. 이것은 또한 유행 동물의 비선호에 해당한다**(non-preference)**. 탄닌 함량이 높은, 쓴 맛과 어두운 색을 지닌 알곡을 지닌 개체를 선발하는 것이 효과적이며 저항성을 유지할 수 있다. 사실 이것 또한 일종의 회피라고 볼 수 있다. 하지만 이러한 쓴 맛의 알곡을 갖는 품종의 경우 소비자들 사이에서 인기가 좋지 않다. 이 문제는 성숙 직전에 쓴 맛이 사라지는 품종을 개발하거나 탄닌을 분해하기 위한 특별한 처리 공정을 적용함으로써 해결할 수 있다. 탄닌은 주로 종자 표피에 존재하므로 도정을 통해 쓴 맛을 내는 수수 품종으로부터 소비 가능한 형태의 가공품을 생산할 수 있다.

사냥을 하거나 쫓아버리는 것 또한 유해 척추동물 종으로부터 작물을 보호하기 위한 대안이 될 수 있다.

> 파종 종자나 성숙 이삭에 메치오카브(methiocarb)를 처리하는 것은 새들이 종자를 덜 선호하게 만들어 발아중이거나 성숙 중인 종자의 피해를 줄인다. 이러한 보호 물질은 급속하게 분해되어 생산물의 품질은 크게 영향 받지 않는다.

6.2 곤충 및 그 외 하등 동물

곤충이나 진드기는 절지동물 문에 속하며 경제적으로 중요한 식물 해충을 다양하게 포함하고 있다. 일부 종은 **잡식성(polyphagous)**, 대부분의 종은 **협식성(oligophagous)**이며 일부 종은 **단식성(monophagous)**이다. 대부분의 종은 유성 생식을 하지만 진딧물, 총채벌레, 잎진드기 등 다수의 주요 해충은 수정 없이도 번식할 수 있다.

몇몇 요인들로 인해 절지동물에 대한 저항성 품종을 육성하는 것이 어렵다. 선발을 위해 특성을 검정하기 위해서는 해충을 사육하기 위한 고도의 기술이 필요하며 조금이라도 부적합한 환경에 강하게 반응하기도 하고, 움직일 수 있기 때문에 격리 온실에서 빠져나가기도 한다. 해충에 대한 화학적 방제는 현재까지 매우 성공적이었으므로 이러한 종류의 천적에 대한 저항성 육종은 우선 순위가 아니었다. 해충 저항성 육종의 발전은 인간의 건강과 환경에 미치는 특정 살충제(예: DTT!)의 위해가 나타나면서 급속하게 이루어졌다.

저항성 육종 프로그램에서는 적용 가능성을 확인하기 위해 저항성 및 회피를 비롯한 다양한 기작이 평가된 바 있다. 일반적으로 육종가들은 **광범위 저항성(broad resistance)**과 곤충의 식욕을 떨어뜨리는 식물 화합물에 초점을 맞춘다. 또한 연모성(주로 분비성)이 곤충으로부터 작물을 어느 정도 보호할 수 있다. 작물의 이러한 형태적인 특성은 해충을 회피하는 데에도 기여하기도 한다. 이러한 식물의 특성은 일반적으로 양적인 형질로 유전된다. 대부분의 이러한 특성은 하나의 해충 종에 특이적으로 효과를 나타내지 않는다.

> 옥수수에서 DIMBOA(2,4-dihydroxy-7-methoxy-1,4(2H)-benzoxazin-3,1)의 양은 유럽 조명 나방(*Ostrinia nubialis*)의 산란 양과 부의 상관관계를 나타낸다. 속이 찬 밀의 줄기는 밀 줄기 잎 파리(*Cephyus cinctus*)에 대한 저항성을 갖게 한다.
> 이미 5.2절에서 언급하였듯이 혐오성 화합물질과 다수의 해충에 효과적인 광범위 저항성 기작은 일부 다른 종에게는 유인 물질로서 작용하기도 한다.

유전자 변형을 통해 유전자가 도입됨으로써 해충 저항성 품종 개발의 전망을 밝게 하고 있다. 면화 등 몇몇 작물에 도입한 바실러스(*Bacillius thuringiensis*)의 특별한 독소를 암호화하는 유전자가 대표적인 예이다(7.2.2.3절 참조). 다른 가능성으로는 탈피 호르몬 관련 유전자를 도입하거나 유전자 침묵(RNAi) 현상을 통해 곤충 생리에 있어서의 주요 기능을 저해시킬 수 있는 RNAi용 유전자를 도입하는 방법이 있다.

곤충에 대한 **과민 저항성(hypersensitive resistance)**의 예는 매우 적다. 그러한 경우 곤충은 식물체와 친밀한 관계를 맺으며 생활하며 혹(gall)을 형성하는 곤충이나 진딧물의 예에서 볼 수 있듯이 정착된 생활 양식을 갖는다. 사과 진딧물(*Dysaphis plantaginea*)에 대한 사과의 저항성이 한 예이다.

해충에 있어서의 **생물형(Biotype)**, 레이스 형성은 매우 적은 종에서만 발견된 바 있다. 극단적인 예로는 벼멸구(*Nilaparvata lugens*)와 헤시안 파리(*Mayetiola destructor*)를 들 수 있다. 두 경우 모두 **유전자 대 유전자 상호작용**이 보고된 바 있다.

해충 저항성 선발에 있어서의 하나의 문제점은 해충들이 대단한 이동성이 있다는 점이다. 이로 인해 시험 포장이나 온실 내에서의 해충의 분포는 식물 유전형의 차이에 의해 결정될 뿐만 아니라 공기 순환, 광도, 식물의 초장 등 다양한 물리적 요인들의 영향도 받는다. 만약 이러한 시험에서 한 품종의 해충 피해가 상대적으로 적다면 이는 그 식물체의 특성과 무관한 **이탈(escape)**에 의한 것일 수도 있다. 그러한 이유때문에 식물체 또는 잎이 들어있는 우리 안에 각 해충을 가두어 놓은 상태에서 생존력, 산란, 유충의 성장 속도 등의 지표를 측정한다. 우리 안에서는 식물 조직을 먹거나 먹지 않는 것 외에는 다른 선택의 여지가 없다.

이러한 식물체 또는 잎이 들어있는 우리를 이용한 검정의 또 다른 이점은 **비선호(non-preference)** 현상에 의한 혼동이 방지된다는 점이다. 우리의 단점은 온도나 빛 등의 재배 환경이 상업적으로 실제 작물의 재배 환경을 대표하지 못한다는 점이다. 우리를 이용한 실험 결과는 우리 없이 더 큰 규모로 이루어진 실험을 통해 입증되어야 한다.

해충을 방제하기 위한 다른 대체 수단들도 있다. 물론 살충제는 아직까지도 농업에 꼭 필요하며, 생물학적인 방법도 매우 많이 개발되고 있다.

> 토마토에서 흰가루 이(*Trialeurodes vaporariorum*)는 기생 말벌(*Encarsia formosa*)에 의해 효과적으로 방제된다. 온도 조절과 같은 재배 방법뿐만 아니라 흰가루 이에 대한 식물의 감수성 수준은 흰가루이와 기생 말벌 간의 균형을 결정한다. 서유럽에서는 거의 모든 온실에서 기생 말벌을 비롯한 생물학적 방제 매개자를 활용하여 토마토를 재배한다. 생물학적 방제 곤충의 번식체는 상용화되어 있다(http//www.koppert.com/ 참조).

온실 재배 작물에 있어 생물학적 방제방법의 발전은 육종 목표 설정에 영향을 미친다. 잎의 각도, 연모의 정도나 종류 등의 식물체 구조는 생물학적 방제에 활용되는 매개체의 효율에 영향을 미칠 수 있다. 현재까지 생물학적 방제는 노지 재배에서보다는 온실 재배에서 많이 개발되었다.

6.3 선충

많은 선충류는 기주 식물의 근계와 연관되어 생존한다. 생존 방식은 이동성을 가지고 체외에 기생하거나 매우 발달한 양분 세포(feeding cell)를 유도하는 이동성이 없는 체내 기생에 이르기까지 다양하다. 이들은 이동성이 있는 외부 기생 세대와 뿌리에 상당히 특화된 양분 공급 세포를 유도하는 정착 기생 세대를 거치는 생활사를 나타낸다. 그러나 줄기나 잎 등을 먹으며 식물 지상부에 기생하는 선충도 있다. 일부 선충류는 **잡식성(polyphagous)**이며 나머지는 **협식성(oligophagous)**이다. 뿌리혹 선충은 기주 범위가 넓으나 낭포선충은 기주 범위가 좁다. 감자 낭포 선충과 같은 기생 선충은 한 작기에 한 세대를 보낸다(**단주기성, monocyclic**). 수정 후 암개체의 몸은 단단해져서 알을 포함하는 낭포(cyst)가 되고 토양 내에 오랫동안 남아있을 수 있게 된다. 환경적인 요인이나 적합한 기주 식물체에서 나오는 뿌리 분비물에 의해 낭포가 활성화되며 감염 능력이 있는 애벌레가 알에서 부화된다. 토양에서 번식하는 특성으로 인해 선충은 한정된 거리까지만 퍼질 수 있다. 따라서 각 지역은 지역 특유의 유전적 구성을 갖는 선충 집단을 지니고 있다. 물론 선충 번식체를 포함하는 토양은 기주 작물이 재배되는 다른 지역으로 퍼트려서는 안 된다. 식물 위생 조치, 윤작 및 토양 소독은 병원성 선충을 방제하는 중요한 수단들이다.

작물을 보호하기 위한 장기 전략으로(Meerjarenplan Gewasbescherming, 1990), 네덜란드 정부는 네덜란드 농업에 사용되는 살충제의 양을 줄임으로써 환경에 미치는 부정적인 영향을 줄이는 목표를 설정하였다. 2000년도에는 감자 재배 시 감자 낭포 선충(*Globodera rostochiensis, G. pallida*)에 대한 토양 소독 살충제를 합리적으로 사용하고 몇몇 토양 소독제의 사용을 금지함으로써 목표가 달성되었다. 그러나 비토양 살충제에 대한 의존성 감소와 환경 위험성 경감이라는 목표는 달성하지 못하였다. Meerjarenplan Gewasbescherming에서 배울 수 있는 중요한 교훈은 튼실한 종합 해충 관리(Integrated Pest Management; IPM) 대안 없이 농부들을 엄격한 규제로만 관리하여서는 성공할 수 없다는 것이었다. 따라서 두 번째 실행 계획인 '*Duuzame Gewasbescherming*'(Durable Crop Protection)(2000~2010)이 만들어졌는데 이는 농업 환경부, 연구소, 수자원 연맹, 살충제 제조 회사들, 농업 단체 등 이해 당사자들이 모두 참여하는 연맹이었다. 각 파트너가 각자의 분야에 책임을 지기 때문에 서로를 반대하기 보다는 훨씬 많은 열정을 지니고 공동의 목표에 참여하는 새로운 상황이 연출되었다. 또 다른 새로운 현상으로써 하나의 큰 IPM 연구 프로그램이 정부 및 공동출자 민간 기업들에 의해 발족되었고 프로그램의 운영은 농업단체에게 맡겨졌다. 지속 가능 작물 보호 규약(Covenant Durable Crop Protection)는 농민들의 경쟁력에 영향을 주지 않으면서 환경에 대한 부정적 영향을 2011년에 1998년 대비 95%까지 줄이는데 성공하였다. 비록 마지막 평가는 이루어지지 않았지만 야심적인 목표가 달성될 것으로 보인다.

선충의 제한된 이동성 때문에 회피는 **저항성**이나 **내성**보다 덜 중요하다. 저항성 유전형을 가진 식물에서는 감수성 식물에서만큼 효과적으로 선충의 알이 부화한다. 하지만 저항성 식물에서는 선충으로부터 분비되는 반응기(effector)에 의해 활성화되는 과민 반응으로 인해 선충은 식물 조직을 뚫거나 침투한 뒤 얼마 뒤 죽거나 상당히 비효율적으로 성장 · 번식한다. 저항성의 정도는 번식기 중 선충의 번식 계수를 통해 표현된다. 만약 번식 계수가 1보다 작을 경우, 즉 처음 선충 집단에 비해 개체 수가 줄어들었을 경우 식물체는 저항성이다. 휴경하거나 비기주 작물을 재배할 때에는 저항성 품종이 재배될 때에 비해 선충 개체수 감소 효과가 덜하다. 기주 식물체가 없을 경우 선충 집단은 휴면 상태로 머물며 단순히 자연사나 포식에 의해 개체수가 줄어든다. 저항성 식물체를 재배할 시에는 선충이 활성화되며 뿌리를 뚫고 난 다음 죽게 된다. 또는 번식 직전 함정 식물(trap plant)을 이용해 선충을 유인한 다음 경운하여 제거할 수도 있다.

감염 지점 주변 조직에서 부분적인 괴사가 일어나는 것은 일반적인 특성이다. 그러한 경우 뿌리의 부분 부분으로 괴사할 수 있으며 이것은 식물체에 상당한 피해를 줄 수 있다. 이는 확립된 선충의 수(뿌리 위의 낭포의 수)와 식물 지상부 성장의 감소와는 관련성을 찾기 힘든 이유 중의 하나이다.

토양 전염성 천적과 마찬가지로 토양 내 접종원의 분포는 일반적으로 상당히 불균일하며 이로 인해 불균일한 감염이 일어나며 저항성의 수준을 신뢰성 있게 측정할 수 없으며 **이탈(escape)**이 나타날 확률은 높아진다. 따라서 더욱 표준화되고 균일한 조건에서 저항성을 측정하기 위한 방법들이 개발되어 왔다. 식물체는 개별적으로 투명한 상자나 화분에서 재배되며 표준화된 양의 선충 유충이 접종된다. 상자의 투명한 면을 통해 선충의 수와 발달 속도가 측정될 수 있다.

각 선충 종마다 다양한 **병원형(pathotype)**이 존재할 수 있다. 그러나 곰팡이에 비해 병원형을 구별하는 것은 훨씬 더 힘들다. 포낭 선충(*Globodera*)은 유성생식을 통해 번식하며 그 결과 각 집단이나 선충 샘플은 병원성과 비병원성 유전형이 섞여 있는 형태로 존재할 수 있다. 병원성을 지닌 채 번식하는 기생 선충(뿌리 썩음 선충 *Meloidogyne*)은 사실 서로 다른 클론(clone)이 섞여 있는 형태일 수도 있다. 이러한 혼합체를 대응 저항성(*R*) 유전자를 지닌 식물 계통에 처리할 경우 집단에서 병원성을 지닌 개체만이 번식이 일어난다. 만약 병원성을 지닌 개체의 비율이 상대적으로 작을 경우 *R* 유전자는 양적인 효과를 지닌 것으로 해석될 것이다. 따라서 병원체 특이적 질적인 저항성과 양적인 저항성은 혼동되기 쉽다. 후대 선충 집단을 *R* 유전자를 지닌 같은 기주 식물체에 이듬해에 처리할 수 있다. 이 때 감염이 더 잘 일어난다면 양적 특성으로 판단되었던 저항성 현상은 원래의 선충 집단의 유전형 조성 때문에 일어난 것이라고 볼 수 있다. 유전자 대 유전자 관계는 몇몇 식물-병원체 시스템(감자-*Globodera rostochiensis*)에서 보고된 바 있다. 그러나 적절한 식물위생 조치로 인해 특정 생물형이 지역적인 분포를 보이는 예는 지극히 적다. 따라서 저항성은 보통 상당히 지속적이다.

유전자 변형을 통해 새로운 종류의 저항성을 얻기 위한 시도가 지금까지 이루어지고 있는데 proteinase inhibitor(PI)를 발현시킨 것이 한 예이다. 선충 저항성을 유도하는 데 있어서 cystatins(cysteine PI)의 효과가 깊이 연구되었다. 완전한 감수성 품종인 Desiree에 cystatin을 발현시킨 형질전환 감자는 상용화 될 수 있을 정도의 저항성을 나타냈다. 가능성이 높은 PI 조절 형질전환 기술과는 달리 선충에 대한 저항성을 확보하기 위한 'planti-bodies'에 대한 전망은 불분명하다. 선충의 타액 단백질에 대한 항체를 암호화하는 유전자를 쥐에서 분리하여 식물체 유전체에 도입하였다. 이른바 'planti-bodies'는 타액 단백질에 결합하여 뿌리에서 선충이 자리잡을때 이 단백질의 기능을 방해하여야 한다. 실제로 'planti-bodies'를 이용하여 기생체를 방해하려는 노력은 적어도 두 가지 이유에 의해 실패했다 : 1) 선택된 항체에 의해 인식되는 항원은 기생체의 상호작용에 필수적이지 않을 수 있으며 2) 항원과 항체가 공간적으로 함께 존재하지 못할 수도 있기 때문이다(Fuller 등., 2008).

저항성을 부여하는 데 있어 가능성이 있는 또 다른 기술은 선충에서 생명유지에 관련되는 유전자에 대한 RNAi cassette를 식물체에 형질전환을 통해 도입하는 것이다. 식물 섭식 선충이 dsRNA를 섭취할 경우 기능이 저하되고 결국 죽게 된다(Sukno 등, 2007)(7.2.3.4절을 또한 참조).

6.4 기생 식물

작물에 기생하는 고등 식물은 매우 큰 피해를 발생시킬 수 있다. 가장 잘 알려져 있는 종들로는 기후가 온화한 지역이나 지중해 연안에서 잠두, 해바라기, 담배, 토마토 등의 식물들에 기생하는 조총용 종들(약 150종을 포함하는 *Orobanche* 속)과 열대 아프리카와 남아시아 지역에서 수수, 기장을 비롯한 곡류 작물 및 동부콩에 기생하는 스트리거(*Striga* 속의 23종)가 있다. 이들 기생 식물은 기주의 뿌리에 붙어서 살며 작은 크기의 무수한 종자를 생산하는데 이 종자들은 휴면 상태로 토양에서 수년간 존재한다. 결과적으로 일부 지역은 잠두(*Orobanche crenat*)(중앙 동부 지역에서 번식하기 때문)나 수수(아프리카 일부 지방에서의 *Striga hermonthica*의 작용 때문)를 재배하는 것이 거의 불가능하게 된다.

실험실이나 포장에서 저항성이나 내성 개체를 선발하기 위한 시도가 있었으나 기생 식물에 대한 완전한 저항성은 흔하지 않으며 보통은 다소 양적인 형태의 저항성이 발견된다. 기생식물의 종자의 발아를 촉진하지 않는 자원을 실험실 수준에서 선발하는 몇 가지 방법이 개발되었다. 그러나 실험실에서 얻은 결과와 포장 시험 결과 간에는 상관 관계가 낮은 경우가 많다. 선충이나 토양 전염 병원체와 마찬가지로 접종원이 토양 내에서 고르지 않게 퍼져 생긴 불균일한 접종 때문에 포장 시험에서 신뢰할 만한 결과를 얻기가 어렵다.

> 특정 기주 유전자형이 지닌 저항성의 효과는 해당 유전자형 작물이 재배되는 지역에 따라 다르다. *Orobanche*와 *Striga*와 같은, 기생식물에 **생물형(biotype race)**이 존재하거나 존재할 것으로 추정되는 것으로 나타났다. 해바라기와 삼에서는 조총용의 새로운 생물형의 출현에 의해 저항성이 무너졌다는 강한 증거가 있다. 따라서 저항성은 레이스 특이적으로 작용할 것이다. 해바라기-*Orobanche cenrnua* 관계에서는 유전자 대 유전자 관계가 보고된 바 있다.
>
> 특별히 *Orobanche cenrnua* 저항성 옥수수 육종이 특히 러시아에서 많이 이루어졌다. 이 식물체-병원체 시스템에서는 완전한 저항성이 보고되었다. 하지만 저항성 품종이 러시아에서 보급된 이후 이 품종들은 다른 지역들에서는 감수성을 갖는 것으로 나타났다. 따라서 다른 생물형의 *Orobanche*가 발생한 것으로 추정된다. 러시아와 루마니아의 저자들은 A, B, C, D의 네 개의 생물형이 존재할 것으로 가설을 세웠다.

잠두와 편두-조총용(*O. crenata*) 및 다수 작물-스트리거에 대한 저항성은 드물게 나타나며 양적인 특성을 지닌다. 스트리거에 대한 중도 저항성을 지닌 몇몇 수수 품종이 개발되었지만 수량과 품질 면에서 좋지 못하였다.

기생식물을 방제하기 위한 대안으로는 종자가 맺히기 전 화뢰의 제거, 충분한 식물 영양, 간작작물 이용(catch crop) 등의 방법이 있다. 후자의 방법에서는 기생 식물의 종자 발아를 촉진하지만 기생 식물이 감염하지 못하는 작물이 심어진다. 저항성 유전자 도입과 같은 한 가지 방법으로는 작물을 충분히 보호할 수 없기 때문에 **종합적인 방제(integrated control)**을 통해 보호하는 것이 유일한 대안이다. 기주 식물체가 제초제에 내성을 지니고 있는 경우에만 제초제가 제한적으로 사용될 수 있다.

6.5 (반)활물기생 곰팡이와 난강류

(반)활물기생 곰팡이[(hemi)biotroph fungi]는 병원체 중에서 크고 다양한 그룹에 해당된다[2]. 이 그룹의 병원체에 대한 저항성 육종을 위해 엄청난 노력이 있어 왔다. 그 이유는 아마도 이 그룹에 속하는 대부분의 병원체에 대해 기주 식물 종 내에 완전한 저항성을 나타내는 유전자가 존재하기 때문일 것이다.

이 절에서 우리는 곰팡이와 난강류(oomycetes)를 묶어 다룰 것이다. 비록 그들이 전혀 관계가 없는 생물이지만(그림 20), 이들은 병원성 및 식물과의 상호작용에 있어 매우 큰 유사성을 지니기 때문에 묶어 다룰 수 있다. 이들에 대한 저항성 육종의 측면 또한 많은 유사성을 지닌다. 이 그룹 병원체 중 가장 대표적인 예로는 흰가루병균(powdery mildews), 노균병균(downy mildews), 녹병 곰팡이균(rust fungi), 겉깜부기병균(loose smuts), 감자역병균(*phytophthora infestans*) 등이 있다. 계통학적으로는 이 그룹의 병원체는 Ascomycetes, Basidiomycetes,

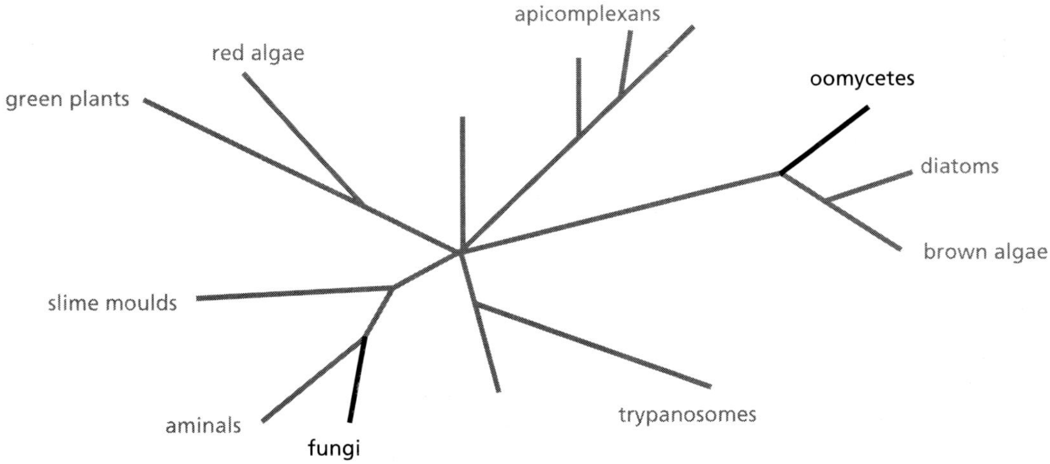

그림 20. 합의된 진핵생물 계통도 Baldauf 등(2003)에서 발췌.

2 다음 범주의 정보 일부에 관하여서는 2.2절 또한 참조할 것

Oomycetes와 불완전 곰팡이균을 포함한다.

일반적으로 이 그룹에 속하는 병원체들은 주로 잎 등 식물 지상부를 특이적으로 감염시킨다. Conidospore(흰가루병균, 노균병균, 감자역병균)나 uredospoere(녹병 곰팡이균)은 한 작기 동안 몇 차례의 무성생식을 한다. 이러한 병원체들은 **다주기**를 나타낸다. 겉깜부기병균은 한 작기에 한 번의 번식 주기를 갖는데**(단주기)** 기주 식물체의 개화와 같은 주기를 갖는다. 포자는 바람에 의해 매우 먼 거리까지 퍼진다. 결과적으로 새로운, 균주가 발생하면 몇 년 안에 대륙 전체에 퍼지게 된다.

이 그룹의 많은 곰팡이 종은 기주 식물의 재배 후기에 유성생식 포자가 생성한다. 일부 녹병균 종의 유성생식은 매우 복잡하며 이차 기주를 포함하기도 한다. 모든 (반)활물기생 곰팡이류가 유성생식 단계를 갖는 것은 아니다. 하지만 이 경우에도 체세포 분열 시의 재조합을 통해 유전자형 간 유전적 재조합이 가능하다. 체세포 균사 간의 합체를 통해 핵을 교환하거나 합체시키며 이후 염색체 제거를 통해 원래의 배수성 상태로 되돌아갈 수 있다.

많은 병원성 곰팡이는 단일배수성이며 다른 것들은 이배체이거나 사배체이다. 또한 세포 내에 두 개 또는 그 이상의 개수의 핵(bi-, polynucleate)을 갖는 종들이 존재한다.

(반)활물기생 곰팡이균은 그들의 기주 식물에 매우 잘 적응한다. 감염 과정은 매우 미묘하게 이루어지는데 이 과정 중 침투하는 곰팡이는 침입하는 미생물의 PAMPs가 유도하는 기주 식물의 방어 작용을 억제시킨다. 식물 세포는 거의 정상적인 수준의 기능을 그대고 유지하지만 흡기(haustorium)나 특화된 균사에 양분을 공급하도록 병원체에 의해 조정받는다. 식물의 방어와 생리에 맞게 감염 과정을 완전하게 조절하는 이러한 특성은 왜 반활물기생 곰팡이균이 그렇게 좁은 기주 범위를 갖는지를 설명해준다. 일반적으로 넓은 기주 범위를 갖는 것으로 보이는 **광범위 병원체(generalist)**은 사실 몇 개의 좁은 **기주 범위**를 갖는 단위체들(**분화종,** ***formae speciales***)로 이루어져 있다(5.3.4절).

기주 식물체에서는 과민 반응 저항성(5.4.1절에서 논의됨)과 부분 저항성(5.4.2절에서 논의됨)이 모두 일어난다. 빈번하게 두 종류의 저항성은 동일한 식물-병원체 시스템 내에서 모두 나타난다(예: 5.4.2.1절의 표 11). 일부 식물-병원체 시스템에서는 균주 특이성에 대한 증거 없이 오직 양적인 저항성만이 관찰되기도 하였다.

이 경우로는 땅콩 녹병이나 포도 노균병을 예로 들 수 있다.

대부분의 식물-병원체 시스템에서는 상당히 많은 균주 특이적 저항성 유전자들이 현대 품종들에 도입 된 뒤 상당히 빠르게 붕괴되는 것으로 확인된다. 이와 같은 붕괴는 병원체의 돌연변이나 재조합의 결과로 나타날 수 있다. 이 그룹 병원체에 대한 저항성의 **지속성(durability)**은 매우 큰 문제이다. 이로 인해 **부분 저항성(partial resistance)**의 수준을 끌어 올리는 쪽으로 육종이 이루어져야 한다고 주장하기도 한다.

활물기생 곰팡이를 방제하기 위한 또 대안으로 살균제를 사용하는 것이 있다. 종합적인 방제법은 균주 특이적이고 수명이 짧은 저항성을 창의적으로 이용하는 것이다. 이에 대해서는 7.12절에서 이 주제에 대해 다시 다룰 것이다.

6.6 사물기생 곰팡이

사물기생(necrotroph) 곰팡이는 보통 잎 등의 식물체 부위에 괴저성의 손상을 일으키며 심한 경우 잎이 떨어지기도 한다. 이와 같은 종류의 병원균에 의해 발생된 감염은 종종 잎마름병(leaf blotch)이나 마름병(blight) 등으로 불린다. 사물기생 곰팡이는 보통 다주기(polycyclic)이다. 무성의 분생포자(conidospore)는 바람이나 튕겨진 빗방울에 의해 퍼져나간다. 튕겨진 빗방울에 의해 전염되는 경우에는 비교적 전염범위가 좁다. 전염 과정에서 독소는 중요한 역할을 한다(2.2절 참조). 사물기생체는 인공배지에서 배양될 수 있다. 배양액을 여과하면 독소를 포함한 여과액을 얻을 수 있다.

이 생물종은 매우 큰 다양성을 지닌다. 한 중요한 그룹은 매우 분화되어 활물기생체(biotroph)만큼이나 좁은 기주 범위를 갖는다. 이 그룹의 예로는 *Alternari*와 *Helminthosporium*이 있는데 이들은 잎마름병(leaf blight)과 Septoria병(Septoria leaf blotch)을 일으킨다(밀에서는 *Mycosphaerella gramincola*, 바나나에서는 *M.musicola*에 의해 발생됨). 이들의 독소는 식물 종, 심지어는 식물 유전형에 특이적이며 그래서 기주 선택적 독소로 불린다.

독소의 작용 방법은 상당히 다양하지만 *Alternaria*나 *Helminthosporim*과 같이 기주 식물 특이성이 높은 독소의 경우에는 식물체와 **유전자 대 유전자 관계**를 갖는 것으로 보인다. 독소는 수용체의 결합 부위에 결합하거나 식물의 주요 효소의 기질로 작용한다(아래의 예 참조). 식물체의 수용체나 효소가 돌연변이에 의해 변화될 경우 더 이상 독소가 결합하거나 인식하지 않는다. 독소는 더 이상 효과적이지 못하며 이러한 식물체는 저항성을 지니게 된다. 따라서 이 경우 유전자 대 유전자 관계에서 감수성은 식물과 병원체 유전자 산물 간의 특이적인 상호 인식의 결과인 반면 (반)활물기생체에서의 감수성은 이러한 상호 인식이 일어나지 못할 때 발생된다(5.4.1.9절 참조). '반대'되는 유전자 대 유전자 관계의 중요한 결과는 사물기생체의 경우 병원체의 새로운 돌연변이로 인한 저항성 붕괴가 일어나기 어렵다는 것이다. 병원체는 식물체의 변화된 수용체 결합부위를 특정한 방식을 통해 인식할 수 있는 특이적인 새로운 변이 독소를 필요로 하게 된다. 따라서 사물기생체에 대한 저항성은 일반적으로 상당히 지속성이 있다.

> 토마토와 토마토 검은무늬병균(*Alternaria alternate* f.sp. *lycopersici*) 간의 상호작용은 두 개의 요소에 의해 결정된다: 토마토에 있는 '*Alternaria* stem canker(*Asc*)'와 곰팡이에 의해 생성되는 AAL 독소이다. AAL 독소는 토마토에서 sphingolipid의 생합성을 교란하는 것으로 추정되며 식물 세포를 괴사시키고 조직을 죽이게 된다. 독소는 생합성과정에서 중요한 역할을 하는 토마토 효소에 의해 인식될 수 있으며 이 독소가 효소의 기질로 잘못 받아들여질 수 있다. 감수성 토마토 품종에 돌연변이를 유도한 경우 AAL 독소에 민감하지 않은 동시에 병원체에 대해 저항성을 갖는 다수의 돌연변이체가 확보되었다. 이러한 돌연변이는 토마토의 *Asc* 유전자좌에서 발생한 것으로 나타났다(Van der Biezen., 1996).
>
> 귀리에서 하나의 유전자(*Pc-2* 일명 *Vb*)가 두 가지의 병원체 종에 대해 저항성을 결정한다는 사실은 매우 흥미롭다. 이 유전자는 유명한 귀리 품종인 Victoria(1927)에 처음으로 활용되었다. 이 유전자는 관녹병균(*Puccinia coronata*)에 대한 저항성을 지닌다. 이 저항성은 우성이며 균주 특이적이다. 이 유전자의 산물은 *P.coronata*의 병원성 유전자 산물에 대한 수용체로 작용할 뿐 아니라 빅토리아마름병균(*Helminthosporium victoria*)에 의해 생성되는 독소(victorine이라 불림)에 대한 수용체이다. 따라서 *H.victoriae*에 감수성인 귀리의 유전자형은 *Avr2* 유전자를 지닌 *P.coronata* 균주에 대해 저항성을 나타내는 반면 이러한 관녹병균주에 대해 감수성인 귀리 품종들은 *H.victoriae*에 저항성을 나타낸다(Mayama 등, 1995).

옥수수 잎점무늬병균(*Helminthosporium turcicum*)에 대한 옥수수의 저항성 기작은 완전히 다른 방식으로 병원체에 의해 생성되는 독소를 효소적 비활성화하는 것으로 알려져 있다. 해당 옥수수 유전자는 1992년 동정되었다(Johal과 Briggs, 1992).

세 번째로 생각해 볼 수 있는 저항성 기작은 독소에 의해 방해 받는 생합성 경로에 대한 대체 경로를 식물체가 형성함으로써 독소를 무력화하는 방법이다.

> 앞에서 언급한 토마토와 *A.alternata* f.sp. *lycopersici*와의 상호작용에서 클로닝된 *Asc-1* 유전자는 AAL 독소에 대한 저항성을 나타내었다. 우성 *Asc-1* 유전자에 의해 암호화되는 단백질은 sphingolipid의 생합성을 회복시키지만 AAL 독소와 결합하지는 않는 것으로 나타났다(Spassieva 등., 2002).

분리된 독소는 저항성 시험에서 병원균 대신 사용될 수 있다. 예를 들어 독소는 기내에서 배아나 캘러스 또는 식물체의 유묘에 처리되어 독소에 대한 감수성을 측정하는 데 사용될 수 있다. 사물기생체에 대해서는 완전한 단일 유전자 유전이 일어나며 식물체-병원체 시스템에서 저항성을 나타내는 유전자의 수는 적다. 비슷하게 병원체의 **레이스**의 수 또한 적다.

일반적으로 양적인 형태의 저항성이 훨씬 더 중요하다. 양적 저항성은 여러 유전자를 통해서 또는 단일 유전자를 통해서 유전될 수 있다.

> 밀에서 얼룩무늬병균(*Septoria tritici*)에 대한 저항성은 양적이다. 여러 밀 품종을 수집하여 여러 병원체 **분리주(isolate)**를 접종하였을 때 두 단계의 특이성이 확인되었다. 첫째, 병원체는 두 가지 분화종으로 구성되어 있는 것으로 나타났다. 첫 번째 종류는 이질육배체인 일반밀(bread wheat)에 특이적인 것이며 다른 종류는 이질사배체인 듀럼밀(durum wheat)에 특이적인 것이다. 그러나 이러한 특이성은 절대적인 것은 아니다. 몇몇 일반밀 품종들은 듀럼밀 감염 균주들에 의하서도 감염될 수 있다. 둘째, 일반밀 내에서 상당한 품종-균주 간 상호작용이 나타났으며 이는 유전자 대 유전자 관계를 보여주었다. 하지만 품종/균주 조합별 감염 정도의 차이는 주로 양적으로 나타났다.
> 작물 재배 기간 중에 얼룩무늬병균(*Mycosphaerella*)이 pycnidiospore를 통해 클론을 만들어내며 번식할 뿐 아니라 ascospore를 통해 유성생식적인 재조합과 번식을 한다는 것이 최근 발견되었다. 병원성, 비병원성, 공격성(aggressiveness) 관련 유전자들은 끊임없이 재조합을 일으킨다. 이로 인해 노지의 병원체들은 매우 다양한 유전자형이 혼합된 형태로 존재하며 다수의 활물 기생체와 마찬가지로 유전적으로 균일한 집단 또는 소수의 균주가 포함된 집단으로 존재하지 않는다. 이렇게 잦은 재조합 때문에 저항성에 대한 유전학적 연구가 어렵다. 병원체의 유전적 재조합의 결과가 저항성의 지속성에 미치는 결과는 아직 알려져 있지 않다. 실험 결과에 의하면 얼룩무늬병균에 대한 양적인 저항성은 활물기생체에서 관찰된 것보다 더 점진적으로 무너진다(Kema, 1996).

특정한 사물기생체에 대한 방제는 살균제 살포, 종자 소독, 수확 후 감염 식물체 제거 등으로만 가능하다.

사물기생체의 두 번째 중요한 그룹은 넓은 기주 범위를 지니는 **광범위 병원체(generalist)**들이다. 넓은 기주범위를 갖는 사물기생체에 의해 발생되는 병의 전형적인 예로는 *Rhizoctonia solani*나 난균류인 *Pythium*에 의해 발생되는 모잘록병(damping-off), 잿빛 곰팡이병(grey mould; *Botrytis cinerea*에 의해 발행됨; 예를 들어 성숙한 딸기 열매, 해바라기의 화탁, 토마토의 상처 입은 부분에 발생), *Sclerotinia sclerotiorum*에 의해 발생되는 마름병과 썩음병이 있다. 이 병원체는 매우 변화무쌍한 생활 양식을 갖는다: 이들은 사물기생(saprophytic), 공생(symbiontic), 내생(endophytic; 증상을 유발하지 않고 식물 조직 내에서 생존하는 경우), 병원성 사물기생의 생활 양식을 조건에 따라 바꿀 수 있다. 과거에는 이러한 병원체는 방어 체계가 손상되었거나 약화되어가는 식물체만을 감염시킬 수 있는 **기회(opportunistic)** 병원체로 여겨졌다. 최근에는 이 그룹에 속하는 개체들이 보통 온전한 식물 세포의 사멸(과민 반응과 유사)을 유도할 수 있는 독성 대사물질류를 생성해 낼 수 있는 것으로 나타났다. 광범위 병원체종들은 이러한 괴사를 다양한 범위의 식물체(예를 들어 *Botrytis cinerea*와 *Sclerotinia* *sclerotiorum*)(Van Kan, 2006)에 유발할 수 있는 독소를 생성한다. 반면 일부 근연종들은 훨씬 특이적인 작용을 하는 독소를 생성해 낸다(예를 들어 백합에 특이적인 *Botrytis elliptica*). 광범위 병원체는 하나 또는 적은 수의 식물 종에 의지하여 생존하지 않는다. 따라서 그들은 한정적 병원체들처럼 기주와 밀접한 **공진화(co-evolution)** 관계가 있지 않다. 따라서 광범위 병원체에 있어서 유전자 대 유전자 상호작용은 중요한 현상이 아닌 것 같다.

> *Botrytis cinerea*는 많은 식물 종에 잿빛 곰팡이병(grey mould)를 일으킨다. 이 병원체는 딸기, 포도와 싱싱한 식물 부위(예를 들어 토마토의)를 감염시키는 것으로 잘 알려져 있다. 포도, 키위, 딸기와 다른 기주들에서 잦은 감염을 일으킨 후 특별한 증상이 나타나지 않다가 식물 조직이 생육 조건에 알맞게 될 때만 활성화된다. *Botrytis cinerea*의 변화무쌍한 생활 양식은 이들이 상추류에서 증상을 일으키지 않고 자랄 수 있으며 종자로 옮겨 갈 수 있음을 통해 잘 나타난다(Sowley 등, 2010).
>
> *Sclerotinia sclerotiorum*은 겉씨 식물을 포함한 64개 식물과 내의 350여 식물 종에서 발생하는 것으로 알려져 있다. 예를 들어 *Rhizoctonia solani*는 감자 괴경과 벼 줄기에서 생육하는 병원체일 뿐 아니라 몇몇 육상 난초의 근계에도 공생하며 모잘록병(damping-off)의 일반적인 매개체이기도 하다. 좀더 자세히 연구하면 이 병원체 종들 내에 특이화된 형태가 존재하고 있다는 것을 밝혀 낼 수 있을 것이다. 예를 들어 Price와 Colhoun(1975)은 *Sclerotinia sclerotiorum*의 두 가지 균주 중에서 하나는 상대적으로 당근에 높은 전염성을 나타내고 다알리아에는 덜한 반면 다른 하나는 다알리아에서 높은 전염성을 나타내고 당근에서는 덜하다.

기주 식물 종에서 나타나는 저항성은 거의 항상 양적이며 낮은 수준이다. 저항성의 기작은 아마 다양할 것이다. 유전자의 효과가 작을 뿐 아니라 접종 실험에 있어서 반복성이 떨어지기 때문에 저항성 계통의 선발이 어렵다.

이러한 광범위 병원체 사물기생 병원체에 대한 가장 중요한 방제 수단은 살균제 살포와 경종적 방법이다. 길항 미생물(antagonist; 이 경우 토양 곰팡이인 *Trichoderma*와 형광을 띠는 *Pseudomonase* 종들)을 이용한 생물학적인 방제 방법이 개발 중에 있다.

6.7 유관속 시들음병

유관속 시들음병(vascular wilts) 병원체들은 기주 식물의 황화 현상, 시들음, 마름 등을 일으킨다. 가장 심각한 유관속 시들음병은 곰팡이인 *Verticillium dahlia*, *V. albo-atrum*, *Fusarium oxysporum*과 세균인 *Pseudomonas solanacearum*(6.9절에서 논의)에 의해 발생된다.

대부분의 유관속 시들음병 곰팡이는 토양에 잔류하며 두꺼운 외벽을 지닌 chlamydospore (*Fusarium*)이나 sclerotia(*Verticillium*)의 형태로 휴면상태를 유지한다. 이러한 곰팡이의 휴면 구조는 토양에서 수년간 생존 상태를 유지할 수 있으며 효과적인 감염원이 될 수 있다. 곰팡이는 상처가 난 부위를 통해 식물체의 뿌리로 침투한다. 느릅나무의 유관속 시들음병은 *Ceratocustis ulmi*에 의해 발생되는데 나무좀(bark beetle)에 의해 전염된다. 나무좀이 건강한 나무를 섭취할 때 곤충의 몸에 붙어 있던 분생포자가 발아하여 나무좀에 의해 발생된 상처를 통해 식물의 유관속으로 침투해 들어갈 수 있다.

곰팡이는 균사 생장과 물관 내에서 분생포자를 형성하면서 식물체 내로 퍼져나간다. 비특이적 독소 또한 병원성에 기여한다. 특히 식물이 죽어갈 때 유성 생식과 감염된 식물로부터 포자나 sclerotia를 외부로 방출하는 일이 일어난다.

*Verticillium dahlia*과 *V. albo-atrum*의 기주 범위는 상당히 넓다. *Verticillium oxysporum*에는 최소 75가지의 품종 특화종(***formae speciales)***이 존재하는 것으로 알려져 있으며 각각은 좁은 기주 범위를 지니고 있다. 이러한 품종 특화종 간 계통적인 관계는 명확하지 않다.

> *Fusarium oxysporum*군 내의 주요 병원체로는 *F.oxysporum* f.sp. *dianthi*(카네이션), f.sp. *lycopersici*와 f.sp. *radices-lycopersici*(토마토), f.sp. *lini*(마)가 있다. *Fusarium*속에 속하는 다른 종들은 시들음병 외에 다른 병을 일으킨다. 가령 *Fusarium solani* var. *coeruleum* 은 감자 괴경의 건부병(dry rot)을, *F.culmorum*과 *F.graminearum*은 밀의 이삭과 알곡에 마름병을 일으킨다. 후자는 사람, 동물, 식물 모두에게 해로운 mycotoxin을 생성한다. *Fusarium* 속의 다른 종들은 비병원성 토양 곰팡이이며 따라서 토양 병원체 들에 대한 잠재적 길항미생물로 토양 병원체에 대한 생물학적 방제에 활용될 수도 있을 것이다.

*Verticillium*과 *Fusarium*은 모두 유성생식 단계를 거치지 않기 때문에 불완전 곰팡이에 속한다. 그러나 *Fusarium oxysporum*군에 속하는 개체들은 유성으로 번식할 수 있다. 유성생식 형태는 *Gibberella* 속에 속하는 것으로 알려져 있다. *F.solani*의 유성생식 단계는 *Nectria haematococca* 로 불린다. 무성생식 단계에서는 서로 다른 유전자형의 균사 간 핵 교환을 통해 종내에서 유전적인 재조합이 가능하다. *Verticillium*과 *Fusarium* 모두 매우 복잡한 분류 체계를 갖는다.

유관속 마름병 곰팡이에 대한 저항성은 질적(완전)이거나 양적(불완전)이다. 저항성 기작은 리그닌화를 일으켜 식물 조직 내에서 병원체를 효과적으로 격리시키거나 전충체(tylose)나 고무진(gum)을 물관 내 병원체 주위로 배출하는 것이다. 이러한 물관 조직의 기능적 정지는 국소적이고 제한적이어서 식물체가 견딜 수 있으며 새로운 물관들을 만들어 대체할 수도 있다. 앞에서 언급한 대로 식물 독소에 대한 내성은 저항성에 있어서 중요한 역할을 할 수 있다.

접종된 식물체에서 감염 정도는 마른 정도, 생육 속도, 유관속 조직의 갈변화 등을 통해 평가된다. 식물체 당 병원체의 양을 측정하는 것(**감염(infection)** 정도)은 매우 힘들다. 사실 진정한 **저항성(resistance)**과 **내성(tolerance**; 3.3절 참조)은 서로 구별할 수 없다.

대부분의 식물체-병원체 시스템에서 기주 식물종 내 매우 적은 저항성 유전자(1~4개)가 존재하며 이들은 종종 균주 특이적이다. 이 경우에 유관속 마름병 곰팡이는 매우 적은 수의 레이스로 구성되어 있다. 토양 전염성으로 인해 병원체의 특정 균주는 세계 특정 지역에만 국한되어 있다. 물론 이러한 균주의 전파를 방지하기 위한 검역이 매우 중요하다. 저항성이 무너질 수 있지만 이것은 큰 문제가 아니다.

식물 위생 살균제 투여, 토양 소독과 같은 확실한 방법 이외에도 생물학적 방제 등의 방법이 개발되고 있다. 몇몇 미생물들(토양 전염 곰팡이인 *Trichoderma*와 비병원성 *Fusarium* 종들, 형광을 내는 *Pseudomonase* 종들)은 경쟁적 길항미생물로써 작용할 수 있는 것으로 판명되었다.

6.8 박테리아

박테리아는 원핵생물이다. 식물을 감염할 수 있는 박테리아는 대략 5개 속이 있다. 박테리아는 본래의 염색체 말고도 유전 정보를 가진 한두 개의 플라스미드를 가진다. 박테리아는 세포 분열을 통해 무성 생식을 할 수도 있다. 그러나 서로 다른 변종끼리 유전적인 재조합이 가능하다. 또한 돌연변이가 변이원으로 매우 중요한 역할을 한다.

병원성 박테리아의 수는 매우 적지만 이들 대부분은 경제적으로 매우 중요하며 특히 열대 지방에서 토마토나 바나나와 같은 식물체에 재배에 큰 영향을 미친다. 박테리아의 속에 대한 분류법은 아직까지도 복잡하고 논란거리이다.

> 초거대종인 *Xanthomonas campestris*에는 최소 120개의 **아종(pathovar)**이 있는데 품종 특화종에 해당 학자에 따라서는 각각을 하나의 종으로 구별하기도 한다. 또한 *Pseudomonas syrnigae*도 마찬가지이다.
> *Ralstonia(Pseudomonas) solanacearum*은 생육 적온이나 이당류와 6탄당 알코올을 산화시키는 능력에 따라 5개의 생태형(biovar)으로 나누기도 하고 생태학적 분포지, 숙주 범위 등에 따라 4개의 레이스(race)로 나누기도 한다. 이 때의 레이스는 식물 병원성 곰팡이를 나누던 레이스와는 다소 다른 의미임을 주목해야 한다.

식물 병원성 박테리아에 의한 병징과 이들의 기주 범위는 매우 다르다. *Agrobacterium*은 동고병(canker)을 유발하며 매우 기주 범위가 넓다. *Xanthomonase campestris*와 *Pseudomonas* *syringae*는 주로 식물체의 지상부를 가해한다. 이들은 매우 많은 **아종**(pathovar)으로 이루어져 있으며 각각은 기주 범위가 매우 좁다. *Ralstonia solanacearum*는 토양 전염 병원균인데 *Clavibacter michiganense*와 유사하게 위조 현상을 일으킨다. *Erwinia amylovora*는 과수의 불마름병(fire blight)을 일으키는데 감자에서는 무름병의 원인이 된다. 감자나 토마토, 바나나는 다양한 종에 대한 기주 역할을 하는 특징이 있다.

박테리아는 흔히 물이나 바람에 의해서 식물 조직에 도달하며, 식물체 조직에 있는 상처나 기공 혹은 배수 조직을 통해 조직 내로 침투하고 식물체 내부의 아포플라스트(세포 내 공간, apoplast)나 물관을 통해서 증식하고 전이된다. 화상병 균(*Erwinia amylovora*)의 경우에는 곤충이 박테리아의 전파에 중요한 역할을 한다. 산토모나스(*Xanthomonas*) 속 병원균은 주로 종자를 통해서 전염이 되며, 담배세균성 마름병 균(*Pseudomcnas solanacearum*) 같은 경우는 토양, 비숙주의 근권계에 잠복해 있다. 감염 과정 중에는 박테리아에 의해 만들어진 셀룰로오스 가수분해 효소와 펙틴분해 효소들이 중요한 역할을 하는데, 담배야화병균(*Psedomonas syringae* pv. *tabaci*)은 탭톡신(Tabtoxin)이라는 독소를 만드는 것으로 알려져 있다.

어떤 식물체와 박테리아 병원체 시스템은 활물 기생 병원성 곰팡이와 비견될 만한 측면이 있다. 즉, 숙주는 몇 개 혹은 수십 개의 과민 저항반응에 대한 주동 유전자를 가지고 있는 반면에 병원균에는 몇 개에서 수 많은 레이스가 있다. 이 경우 저항성의 지속성이 없다.

> 이러한 사례는 벼와 흰 잎마름병균(*Xanthomonas campestris* pv. *oryzae*), 면화와 *Xanthomonas campestris* pv. *malvacearum*, 완두와 *Psedomonas syringae* pv. *pisi*, 토마토와 *Psedomonas syringae* pv. *tomato*에서 찾을 수 있다.

유전자 대 유전자 상호작용에 몇몇의 식물체와 병원균의 시스템에서 밝혀졌다.

> 식물 병원성 박테리아에 대한 분자 생물학적 연구는 1985년 이후 급속도로 발전하였다. 특히, *X. campestris*와 *P. syringae*의 비병원성에 관련된 여러 유전자가 동정되었는데, 이들 비병원성 유전자들은 기주 식물의 특정 저항성 유전자에 대응한다.
> 다음은 이러한 유전자를 동정하는 방법이다. 먼저 박테리아의 비병원성 균주로부터 유전자 은행을 제작한다. 이렇게 확보된 20~30kb DNA의 절편들을 병원성 균주로 옮긴다. 형질전환된 균주를 비병원성 인자에 대응하는 저항성 유전자를 가진 기주에 접종하여 병원성 유무를 검정한다. 이를 통해, 비병원성 균주가 가지고 있는 인자 중에서 병원성 균주를 비병원성 균주로 만들게 되는 인자를 찾을 수 있다. 여러 *P. syringae* 비병원성 유전자 중 *avrPto* 유전자는 PAMP에 의해 유도되는 면역 반응에 관련된 수용체 인산화 효소인 FLS2와 EFR의 기능을 저해시키는 인산화효소 저해 단백질을 암호화하고 있다(PTI, 그림 21). 토마토의 *Pto*는 Ser/Thr 인산화효소를 암호화하는데 이 효소에 의

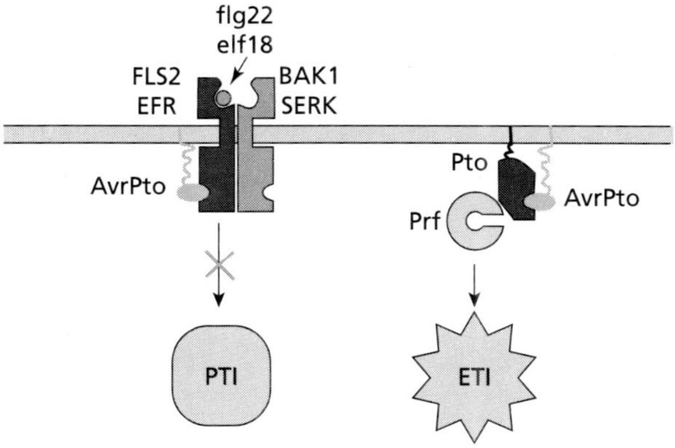

그림 21. Pto, AvrPto and Prf 사이의 상호 관계. 왼쪽: Pto가 FLS2 및 EFR과 상호 연계하여 PTI 과정을 막는다. 오른쪽: Pto–AvrPto의 연관관계가 Prf에 의존한 ETI (effector triggered immunity)를 유도하는 과정. FLS2와 EFR은 flg22 (the purified 22-amino-acid flagellin peptide)과 EF-Tu (the bacterial translation factor)에 각각 특이적인 수용체이다(Zhou and Chai, 2008).

해 *AvrPto*를 가지고 있는 *P. syringae*에 대해서 저항성 반응이 나타난다. 이러한 *Pto*와 *AvrPto*의 상호작용에는 Prf(*NBS-LRR Table 3, 5.4.1.3)*라는 세 번째 단백질이 필요하다. Pto가 FLS2와 EFR의 인산화효소 활성 부위를 흉내내고 있어 *AvrPto*와의 결합에 있어서 FLS2와 상호 경쟁을 한다. 그러므로, 오늘날 Pto를 저항성(*R*) 유전자라고 하기보다는 AvrPto의 병원성 타깃으로 본다(Zhou and Chai, 2008).

1990년 이후 세균의 비병원성 유전자의 동정이 급격히 증가하였다. 흥미롭게도 *P. syringae* pv. *Tomato*의 AvrD가 *P. syringae* pv. *glycinia*로 전이되면 어떤 콩 품종에 있는 저항성 유전자 *Rpg4*와 상호작용하기도 한다(Grant 등 2006). 이러한 것은 4장에서 살펴보았던 공진화의 관점에서 보았을 때는 논리적이지 않다. 밝혀진 *Avr* 유전자들 간에 염기서열의 유사성은 없지만 구조적으로 다양한 반응기(effector)들은 기주의 방어기작에 영향을 미치는 공통적인 기능을 가지고 있다.

6.9 Phytoplasma와 리케차

이전에는 바이러스에 의해서 발병되는 것으로 생각되었던 어떤 병이, 최근에는 마이코플라즈마(mycoplasm, 식물에서는 주로 phytoplasm이라고 불린다)나 리케차(Rickettsia)에 의해서 생기는 것으로 보인다. 이들은 단세포 생명체로 대략적인 크기는 박테리아와 바이러스의 중간 정도이며(대략 직경이 100~1000nm 정도이다), 원형질에 의해 쌓여 있다. 이들은 대개 박테리아의 한 종류로 구분될 수도 있으나 이보다 훨씬 작을 뿐만 아니라 인공 배지에서는 자라지 않는다. phytoplasm는 유동적인 세포막으로 이루어져 있어 쉽게 박테리아 필터를 통과하며 이중 나선 DNA를 가지고 있다. 또한 이들은 항생제에 민감하다. 리케차의 경우에는 비슷한 특징을 가지나 세포막이 단단하다.

> Phytoplasm는 1967년에 식물에서 발견되었다. 물리적으로 mycoplasma(세포벽 없는 박테리아)와 유사하지만 생리적으로는 확연히 다르다. Mycoplasma는 인간이나 동물에 병원성을 가지고 부생성이며, 인공배지에서도 배양이 가능하다.

이 병원균은 매미와 같은 곤충이나 접붙이기, 혹은 실새삼(*Cuscuta*)과 같은 기생 식물 등을 매개로 하여 식물체에서 식물체로 옮겨간다. 특히 phytoplasm에 의해서 야기되는 식물병은 식물 호르몬의 불균형을 유발하며 빗자루병을 일으키고 황변이 일어나거나 꽃이 녹변하는 등의 증상을 보인다.

> Phytoplasm에 의해서 유도되는 중요한 병은 포도의 황변현상, 코코넛에서 발견되는 치명적인 황변현상(카리브해)이나 치명적인 병(아프리카), 옥수수의 Comstunt 병, 감귤류의 스터번병, 라벤더의 왜소화 현상 등이 있다 네덜란드에서는 이러한 병원균이 글리디올라스와 히아신스 등의 재배에 중요하다.
> 바이러스 병원균과 구별되는 phytoplasm에 의해 유도되는 병징은 체관부의 체층에 있는 캘로스(callose)가 축적되는 것이며 체층에 phytoplasma도 쌓여 DAPI(DNA 염색 형광 염료)로 염색된다.

이 병원균은 식물체에 항생제를 처리하거나 병원균의 매개가 되는 곤충을 제거함으로써 방제할 수 있다. 또한 저항성 개체가 존재하므로 저항성 육종 방법을 통해서 이를 방제할 수 있다.

6.10 바이러스

바이러스는 대개 세포 내의 활물 병원체로 간주된다. 바이러스의 경우에는 자율적인 대사작용이 없기 때문에 엄밀한 의미에서는 생명체가 아니다. 그러므로, 바이러스의 경우에는 린네에 의해 주창된 이명법의 분류군에는 속하지 않는다. 대부분의 바이러스의 경우 단지 한 개 내지 여러 개의 작은 단일 혹은 RNA나 이중 나선 DNA로 구성되어 있으며, 외피 단백질(Coat protein)에 의해 둘러 쌓여 있다. RNA 혹은 DNA는 대략 3,000에서 50,000개의 염기서열로 이루어지며 이 염기서열은 바이러스의 외피를 만들어 내는 구조적 단백질에 관련된 유전자, 바이러스 RNA나 DNA를 증폭과 관련된 유전자, 그리고 식물체에서 바이러스 입자를 옮기는 유전자 등을 암호화 하고 있다. 바이러스는 기주 범위가 매우 넓거나(*Tobacco mosaic virus, Cucumber mosaic virus*) 혹은 매우 좁다(*Potato virus A, Tulip breaking virus*). 기주 바이러스의 종류와 기주에 따라 다른데, 바이러스는 기주의 영양 번식이나, 감염된 기주와의 물리적인 접촉, 혹은 농기계, 종자, 화분, 감염 매개 생명체(곤충, 진드기, 선충, 곰팡이) 등에 의해 전이 된다.

바이러스의 식물체 감염 경로는 식물세포에 정착, 감염시킨 세포에서 증식, 주변에 있는 세포로 넘어가게 된다. 바이러스가 감염되고 증식된 식물 조직은 바이러스 종마다 특징적인 병징을 보인다. 저항성은 이러한 감염경로의 한 개 혹은 두 개 이상의 감염 과정을 막아서 생기게 된다.

한 종의 바이러스 내에 각기 다른 병징을 유발하는 아종(strain)이 존재하며 이에 대한 저항성을 가지는 유전자 역시 다양하다. 이러한 아종은 곰팡이 균에서의 레이스와 분류체계가 비슷하다. 예를 들어 *Potato virus X*의 경우 다섯 개의 알려진 아종이 있는데 이들은 각기 어떤 감자 품종을 감염시키거나 혹은 그렇지 못하는 능력을 가지게 된다.

기주의 저항성은 **면역**(immunity), 과민성 반응(Hypersensitivity), 발병이 **감소**되거나 **병징**이 약화되는 것으로 나타난다. 면역은 바이러스의 정착이나 증식을 막아서 생기게 된다. 이러한 현상은 비기주식물의 경우에서 주로 발생되며 가장 효율적인 저항성 방법이다. 과민성 반응은 바이러스가 감염된 주변의 괴사로 나타난다. 이 경우 대개 바이러스의 전파가 매우 미미하거나 국소적이다. 바이러스가 기주 식물에 정상적으로 정착되지 못하게 막는 유전자는 바이러스 병의 발생 빈도를 낮춘다. 종종 감염된 식물의 병징은 병반 빈도가 높은 식물의 병징 만큼이나 심각하다. 병징의 발생이 줄어드는 것은 식물체 내에서의 바이러스 증식이 줄어들었거나 식물체의 내성 때문에 나타난 결과이다(그림 2.3). ELISA와 같은 혈청학적인 방법을 통해 바이러스의 농도를 알게 되면 바이러스의 증식인지 내성에 의한 것인지를 알 수 있다.

바이러스에 대한 저항성은 대체적으로 단일 유전자에 의해 결정된다. 몇몇 식물과 병원균의 관계에서 도입되자마자 저항성이 무너지는 아종 특이적인 저항성 유전자가 존재한다. 대표적인 예가 콩(*Phaseolus vulgaris*)과 콩 모자이크 바이러스의 관계이다. 그러나 일반적으로 저항성의 제한적인 지속성은 병원성 활물 곰팡이에 비해서는 덜 문제가 된다. 레이스 특이적으로 알려진 저항성의 경우라도 오랜 기간 동안 효과적인 것으로 알려져 있다. 이것은 아마도 바이러스 감염이 없도록 엄격하게 검사하면서 조심스럽게 종자나 번식체를 생산했기 때문일 것이다. 건전한 번식체는 바이러스의 밀도를 낮게 유지시킴으로써 병원성 돌연변이체 발생 빈도를 줄일 수 있다. 바이러스 유전자를 유전적인 변형에 의해 기주 식물의 게놈에 전이 시킬 수 있다. 이러한 방법을 쓰면 동종 바이러스에 대해 형질전환 식물체가 저항성을 갖게 된다(7.2.3.4

를 보시오).

바이러스의 병을 통제하는 방법에는 1) 진딧물이 발생하지 않는 지역에서 식물체를 키움으로써 바이러스가 전이될 확률을 낮춘다. 곤충 차단망이나 기내에서 배양하는 것으로도 같은 효과를 거둘 수 있다. 2) 괴경 생산지의 초목을 제거함으로써 진딧물에 의한 바이러스의 전이를 막는다. 3) 바이러스가 감염된 증상을 보이는 식물체를 제거한다. 4) 바이러스의 매개충을 통제한다. 5) 종자나 번식체를 검사하고 보증한다.

바이러스에 감염된 고가의 식물체는 분열조직의 배양을 통해 바이러스 무병하게 만들 수 있다.

6.11 바이로이드

바이로이드는 바이러스보다 훨씬 더 작다. 이들은 겨우 100에서 360개 정도의 염기서열로 이루어진 비암호화 RNA 조각들이며 평균적인 유전자의 크기 역시 작다. RNA는 기주의 세포질에 있으며 내부 염기서열끼리 짝을 이루어서 규칙적이고 특성화된 형태의 분자 상태로 뭉치게 된다. 바이로이드가 기주 내의 대사과정을 어떻게 방해하는 지에 대해서는 여전히 알려져 있지 않다.

바이로이드는 대개 식물체끼리의 물리적인 접촉이나 화분, 곤충 등에 의해서 전이된다. 바이로이드에 의해서 유도되는 증상은 대개 바이러스와 유사하다. 바이로이드의 형태는 cDNA 분석 방법에 의해서 식물 조직에 있는 것으로 확인되었으며 바이로이드에 대한 저항성이 보고된 바 있다.

> 작물의 재배에서 영향을 끼치는 바이로이드 병의 대표적인 사례는 감자 바이로이드이다. 다른 대표적인 사례로는 코코넛의 '카당카당' 병과 토마토의 '슈퍼마초' 등이 있으며 이러한 것들은 자성불임을 일으킨다. 또한 호프(*Humulus lupulus*)의 경우에도 바이로이드에 의해 큰 피해를 받는다.

7. 저항성 품종 만드는 방법

이 장에서는 병원균과 해충에 대하여 저항성 품종을 육성하는 실제적인 측면에 대해서 논해보고자 한다. 어떤 품종에 저항성 유전자를 도입하는 과정을 처음부터 끝까지 살펴볼 것이다. 육종은 다양한 선택의 과정을 거쳐야 하는데 이 장에서는 육종가가 직면하는 선택 사항에 주안점을 둘 것이다.

7.1 식물에서 저항성의 도입은 실제로 가치가 있는가?

때에 따라, 이전에는 경제적으로 문제가 되지 않았던 병원체의 발병 빈도와 심각성이 증가한다. 이 병원균들은 다른 곳으로부터 유입되었을 수도 있고, 재배법의 변화나 기후의 변화에 따라 발병 조건이 만들어졌을 수도 있다. 해당 작물의 육종가는 이러한 병원체에 대한 저항성을 도입하는 데 투자를 결정해야 하는 어려운 문제에 봉착하게 된다. 각각의 병원체에 대해서 추가적인 선발은 엄청난 투자가 따라야 한다. 더 많은 선발 지표가 도입될수록 더 많은 크기의 분리 집단을 검정해야 할 필요가 생긴다. 병원체에 대한 식물체의 저항성을 효과적으로 검정하기 위해 시설에 대한 투자도 필요하다.

어떠한 병원체에 대해 저항성을 도입해야 할지에 대한 결정은 다음과 같은 요소에 따라 결정된다.

1. 저항성 품종을 획득하는데 얼마나 많은 투자가 이루어져야 하는가?
2. 이러한 투자는 종자나 증식체의 높은 가격과 재배 면적의 확대를 통해 회수가 가능한가?
3. 이러한 저항성 품종이 도입되지 않았을 경우 육종회사의 시장점유율이 감소할 것인가?

뒤에 두 문제의 경우에는 경쟁 육종회사가 어떤 일을 할 것으로 육종가가 예측하는 가에 따라 달라진다. 전업농이 저항성 품종을 더 높은 가격으로 구매할 것인가는 다음 조건에 달려있다.

1. **병**이 얼마나 자주 그리고 어느 정도의 범위에서 발생하는가?
2. 병원체에 의해서 어떤 경제적인 **피해**가 발생하는가?
3. 이러한 병원체가 농약/접목, 재배법 등과 같은 방법으로 방제가 가능한가?

이러한 고려사항은 특정한 종류의 농약에 대한 사용 제한 혹은 금지 등에 대한 정부의 정책 결정(위 조건 중 3번), 혹은 암면(rockwool) 재배와 같은 재배 방법의 변화(1번 조건) 등에 영향을 받을 수 있다.

1986년 토마토에서 흰가루병(*Powdery mildew*)이 새로운 병원균으로 갑자기 나타나게 되었다. 따라서 육종회사에서는 이 병원균에 대한 저항성 유전자를 도입하기 위한 투자를 해야 하는 것이 맞는지에 대해 고민하게 되었다. 결국에 육종회사가 흰가루병에 대한 저항성 품종을 육종하게 된 동기는 다음과 같다.

1. 토마토 야생종에서 단일 우성 저항성 유전자가 보고되었고 활용이 가능했다. 이 저항성 유전자의 경우, 도입이 상대적으로 간단하고 많은 투자가 필요하지 않기 때문이었다.
2. 야생종에서 저항성 유전자가 보고되었기 때문에, 경쟁 육종회사가 이러한 저항성 도입에 대한 육종 프로그램을 시작했을 가능성이 있다.
3. 최근에 토마토 재배는 농약을 거의 사용하지 않는다. 따라서 병원균이나 해충은 전적으로 생물학적 방제나 저항성 품종을 이용해 방제된다. 흰가루병의 경우 농약의 사용이 필요한 것으로 보이는 유일한 병원균이었다. 따라서 토마토 신품종의 흰가루병 저항성은 토마토 재배 농민들의 주목을 끌 것으로 판단되었다.

그래서, 육종가가 저항성을 도입할지에 대한 결정은 상업적인 위험을 동반하게 한다. 따라서 육종회사는 아마도 자기회사와 비경쟁인 관계에 있는 상대 즉, 정부 연구기관이나 대학 혹은 생명공학에 특화된 회사와 공동연구를 진행할 것이다.

새로운 저항성을 가지는 품종은 출시하는 잘 선택해야 한다. 가끔씩, 육종회사는 새로운 저항성 품종의 출시에 대해 너무 의욕적인 경우가 있다. 만약에 이 품종이 다른 농업적인 특성이 좋지 못한다면 품종은 육종가들이 기대했던 만큼 큰 성공을 가져오기 힘들다. 또한 경쟁 육종회사에서 이 품종을 이용하여 새로운 저항성 품종을 만드는 프로그램에 사용하게 된다면 오히려 경쟁 육종회사만 높은 개발 비용을 줄일 수 있게 된다.

7.2 저항성 유전자는 어디서 찾는가?

7.2.1 저항성의 출처

어떠한 병해충에 대해 저항성을 가지는 식물체를 육종하기로 하였다면, 첫 번째 단계는 저항성을 탐색하는 것이다. 이는 어떠한 작물이나 그것의 야생종의 유전자원 목록을 작성함을 뜻한다. 다양한 저항성 소재는 다음과 같다.

1. 품종 자체: 타식성 작물의 경우 이러한 가능성이 자식성 작물에 비해서 높다.

자식성 작물인 완두의 경우, 뜻밖에도 *Fusarium oxysporum* f.sp. *pisi*에 대한 저항성이 어떠한 품종에 찾아진 경우가 있다. 즉, 항상 집단 번식법(mass propagation)을 통해서 유지되었던 어떠한 완두 품종의 표현형적으로는 거의 유사하였지만 일부 개체가 이 병에 대해 저항성으로 나타났다. 이 계통을 바로 선발해서 증식하게 되면 저항성이 향상된 원래 품종이 만들어지게 된다. 몇몇 육종가들의 경우 관다발 시들음병이 생기기 전에 계통을 선발하여 증식하는 방법으로 유지하였다. 이들 대부분은 기회적 부동(Random drift)에 의해서 저항성을 상실하게 되었다.

*Periconia circinata*는 수수의 토양 전염병으로 사물기생한다. 이 병원균은 독소를 이용하여 기주 조직을 죽인다. 자연적으로 돌연변이가 발생하여 감수성에서 저항성으로 확률이 대략 배우체 8,000개당 1개꼴로 나타나며 이를 실제 육종에 사용하게 된다.

사료작물로 쓰이는 자주개자리(Lucern)와 같은 타식성 품종은 매우 높은 이형 접합성을 보이기 때문에 유전적인 다형성이 높다. 엄밀히 말하면 이 품종은 개량된 이질집단이다. 선발된 품종의 경우 저항성이 상당히 증가할 수 있다.

2. **상업 품종:** 저항성은 다른 품종으로부터 유래될 수도 있다. 물론 이것은 그런 저항성 품종이 있을 때에만 가능하다. 이 방법의 가장 큰 장점은 바람직하지 않는 특성이 없는 품종을 비교적 빠르게 육성할 수 있다는 점이다. 또한, 예를 들어 일본 품종에 있는 저항성 특성을 유럽 육종 프로그램에 들여오려고 할 때, 외래 품종들은 종종 일장 소요나 그 지역 소비자에는 선호되지 않는 특성을 지니고 있기 때문에 재래 품종에 저항성을 도입하는 일은 더 많은 노력을 필요로 하게 된다. 저항성 품종의 육종을 위해서는 많은 품종의 수집이 필수불가결하다.

일본의 피클용 오이 품종인 'Tokyo Long Green'는 오이 피클 모자이크 병(*Gherkin mosaic virus*)에 저항성이며 이병에 대한 저항성 재료로 사용되어 왔다.

시금치 노균병(*Peronospora farinosa* f.sp. *spinaciae*)의 경우 야생종으로부터 두 개의 시금치 품종(Califlay와 Proloog)으로 저항성이 도입된 이후, Proloog은 여러 종류의 시금치 품종에 저항성을 도입하는데 공여친으로 쓰인다.

영국에서는 대부분의 겨울 밀 장려품종이 *Pseudocercosporella herpotrichoides*에 의해서 전염되는 밀 반점병(eyespot)에 저항성을 가지고 있다. 이 저항성의 유전자는 염색체 7A에 위치하고, 단일 유전자로 추측되는 저항성이 Capelle-Desprez 품종으로부터 유래한 것으로 알려져 있다. 이 품종은 1960년대 이후부터 중요한 저항성 소재로 이용되고 있다.

이러한 저항성 소재를 이용한 기술의 편리성은 물론 관심을 끌 만하다. 그러나 이러한 접근방법은 매우 큰 단점이 있다. 위의 예에서 보듯이 육종가들이 모두 같은 저항성 소재를 사용하게 되면 한 종류의 같은 저항성 유전자가 그 작물의 재배 지역에 높은 빈도로 존재하게 된다. 병해충이 이 저항성을 **극복**하게 되면(5.4.1.8 참조) 이 저항성을 가진 모든 품종은 그 병해충에 취약해 질 것이다. 하지만, 아래에 언급된 것과 같은 저항성 재료를 사용하게 되면 이러한 단점이 없어지거나 극히 제한된 범위에서만 일어날 수 있다.

3. **다른 품종군:** 많은 작물에서 몇몇 품종군은 식별이 가능하다. 각각의 품종군은 특정한 용도로 활용되며, 용도에 따라 형태와 생리적 특성이 맞추어진다. 품종군의 대표적인 예로 비트 속에 있는 붉은 근대, 근대, 사료용 비트와 사탕무가 있다. 일반적으로 품종군끼리는 교배를 하지 않는데 이는 교배한 후손들이 실용가치가 없는 특성을 가지고 있기 때문이다. 어떤 자연적인 병해충에 대한 저항성은 한 품종군에서는 나타나고 다른 품종군에는 없는데 따라서 어떤 품종군은 저항성의 유용한 재료로써 쓰일 수 있게 된다.

> 다년생 식물인 케일(*Brassica oleracea* var. *ramosa*)은 *Plasmodiophora brassicae*에 의해서 유발되는 뿌리혹에 대해서 양배추(*B. oleraceae* var. *capitata*)에 비해서 더 강한 저항성을 가지게 된다.
> 또한 겨울 밀과 봄 밀 간에도 교배를 하여 각 작형의 저항성에 대한 유전적 변이를 증대시킨다.

4. **재래종**(Landrace)은 저항성의 유용한 재료이다. 이 재래종들은 유전적 다양성이 상당히 높으며 다소 낙후된 재배법으로 상당히 오랫동안 재배되어 왔다. 특히 재래종 기원지의 병해충에 의해 저항성이 자연선택 되었을 것으로 추측된다.

> 줄기 선충(*Ditylenchus dipsaci*)에 대한 저항성을 가지는 오터섬 호밀(Ottersum rye)을 전형적인 예로 들 수 있다. 네덜란드 재래종과 Petkuser와 교배를 통해 Heertvelder 품종이 만들어졌다. 이 재래종은 저항성의 중요한 육종 소재이었으며 지금도 이용하고 있다.

유전자원(유전자 은행)에서 재래종을 수집하고 유지하는 것은 매우 중요한 일이다. 전 세계적으로 재래종들이 재배에 용이한 현대 품종으로 대체가 늘어나고 있는데 이로 인해 돌이킬 수 없는 유전적 다양성의 손실을 가져온다.

5. **야생 조상종:** 많은 작물의 조상종이 아직도 야생에 존재한다. 이러한 야생 조상종은 작물들과 같은 식물학적 종으로 분류되고 염색체 배열이나 불임 등과 같은 문제 없이 작물과 쉽게 교배가 된다. 야생 조상종 내에는 엄청난 유전적 다양성이 있으며 저항성도 있다. 병해충과 기주종은 오랫동안 공존하며 공진화해 기주의 저항성에 큰 변이를 유도했다(4장). (병해충 내에서도 **병원성**과 **공격력**에 변이가 생겼다.) 그러나, 병저항성을 공여하는 야생종의 경우에는 재배종에 적합하지 않는 여러 특성을 가지고 있는 문제점이 있다.

곡물류의 녹병(Rust)에 대한 저항성은 흔히 그 종의 기원 중심지에서 발견된다. 예를 들어, 야생 보리(*Hordeum spontaneum*)는 재배 보리에서 발생하는 모든 종류의 풍부한 병원체에 대한 저항성 소재이다. 재배종 보리는 야생 조상종으로부터 오랜 순화과정을 통해 만들어졌다. 야생 조상종 보리는 중동과 북아프리카에서 흔한 잡초로 존재하는데, 이 잡초는 재배종 밀과 쉽게 교배된다. *H. spontaneum*과 *H. vulgare*는 같은 생물학적 종에 속해 있다. 또한 시금치에서 흰가루병에 대한 저항성의 경우에는 이란 지역에 있는 시금치 야생종에서 찾을 수 있다.

6. **근연종**은 식물학적 종내에 저항성이 없을 경우 이용된다.

감자 육종에서 야생종은 종종 병해충에 대한 저항성의 재료로 사용되고 있다. *Solanum demissum*은 감자역병에 대한 매우 중요한 저항성 소재이다. 하지만 이 저항성은 수명이 매우 짧다. 포낭 선충병(*Globodera rostochiensis*와 *G. pallid*)에 대한 저항성은 여러 감자 야생종에서 발견되었다. *S. tuberosum andigena*의 경우 R01, R04 생물형에 대해서 저항성을 가지게 되며, *S. kurtzianum*에서는 R02에 대한 저항성을 찾을 수 있다. 이와 마찬가지로 *S. vernei*에서는 R03, R05, Pa1, Pa2, Pa3에 대해서 저항성을 가지고 있으며, *S. multidissectum*의 경우에는 Pa1에 대해서 저항성을 가지고 있다. 박테리아 병인 *Psedomonas solanacearum*에 대한 저항성은 *S. phureja*에서 찾을 수 있다. 또한 토마토의 다양성 저항성에 대한 유전자는 대개 *Solanum peruvianum*과 *S. corneliomuellen, S habrochaites, S. pimpinellifolium*에서 찾을 수 있다. 1986년 유럽에서 *Oidium neolycoipersici*가 처음 보고 되었을 때 토마토에서 *Oidium neolycopersici*에 대한 저항성은 재배종에서는 찾을 수가 없었는데 이 병원균에 대해 저항성을 가지는 식물체를 야생 토마토에서 여러 개 찾을 수 있었다. 이 식물체를 재배형 토마토에 교배하여 저항성 도입이 가능하게 되었다(Lindhowt 등, 1994).

커피의 야생종인 *C. canephora*는 커피 녹병에 상당한 저항성을 가진다. 이를 재배종 커피인 *C. arabica*에 교배하는 것이 가능한데, 몇몇 주요 저항성 유전자들이 재배종 커피로 도입되었다. 이러한 유전자로는 S_H6에서 S_H9까지가 있는데 이들은 단순히 재배종 커피에서 찾은 S_H보다 좀 더 지속적인 저항성을 가진다(Kushalappa와 Eskes, 1989).

7. **근연속**은 어떤 경우에서는 저항성을 근연속에 있는 종으로부터 구하기도 한다. 저항성을 도입하는 과정은 길고 어려운데 저항성이 획득되더라도 간혹 재배종에서 발견되는 저항성보다 덜 지속적인 경우도 있다.

호밀(*Secale cereal*)의 염색체 일부분이 밀(*Triticum aestivum*)로 도입되어 밀 황녹병, 잎녹병, 줄기 녹병에 대한 저항성이 획득되었다. 또한 *Haynaldia, Agropyron, Aegilops*와

같은 다른 속 식물도 저항성 소재로 이용된다. 하지만, 일반적으로 이러한 저항성 유전자는 도입한 지 얼마 지나지 않아 해당 병원균에 대한 저항성이 무너진다.

품종 자체에서부터(Case 1) 근연속(Case 7)의 순서대로 저항성을 도입하는 것이 점차 어려워진다(그림 22). 외래종이나 원시종 혹은 야생의 조상종을 저항성 재료로 이용하려면 여러 번의 여교배를 통해 공여친의 여러 부적합한 형질을 제거해야 한다. 근연종이나 근연속을 이용할 경우 염색체 대합과 염색체의 재조합의 문제에 직면하게 된다. 전좌를 유도해야 할 경우도 있다. 공여친의 모든 부적합한 특성을 제거하는 것은 상당히 어렵다.

야생종의 염색체나 염색체의 일부분은 재배종의 그것과 상당히 달라서 정상적인 염색체 쌍을 이루거나 키아스마 형성이 잘 되지 않는다. 결과적으로 공여종의 염색체가 상대적으로 큰 덩어리로 유전될 수 있는데 이 안에는 육종가들이 도입하려는 선발된 유전자와 함께 이웃한 부적합한 유전자도 포함되어 있다. 7.11.2에서 설명하는 예를 들면 *Agropyron elongatum*으로부터 도입된 흰 잎 녹병에 대한 저항성을 도입했을 때 저항성이 부적합한 형질인 노란 밀가루색과 연관되어 있었다. 만약에 저항성 유전자와 주위

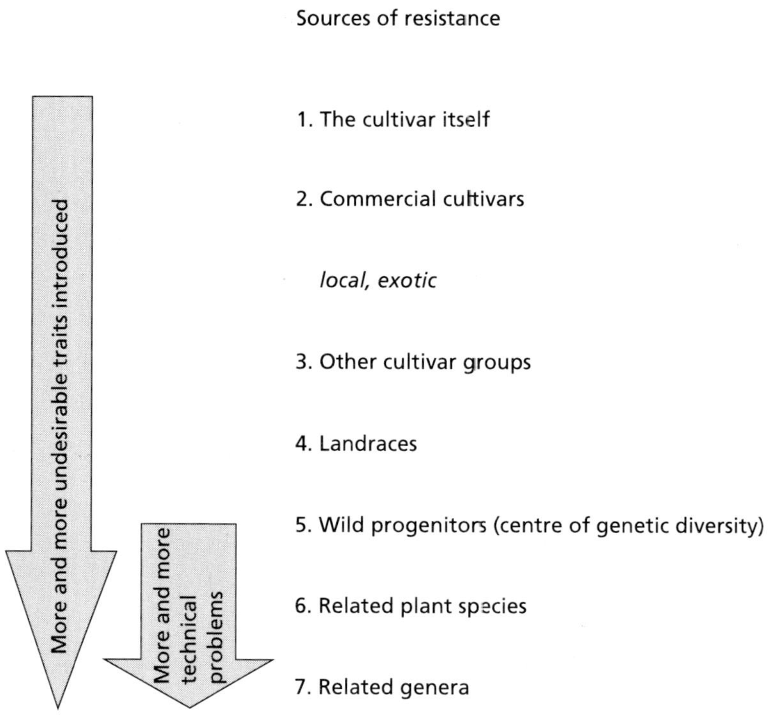

그림 22. 병저항성 유전자의 도입이 가능한 유전자원과 이러한 유전자의 도입이 어려운 경향도.

에 충분히 교차가 생기지 않는다면, 전좌 현상을 유도해야 한다. 그러나, 운이 좋아 매우 정확한 위치에 전좌가 일어나지 않는 이상 저항성 개체를 찾는 것은 매우 어렵다. 호밀은 밀 육종가들에 의해 밀 병원균에 대한 저항성의 재료로 이용되어 왔다. 밀과 호밀이 비록 다른 속에 속해 있지만, 이 둘은 상호 교배가 가능하다. 또한 호밀과 밀의 잡종 식물체에서는 염색체 짝짓기와 염색체 내 재조합이 잘 일어나지는 않는다. 염색체 전좌를 유도하여 호밀에 있는 염색체 *1RS* 부분이 밀의 1BL 부분으로 도입되었다. 이 호밀의 염색체 조각에는 밀의 병원균에 대해서 3~4개 정도의 저항성 유전자가 있다. 즉, 밀 황 녹병에 대한 저항성 유전자인 *Yr9*, 밀 잎녹병에 대한 저항성 유전자인 *Lr26*, 밀 줄기 녹병에 대한 저항성인 *Sr31*와 맥류 흰가루병에 대한 저항성인 *Pm8*이 있다. 어떤 나라에서는 이 전좌가 포함되어 있는 밀 품종이 50% 이상 재배되고 있다.

야생종이나 근연관계에 있는 종이나 속에서 저항성 유전자를 도입하게 되면 기존의 품종에서는 볼수 없었던 새로운 특성이 된다는 장점이 있으며, 이로 인해 병원균이 다양성이 증대된 작물을 극복하는 데는 많은 시간이 필요하다(육종가가 모두 같은 저항성 유전자(*R* gene)에 의존하게 되면, 유전적 취약성의 문제가 있다는 2번 내용을 상기해 볼 필요가 있다). 하지만, 근연 관계 종으로 부터 저항성을 도입하였을 때 종내에서 도입한 것에 비해 영속성을 가지는 지에 대해 예측하는 것은 불가능하다.

7.2.1.1 저항성의 재료로서의 비기주 저항성

만약에 육종가들이 근연속이나 근연종으로부터 저항성을 도입하기로 하였다면 이러한 저항성 소재는 목표 병해충에 대해서 기주이거나 혹은 비기주일 수도 있다.

종종 문헌에서 다음과 같은 문장이 발견된다. 어떠한 종 X는 어떠한 병원균 Y에 대해서 높은 수준의 저항성을 가지기 때문에 저항성으로 쓰일 수 있다. 이 문장은 다소 혼동스러울 수 있는데, 이는 어떠한 종 X의 모든 유전형은 어떠한 병원균에 대해서 저항성인 것(어떠한 종 X는 비기주 저항성이다)라는 뜻과 어떠한 종 X는 높은 비율의 저항성 유전형을 가지고 있다는 것(어떠한 종 X는 기주 저항성)을 의미할 수 있기 때문이다. 재배종 토마토와 *Odium neolycopersici*의 경우 1986년까지 재배종 토마토에는 저항성이 없었다. 하지만, 야생종 토마토(*S. neorickii*)에는 몇몇 저항성 계통들이 발견된다. *S. neorickii* 안에도 많은 감수성 계통이 있기 때문에 비기주 저항성은 아니다. 밀의 조상인 *Triticum tanshii*(*Aegilops squarrosa*의 동명)는 많은 밀 병원체의 저항성 공여친으로 적합하다. 이 종은 저항성에 대한 유전적 다양성이 매우 크며 병원체에 대한 저항성이 매우 풍부하다. 하지만 *Ae. squarrosa*의 경우 밀 병원균에 대해서 감수성인 유전형이 존재하기 때문에 밀 병원균에 대한 **기주의 범위**에 포함된다.

육종을 이용하는 저항성 재료의 경우도 목표 병원체의 기주 범위 안에 속해 있다. 특정한 병해충을 **한정적 병원체(Specialist)**라고 하는데 이들은 연관된 종만 감염시킨다. 식물학적인 분류군이나 교배가 가능한 그룹의 경계는 특정한 병해충의 기주 범위보다 훨씬 좁다. 두 개의 식물 종이 서로 교배가 가능하도록 충분히 가까우면서도 목표 병원체에 대해서 기주 범위를 달리할 만큼 다른 경우는 극히 드물다.

> 이러한 예시는 상추와 밀에서 찾아 볼 수 있다. 재배종 상추(*Lactuca sativa*)는 노균병(*Bremia lactucae*)에 대한 기주의 근연종인 *L. saligna*는 지금까지 알려진 바에 의하면 완전 저항성이다. 실험실 환경에서 아주 약하게 감염되는 유전형이 있을 뿐이다. 하지만, 이 종이 재배종 상추와 상당히 잘 교배된다. 비록 호밀의 유묘가 약간의 감수성을 보이기는 하지만 밀 잎녹병과 맥류 흰가루병에 대해서 완전히 비기주 저항성으로 알려져 있다. 밀의 병원균에 대해 호밀에 저항성 유전자가 있다는 것은 주목할 만하다.

반면 자연적으로는 교배되지 않을 만큼 유전적으로 서로 다른 두 식물 종이 어떠한 병원균에 모두 기주로 작용하는 경우는 상당히 흔하다.

> 예를 들어서 토마토 흰가루병인 오이듐균(*Oidium lycopersiucm*)의 경우 아마도 토마토만을 기주로 삼지 않는다. 즉, 온실 실험을 통해서 오이균이 가지(*Solanum melongena*)나 담배(*Nicotiana tabacum*)에도 감염하는 것으로 알려져 있다. 토마토와 담배는 서로 교배가 불가능하지만 두 식물 모두 이 병원균의 기주로 작용한다. 따라서 이 병원균은 한정적 병원체가 아닌 것을 알 수 있다.

7.2.2 대안 1: 돌연변이를 통한 새로운 유전형 도입

돌연변이를 유도하여 새로운 저항성 유전자를 획득하는 방법은 다음의 경우에 고려한다.

1. 특정한 목표 병원균에 저항성 소재가 알려져 있지 않거나 저항성이 오래가지 못 하는 경우.
2. 저항성 유전자가 알려져 있으나 재배종에 도입하기가 어려운 사탕수수, 감자, 페퍼민트와 같이 주로 영양체 번식하는 작물이다.

돌연변이 처리하여 농업적으로 우수한 형질을 유지하면서 감수성이 저항성으로 하루 아침에 전환되기를 기대하는 것은 매우 단순한 생각이다. 돌연변이를 유도하는 과정의 부작용 때문에 사용 가능한 돌연변이를 얻기가 어려우며 얻어진 것도 쓸도가 없다.

> 보리에서 돌연변이를 이용해 흰가루병(*Blumeria graminis*)에 대한 저항성이 지속적으로

유도되고 있으며 여러 가지 품종에 도입되었다. 이러한 돌연변이 유전자는 항상 *mlo*(돌연변이에 의해 유도된 순서에 따라 1번에서 32번까지 있다)로 불리는 유전자좌에서 생긴다. *mlo*의 부작용은 병원균이 없더라도 생기는 자발적인 괴사로 인해 수량이 크게 감소한다는 점이다. 괴사의 정도는 *mlo* 유전자가 놓이는 유전적 배경에 의해서 영향을 받게 된다. 따라서 그 동안의 지속적인 노력에도 불구하고 첫 번째 돌연변이체가 1942년에 유도되었지만 실제로 상업적 가치가 있는 유전자는 아직까지 하나 밖에 없다. 또한 에티오피아 재래 보리 종 L92에서 *mlo*를 가지고 있는 재래종이 발견되었다. 이 대립유전자(*mlo-11*)는 자연적으로 생겨난 돌연변이이다. 지금까지 돌연변이 처리를 통해 얻은 대립유전자 중에 *mlo-9*만이 유용하며, 이 유전자는 Alexis라는 품종에 도입되었으며 상업 육종에 이용되어 현재 143개 유럽 봄보리 품종에 도입되었다. 현재까지 대략 서유럽의 50%가 넘는 보리의 재배 지역에 *mlo*가 도입된 품종이 재배되고 있다. 이 저항성은 열성으로 유전되고 세포에 상처가 난 후 캘로스 축적의 조절 기작이 소실되면서 저항성을 가지게 된다.

돌연변이를 유도하여 저항성을 획득한 사례 중에서 가장 성공적인 사례는 페퍼민트(*Mentha piperita*)의 Mitcham 품종이며 이 품종은 *Verticillium albo-atrum*에 저항성을 가지고 있다. 페퍼민트는 6배체의 식물체로써 영양 번식을 하는 종간 교잡종이다. Mitcham은 매우 우수한 품질을 가지고 있으며 이러한 품종은 일반적인 교배나 선발 방법으로는 만들어 질 수 없다. 따라서 돌연변이를 유도하여 Mitcham 품종에 저항성을 만들어 내기로 하였는데, 15년 동안 노력하여 *Verticillium albo-atrum*에 저항성을 가지면서 품질에서는 Mitcham과 유사한 품종을 만들어낼 수 있었다.

돌연변이를 이용하여 육종을 할 때에는, 다음과 같은 사항을 염두에 두어야 한다.

1. 돌연변이를 통해서 얻어진 저항성이 계속 유지되는 것은 아니다. 병원균이 저항성을 무너뜨리는 레이스로 발전할 수 있다.
2. 저항성과 관련된 유전자에 돌연변이가 유도될 확률은 매우 낮기 때문에 많은 숫자의 개체나 계통을 검정해야 한다. 이 일은 매우 많은 노력과 효율적인 선별 방법이 필요하다.
3. 종종 이러한 돌연변이는 보리 *mlo* 유전자의 괴사와 같이 원치 않는 형질이 연관된 경우가 있다. 이러한 부작용은 전통적인 교배 육종이나 선별과정을 통해서 교정되야 한다. 이 일 역시 매우 많은 노력이 필요로 한다.

돌연변이는 EMS와 같은 화합물이나 감마선을 이용하여 유기한다. 또한 조직 배양 과정 중에 얻어진 돌연변이도 이용할 수 있다. 체세포 영양계 변이의 경우에는 돌연변이의 범위가 좀 더 넓고 또한 저항성 돌연변이를 획득하는 기회도 다른 돌연변이원에 비해 높다는 주장도 있다. 하지만, 체세포 변이에 대한 문헌이 거의 없으며 애초의 주장과는 달리 체세포 변이나 실험 방법이 신통치 않다(7.3.2를 보시오).

7.2.3 대안 2: 유전적인 변형

세포 분자 유전학적인 방법을 조합하면 식물체에 다른 생명체의 유전자 도입이 가능해진다. 이 방법을 가리켜 형질전환 혹은 유전자 변형이라고 하며 이 방법의 장점은 다음과 같다.

1. 저항성 소재에 대한 선택에 제한이 없다. 저항성 유전자의 DNA서열은 바이러스, 미생물, 식물 혹은 동물에서 유래할 수 있다. 유전적 변형에 의해서 병해충은 기존 저항성과 전혀 다르거나 새로운 방어 기전에 직면하게 된다.
2. 효과적인 저항성이 농업적으로 성공한 품종에 도입될 수 있다. 형질전환이 되어도 기존 품종의 유전적 조성은 그대로 유지되는데 이는 전통 육종에서는 불가능한 것이다. 물론 실제적으로는 형질전환에 의한 예상하지 못한 몇몇의 부작용이 생길 수도 있다.

유전자 변형에 의한 저항성 도입 시 다음과 같은 단점과 문제점이 있을 수 있다.

1. 어떤 식물들은 기술적인 문제가 있다. 특히 단자엽 식물체나 콩과 식물체의 경우에는 형질전환이 되기 매우 어렵다.
2. 형질전환된 식물체나 그 산물들에 대한 소비자들의 수용은 매우 민감한 문제이다.

> 형질전환 식물체의 재배나 가공에 대한 여론이 매우 중요하다. 형질전환에 대한 반대는 대개 생태계에 대한 위험, 이러한 형질 전환된 유전자가 사람이나 동물 등에 미치는 영향 및 첨단 기술을 이용해 마음대로 자연을 주무른다는 윤리적인 문제에 관한 것이다.

3. 저항성 유전자를 도입한다 할지라도 기대한 만큼 항상 효율적인 것도 아니며 이러한 저항성이 무너지기도 한다(7.2.3.3).

> 누에의 세크로핀(Cecropin) 유전자를 다양한 식물 종에 도입하였다. 세크로핀은 자이언트 누에가 병원균에 대하여 저항성을 가지게 하는 항세균성 물질이다. 이 유전자를 담배에 넣어주면 담배 들불병(*Pseudomonas syringae* pv. *tabaci*)과 다른 박테리아 병원균에 대한 방제가 가능할 것으로 기대했다(Jaynes 등 1993, Jan 등 2010). 어떤 경우에는 효과가 있었으나 어떤 경우에는 효과가 없었다(Hightower 등 1994; Allefs 등 1995). 유전자 변형에 의해 세크로핀 유전자가 저항성을 증가시키지 못한 것을 알아낸 학자는 실패의 원인이 식물 펩티다제에 의해 세크로핀이 분해되었기 때문이라고 주장하였다. 암호화 서열을 변형시키거나 다른 펩타이드와 조합을 통한 키메라를 이용하면 분해가 방지될 수 있다. 식물체 내에서 펩타이드 분해를 방지할 수 있는 다른 방법은 신호 펩타이드를 유전자 앞에 붙여 세포에서 펩타이드를 분비시키는 것이다(Jan 등 2010).

7.2.3.1 식물에서 저항성과 관련된 유전자

1980년대 식물에서 박테리아 병원균에 대한 비병원성 유전자가 처음 동정되었다. 1994년에 가서야 '**유전자 대 유전자**'에 해당하는 저항성 유전자가 식물에서 분리되었다. *Pseudomonas syringae* pv. *tomato*에 대한 저항성 유전자인 *Pto*가 그것이다. 같은 해에 더 많은 저항성 유전자의 분리에 관한 연구가 보고 되었다(표 16). 이 유전자들은 대개 **레이스**에 특이한 것들로 활물기생(biotroph) 및 반활물기생(hemi-biotroph) 병원균에 대하여 **유전자 대 유전자** 상호작용을 따라 저항성을 보인다.

저항성 유전자를 동정하는 주요 방법으로는 대개 Transposon tagging이나 map-based cloning 혹은 positional cloning이 있다. 동정된 유전자에 대하여 암호화하고 있는 단백질 서열

표 16. 각 레이스 특이적인 저항성 유전자가 동정된 사례.

식물/병원균	저항성 유전자 (R gene)	연도	유전자 동정 방법[b]	저항성 유전자 군[b]
옥수수/*Cochliobolus* (=Helminthosporium) *carbonum*	*HM1*[a]	1992	Transposon tagging	
토마토/*Pseudomonas syringae tomato*	*Pto*	1994	Map-based cloning	Protein kinase
토마토/*Cladosporium fulvum*	*Cf9*	1994	Transposon tagging	LRR
	Cf4	1997	Sequence homology	
	Cf2	1995	Map-based cloning	
	Cf5	1995	Map-based cloning	
애기장대/*Pseudomonas syringae*	*Rps2*	1994	Map-based cloning	NBS-LRR
	Rpm1	1995	Map-based cloning	
담배/TMV	*N*	1994	Transposon tagging	NBS-LRR
아마/*Melampsora lini*	L^6	1994	Transposon tagging	NBS-LRR
	L^2, L^{10}	1995	Sequence homology	
벼/*Xanthomonas oryzae*	*Xa21*	1995	Map-based cloning	LRR-Protein kinase

[a] 첫 병원균 특이적인 저항성 유전자가 동정된 사례. 그러나 전형적인 유전자 대 유전자는 아니다. *Hm1*유전자는 곰팡이에 의해 만들어지는 독소를 분해하는 역할을 한다.

[b] LBR: leucine rich repeat NBS: nucleotide binding site (5.4.1.3의 표 3을 보라).

을 밝혀내고 저항성 유전자와 다른 유전자 사이의 상동성을 연구한다. 일반적으로 저항성 유전자들은 공통된 서열을 갖는다. 저항성 유전자를 분리하기 위하여 염기서열 상동성(Sequence homology)을 이용하는 방법이 아주 유용하다.

분리된 저항성 유전자에 상응하는 비병원성 유전자도 밝혀진 경우가 있다. 유전자 산물의 수준에서 유전자 대 유전자의 상호작용을 연구하는 것은 과학자들의 최대 관심사이다.

이러한 지식은 저항성 육종에 실용적으로 활용될 수 있다. 그러나 먼저 염두에 두어야 할 것들이 몇 가지 있다.

1. 저항성 유전자를 분리하는 것은 아직까지도 만만한 일이 아니다. 아직까지도 지속적인 여교잡을 통해 공여친으로부터 품종으로 저항성 유전자를 도입하거나 육종의 근간이 되는 유전자원에 새로운 소재를 추가하는 것이 훨씬 경제적이고 용이하다.
2. 명심해야 할 점은 이런 종류의 저항성 유전자가 항상 지속성이 있는 것은 아니라는 점이다(5.4.1.8). 실제로 표 16에서 언급된 저항성 유전자들을 극복하는 병원성 유전자가 발견되었다. 잘 계획된 전략 없이 이러한 저항성을 품종에 단순히 도입하는 것은 큰 의미가 없다.

> De wit는 병원균 특이적인 저항성을 활용하는 전략을 수립하였다. 이 방법을 간단히 소개하면 다음과 같다.
> 토마토의 *Cf9*와 *Cladosporium fulvum*의 *Avr9*은 모두 분리 동정되었다. 같은 식물체에서 두 개의 유전자가 지속적으로 발현되는 식물체는 과민성 반응(HR)을 일으켜 죽게 된다(5.4.1.7 참조).
> 지속적으로 발현을 유도하는 프로모터를 *Cf9* 앞에 달아서 감자와 같이 *Cladosporium fulvum*에 대하여 비기주식물에도 도입할 수 있다. *Avr9*이 같은 감자에 도입되어, 두 유전자가 발현되면 괴사현상이 일어날 것이다. 유전자의 발현은 유전자 앞에 붙여준 프로모터에 의해서 조절된다. 상처를 입은 조직이나 병해충이 침입한 세포에서만 특이적으로 발현되는 프로모터를 활용할 수도 있다. 예를 들면 **발병 관련 단백질**(Pathogenesis-related protein) 유전자의 프로모터가 후보가 될 수도 있다(4.2) *Avr9*의 유전자 산물은 감자역병균(*Phytophthora infestans*)과 같은 병원균의 침입에 의해 가해를 받은 경우에만 특이적으로 생산될 것이다. 이 *Avr9*의 유전자는 *Cf9*의 단백질과 반응할 것이며 두 개의 유전자가 발현되는 세포는 괴사에 이르게 된다. 병원균은 HR 반응에 의해 더 이상 번져나가지 못한다. 이러한 방법이 성공적으로 활용되기 위해서는 아직 갈 길이 멀다. *Cf9* 유전자는 더 이상 병원균 특이적인 저항성이 아니라는 점을 주목하라. Custers(2007)는 이 전략을 실행하기에 앞서 감자에 *Avr9*을 발현시킨 후의 영향, 병원체에 의해 작동되는 프로모터의 탐색 등과 같은 측면을 해결해야 한다고 하였다.

3. 표 17에서 나열된 저항성 유전자는 병원균 특이적으로 다른 비기주 종에 대해서는 거의 활용이 불가능하다. 그렇다면 아마 녹병 저항성유전자 *L6*를 담배에 도입할 필요가 있을까? 담배는 아마 녹병(*Melampsora lini*)에 대해서 피해를 입지 않는다. *L6* 유전자는 오직 아마에서만 유용하며 또한 전통 교배 육종법으로 도입하는 것이 더 용이하다. 기주 범위가 넓은 병원균에 대해 저항성을 가지는 유전자의 경우에는 이러한 병원균에 의해서 피해를 받는 식물 종에 도입될 경우 매우 유용하다.

> *Leveillula taurica*은 고추와 토마토에서 흰가루병을 일으킨다. 토마토의 유전자인 *Lv*의 경우에는 야생 토마토인 *Solanum chilense*에서 발견된다. *Lv* 유전자의 경우 1980년대 재배종 토마토에 여교배 방법으로 도입되었으며 지금까지 알려진 유일한 저항성 유전자이다. 고추에서는 이러한 병원균에 저항성으로 알려진 유전자는 알려져 있지 않으며, 그러므로 만약에 *Lv* 유전자를 고추에 넣을 수 있으면 매우 유용할 것이다(Chunwongse 등 1997; Lefebvre 등 2003).

4. 어떤 저항성 유전자는 저항성 반응이 작동하기 위해 몇 단계를 거쳐야 한다. 이종 식물의 경우에는 형질전환된 저항성 유전자가 정상적으로 아래 단계에 있는 과정과 조화를 이루지 못하거나 식물 펩티드에 의해 분해 되는 경우도 있다.

부분 저항성도 병원적 특이적일 수 있다(5.4.2.4). 부분 저항성은 대개 양적형질로 유전되고 각각의 유전자의 영향력이 매우 적기 때문에 유전자를 동정하기는 쉽지 않다. 하지만 머지않아 이러한 종류의 저항성 유전자도 곧 동정될 것으로 기대한다. 저항성 증진을 위하여 부분 저항성 유전자를 형질 전환을 통해 도입하는 것은 효율적인 방법으로 보이지 않는다. 전통 교배법으로 부분 저항성을 집적시키는 것이 더 효과적이다.

7.2.3.2 광범위 저항성 유전자

광범위 저항성 유전자(5.2 참조)는 많은 종류의 병해충에 효과를 가지기 때문에 작물 보호에 큰 효과가 있다. 광범위 저항성 유전자를 활용하기 위해서는 여러 가지 유전자가 관여하는 매우 길고 복잡한 생합성 과정을 거쳐 만들어지는 대사물질이 아니라 아닌 매우 일차 유전자 산물이 방어에 쓰여야 한다는 점이다.

유용한 유전자는 부분적으로 수동적 혹은 능동적으로 저항성 기작을 갖는다. 수동적인 저항성을 성공적으로 활용한 예는 다음과 같다.

> Hilder 등은 동부콩에서 트립신을 저해하는 유전자를 동정하였다(Hilder 등 1987). 동부콩 종자에서 트립신 작용 억제 정도는 종자를 먹는 딱정벌레에 대한 저항성 과정의

상관관계가 있다. 이 화합물은 많은 종류의 곤충에 대해 독성을 가지나 인간에게는 무해하다. 트립신의 저해 유전자를 mRNA/cDNA 방법을 통해서 동정하여 담배에 형질전환하였다. 형질전환된 담배는 담배 나방(*Heliotis virescens*)에 대해 저항성을 갖게 되었다. 그러나 식물 유래 해충 방어 유전자의 효과는 이를 상업화할 정도의 파급력을 갖지 못했다.

또한 5.2에서 언급되었던 능동적인 광범위 저항성 유전자의 활용은 콩의 키티나아제(chitinase) 유전자를 담배와 유채에 도입한 것이다.

형질전환체에서 식물의 저항성의 정도를 예측이 힘들다. 키티나아제 유전자를 오이나 당근에 도입한 경우에 잘 설명된다(Punja & Raharjo, 1996). 키틴은 곰팡이균의 세포벽을 이루는 중요한 구성분이다. 따라서 키티나아제는 곰팡이균의 세포벽을 분해할 수 있다. 이 유전자를 당근에 넣어줌으로써 다섯 가지의 곰팡이 균 중에서 세 개에 대해서 저항성이 증진되었다. 오이의 경우 키티나아제 형질전환은 뚜렷한 효과를 보이지 않았으며 당근에서 효과가 있었던 *Botrytis cinerea*에 대해서도 효과가 없었다.

많은 종류의 진딧물은 포식자의 공격에 대응하여 페로몬(sesquiterpene hydrocarbon (E)-β-farnesene(Eβf))을 분비하여 다른 진딧물들이 도망갈 수 있게 한다. *Solanum bertholthii*은 잎의 모낭체(trichome)에서 페로몬을 생산하여 진딧물을 쫓는다. 민트(*Mentha x piperita*) 역시 이러한 페로몬을 만들 수 있다. Beale 등(2006)은 민트의 Eβf-synthase 유전자를 35S 프로모터에 달아 애기장대에 형질전환함으로써 형진전환체가 진딧물에 강한 저항성을 갖게 하였다.

이론상으로는 단지 프로모터를 조작함으로써 저항성을 증가시킬 수 있다. 발병 관련 단백질을 암호화하는 단백질을 지속적으로 발현되는 프로모터에 붙여서 형질전환하면 PR 단백질을 지속적으로 생산하게 되며 이를 통해 병해충에 대한 일정한 수준의 저항성이 생긴다.

7.2.3.3 비식물 유래 유전자

위에 언급한 바와 같이 유전자는 여러 생명체에서 동정이 가능하다. 이러한 유전자에 목적에 맞게 적절한 프로모터를 붙여서 식물 유전체에 도입할 수 있다.

비식물 유래 유전자로 식물 보호에 활용되고 있는 가장 잘 알려진 유전자는 바로 *Bacillus thuringiensis*에서 독소를 암호화하는 유전자이다. 이 박테리아는 곤충에 특이적인 독성을 가지는 단백질을 만들어 낸다. 어떤 박테리아는 딱정벌레에 대해서 독성을 가지고, 다른 것은 나비나 나방, 파리 등에 대해서 독성을 갖는다. 이러한 독소를 암호화 하는 유전자(*Bt* 유전자)를 찾아서 다른 생명체에 도입 하였을 때도 마찬가지로 독소를 생산하였다. 이러한 독소 유전자를 형질전환 시킨 면화나 담배는 초식성 곤충에 대해서 저항성을 갖게 되었다.

불행히도 Bt 독소의 효과가 반드시 지속적인 것은 아니다. 돌연변이를 통해 곤충이 독소에 대해서 저항성을 갖도록 발전할 수 있다. 형질전환 작물에 대한 재배면적이 커질수록 이러한 저항성 유전자가 깨질 확률 역시 높아진다. 특히 이 유전자가 없는 식물체를 형질전환 품종으로 완전히 대체한 경우 돌연변이 곤충에 의한 저항성 붕괴의 도태 압력(selection pressure)이 더 커질 수 있다. 여러 종류의 Bt 독소를 작물에 도입하면 Bt 독소를 이용한 저항성의 지속성이 증가되며 다양한 해충에도 저항성을 가질 수 있다.

> 다음은 창의적인 전략이 설계될 수 있는 또 다른 예이다. *Pseudomonas syringae* pv. *tabaci* (*Pst*)의 경우에는 탭톡신(tabtoxin)을 생산할 수 있는데 이는 담배에서 박테리아의 감염 과정에 중요한 역할을 하는 것이다. 이 독소는 기주 종 특이성이 없다. 병원균 자체는 이 독소에 아무런 영향을 받지 않으나 *E. coli* (*Escherichia coli*)와 같은 다른 박테리아는 영향을 받는다. 병원균인 *P. syringae*의 DNA 절편을 *E. coli*에 형질전환시키고 독소에 대한 반응을 확인하였다. 형질전환된 *E. coli* 중에는 독소에 대해서 저항성을 가지고 있었는데 이는 자기 자신의 독소에 대해서 저항성을 가지도록 하는 Pst 유전자가 있음을 보여주는 것이다. 이 유전자를 담배에 도입하였고 도입된 유전자에 의해 담배가 Pst에 대해 저항성을 보였다(AnZai 등, 1989); 또한 이 형질은 유전되었다(Batchvarova 등, 1998).

유전자를 형질전환 시켰다고 할지라도 기대했던 바와 같은 효과를 보이지 않는 경우도 있을 수 있다. 그 예가 누에에서 유래한 세크로핀에 대한 박테리아 유전자와 보리의 호르도시오닌(hordothionin)이다. 이 유전자들을 담배와 토마토에 형질전환 하였다. 두 유전자 모두 박테리아 병원체에 효과가 없었다. 이러한 실망스러운 결과는 형질전환된 유전자의 산물이 급격히 없어져서 기능을 제대로 하지 못했거나 apoplast까지 전이되지 않아 박테리아에까지 도달하지 못했기 때문으로 추정할 수 있다.

7.2.3.4 병원체 유래 유전자

바이러스의 유전체는 상대적으로 매우 작고 잘 구성되어 있다. 따라서 바이러스로부터 유전자를 동정하는 것은 상대적으로 용이하다. 이들 유전자를 작물에 도입하면 식물은 병원성 바이러스에 대해서 저항성을 가지게 된다. 식물체가 바이러스가 감염되었을 때 같은 바이러스나 혹은 비슷한 바이러스를 2차적으로 식물체에 감염시키면, 그 병징이 상당히 늦춰지거나 감염이 되지 않는다는 사실이 오래 전부터 알려져 있었다. 이와 같은 현상을 가리켜서 **예방 면역**(premunition)이라 한다(cross-protection, 유도 저항성의 유사어). 약한 병원성을 갖는 바이러스를 예방 접종하였을 때에도 동일한 효과가 나타난다. 이는 유사한 바이러스끼리는 서로 감염에 방해하는 현상에 근거하는 것으로, 식물분자육종에 활용될 수 있다. 다른 부분의 바이러스 유전자는 빼고, 예방면역에 관여하는 일부 바이러스 유전자만을 식물에 도입할 수 있다. 대부분의 경우 바이러스 외피 단백질(Coat protein) 유전자에 의해 예방 면역을 일으킨다. 다른 바이러스 유전자나 심지어는 바이로이드의 염기서열 역시 식물체에서 예방 면역 효과가 있다. 지속적으로 발현하는 프로모터에 바이러스 유전자를 붙여서 형질전환 시킨 식물체는 항구적으로 유전되는 이러한 예방 면역 상태에 있게 된다. 이런 식으로 유전자를 조작한 저항성을 가리켜 외피 단백질 유래 저항성(Coat protein mediated resistance) 혹은 병원체 유래 저항성(Pathogen derived resistance)라고 한다.

> 파파야에서 파파야 링스팟 바이러스(PRSV)에 대한 저항성, 여름 호박에서 오이 모자이크 바이러스(CMV)에 대한 저항성, *Zucchini yellow mosaic virus*나 *Watermelon mosaic virus* 등이 형질전환 품종의 대표적인 예이며 미국에서 상용화를 목적으로 출시되었다(Gottula & Fuchs, 2009). 담배나 감자에서도 기대할 만한 결과가 얻어졌는데, TMV(*Tobacco mosaic virus*)나 PVX(*Potato virus X*), TRSV(*Tomato ringspot virus*)의 외피 단백질 유전자에 의해 경제적인 효과가 있을 정도의 저항성이 나타났다.

'Satellite RNA'라고 알려진 DNA 절편 등을 도입하는 것도 또 다른 가능성이다. Satellite RNA는 바이러스에서 만들어지는데 바이러스의 증식이나 발현을 억제한다. Satellite RNA는 바이러스의 기생체로 작용한다.

또 다른 가능성으로는 바이러스의 안티센스(antisense) 절편을 이용하여 식물체의 저항성을 얻게 하는 것이다. 식물체가 외래 유전자를 발현시키게 되면 이 mRNA 염기서열은 바이러스의 절편과 서로 상보적이기 때문에 바이러스의 유전자의 발현이나 증식을 방해하게 된다.

곤충과 선충에 대해서도 병원체 유래 저항성이 개발되었다. 곤충과 선충의 필수 유전자의 염기서열을 이용해서 RNAi가 일어나도록 형질전환 유전자(Construct)를 만든다. 이 유전자에 강한 CaMV 35S 프로모터를 붙여 발현시킨다. 유전자 조작된 유전자가 식물에 도입되면 목표 유전자에 대한 dsRNA가 만들어지게 된다. 흥미롭게도, 식물체의 dsRNA를 먹게되면 필수 목적 유전자 침묵 현상이 유도되고 애벌레들이 생장이 정지되거나 죽게 된다. RNA 간섭 방법이 옥수수에서 효과가 있었으며 이 방법을 통해서 western corn rootworm(*Diabrotica virgifera*)에 대해서 저항성을 갖게 하였다(Baum 등, 2007).

Q25 만약 사탕무 육종 프로그램이 있으며 선충 저항성을 도입하고자 한다. 서유럽의 사탕무 품종에서는 이러한 저항성이 없다. 따라서 유전자원 센터에 저항성을 공여할 수 있는 여러 가지의 식물체 재료를 요청하고자 할 때, 병 저항성 선별을 위해서 우선순위에 따라서 스크리닝할 범주에 대해 4가지를 언급하시오.

Q26 유전적인 변형의 방법을 이용하여 추가적인 저항성을 가지게 된 품종을 만들기 위해서 제한이 될 만한 주요 요인에 대해서 언급하시오(협의의 범주).

7.3 식물을 시험할 장소는?

7.3.1 실내 또는 실외?

식물은 포장, 온실, 실험실에서 시험할 수 있다. 빛, 물, 온도와 같은 환경 요소는 포장, 온실, 실험실 순으로 더 쉽게 조절할 수 있다. 병원체 또한 포장보다는 온실이나 실험실에서 더 쉽게 관리할 수 있다(7.6 참조).

포장 시험은 온실 작물보다는 포장에서 재배하는 작물을 실험하는 데 더 유용하다. 포장 시험은 상대적으로 간단하고 저렴하고, 동시에 다른 농업적인 형질을 평가할 수 있다. 재배 조건이 작물을 상업적으로 재배할 때와 거의 동일하기 때문에, 실험 결과를 꽤 신뢰할 수 있다. 그러나 포장 시험에도 몇 가지 단점이 있다.

예를 들면, 재배 시기에 따라 또는 열대지방 이외에는 연중 병 저항성 검정을 하는 것은 불가능하다. 포장에서 병원체는 종종 균일하지 않게 분포한다. 이 때문에 감수성 식물체가 저항성 표현형처럼 보이는 **이탈(escape)**이 발생하게 된다. 이러한 위험을 줄이기 위하여 일정 수 이상의 반복실험이 필요하며, 대조군으로 사용할 일정 수 이상의 감수성 품종을 같이 실험해야 한다.

포장에서는 가뭄과 같은 다양한 환경에 의해 천적(natural enemy)이 충분하게 번식할 수 없는 또 다른 단점도 존재한다. 이 뿐만 아니라 다른 생물학적, 비생물학적 요인이 병원체와 상호작용을 할 수도 있다. 자연적으로 발생하는 병원체는 해에 따라서 레이스의 집단 구성이 변하기도 한다.

일반적으로 해마다 번식 주기가 있는 병원체(흰가루병, 역병, 녹병)의 포장 실험은 여러 번 이루어 져야 한다. 포장 실험에 대한 몇 가지 위험은 7.9절에 논했다.

온실 시험은 주로 유묘, 어린 식물을 그 대상으로 하지만, 성체로 실험할 수도 있다. 병 접종은 포장에 비해 통제하기 쉽다. 상대 습도를 포함한 병원체의 최적 환경조건을 정립하면 이탈의 위험성을 최소로 줄이고 비교적 간단하게 병 저항성을 검정할 수 있다. 이탈이 포장에서는 보통 여러 병원체와 해충이 동시에 발생하지만, 온실에서는 하나의 병원체의 저항성만을 검정할 수 있다. 보통 온실 시험은 **다주기성(polycyclic)** 병원체일지라도 **단주기성(monocyclic)** 실험으로 설계한다. 실험에 사용하는 병원체 및 해충은 첫 번째 유(무)성생식 세대를 사용한다.

온실 실험의 단점은 모든 경우에 포장의 결과를 반영할 수 없다는 것이다. 온실에서 자란 식물은 포장보다 더 감수성으로 나타나는 경향이 있다. 이것은 병원체의 상태가 온실보다는 포장에서 덜 적합하기 때문인 것으로 생각된다. 병원체의 상태는 접종 세기, 환경, 식물 생육 단계에 영향을 받는다.

> 온실에서 어떤 보리의 유묘에 밀 녹병균(*Puccinia triticina*)을 접종했을 때, 얼룩과 융기와 같은 병징이 발생했다. 이것은 보리가 밀 녹병균에 감수성이라는 것을 나타낸다. 그러나 포장에서는 우리가 아는 한 보리에서 밀 녹병균이 증식하지 않는다.

실험실 시험은 발아한 종자, 잎 절편, 떼어낸 잎, 기내 배양을 대상으로 한다(7.3.2절 참조). 장점과 단점은 온실 시험과 유사하지만 몇 가지가 더 있다.

> 잎 절편, 떼어낸 잎은 빠르게 노화되는 경향이 있기 때문에 종종 benzimidazole이 첨가된 아가 배지 위에 치상한다. 이 물질은 단백질의 분해를 저해시키기 때문에 잎의 상태를 좋은 상태로 더 긴 시간 동안 유지할 수 있다. 그러나 너무 높은 농도의 benzimidazole을 첨가하면 병의 감염이나 식물의 병 저항성 반응을 억제할 수 있기 때문에 신뢰할 수 없는 결과를 얻기도 한다.

7.3.2 기내(*In vitro*) 선발

80년대에는 세포 또는 조직 배양 기술에 대단한 진전이 있었다. 영양 배지 위에 치상된 단일 세포, 단일 캘러스를 이용하여 병 저항성을 검정하는 것이 가능할 것인지가 관심사였다.
이러한 방법의 장점은 다음과 같다.

1. 다수의 개체(세포 또는 작은 캘러스들)를 매우 좁은 공간(페트리디쉬, 플라스크)에서 검정할 수 있다.
2. 극도로 정형화되고 통제된 조건에서 선발을 할 수 있다. 선발에 사용하는 물질은 영양배지에 매우 고르게 첨가할 수 있다.
3. 상업 품종의 작은 절편을 이용해 조직 배양에 이용했다면, 이로부터 얻어진 재분화 식물은 높은 농업적 가치가 있다.

원칙적으로 방법은 다음과 같다. 단일 세포나 원형질체를 얻기 위해서 식물 조직을 효소로 처리한다. 세포 현탁액, 원형질체, 세포 배양 결과물을 선발 물질에 노출시킨다. 이 물질은 사물기생(**Necrotroph**) 병원체가 만드는 독소와 같은 것일 수 있다. 살아 남은 개체는 다음 선발 주기 때 더 강한 농도의 선발 물질에 노출시킨다. 모든 세포 또는 캘러스가 같은 식물에서 유래했기 때문에 기내 선발을 포함한 여러 선발 과정에서 필수적인 유전적 변이는 문제가 되지 않는다. 이러한 이유 때문에 종종 돌연변이 유발물질을 처리하거나 충분한 정도의 변이가 발생한 체세포 영양체를 얻기 바라기도 한다. 후자의 경우 종종 가치가 있다.

생존한 세포, 배, 캘러스를 조직 배양하여 하나의 식물체로 만든다. 이 식물체는 독소에 저항성을 선발 기준으로 삼았기 때문에, 사물기생형 병원체에 저항성일 것이다. 온전한 식물체의 저항성은 다시 한 번 확인할 필요가 있다. 재분화한 식물체뿐 아니라, 그 자식 세대(종자 번식 작물)나 클론(영양 번식 작물)도 확인할 필요가 있다.

> 일반적인 기내 선발 방법에서는 식물 조직 배양체를 병원체에 직접적으로 노출시키지는 않는다. 캘러스는 여러 특화된 활물기생(biotroph) 병원체로 검정하기에 충분히 분화되지 않았고, 배지의 영양분은 병원체가 섭취할 수 있다. 후자의 경우 식물체의 유무에 관계없이 배지에서 병원체가 지나치게 생장하게 된다. 현탁액에 있는 원형질체와 세포(Warren and Hill, 1989)는 어떤 바이러스에 의해 감염될 수 있다.
> 이러한 맥락에서 우리는 특정한 병원체를 기내에서 배양한 식물 조직을 이용해 유지하는 이중 배양을 거론하게 된다.

기내 선발의 방법에는 몇 가지 제한이 있다.

1. 살아 남은 세포 또는 캘러스는 유전적인 변이보다는 생리적인 변이일 가능성이 있다. 이 현상은 순화(habituation)으로 불린다. 선발물질이 더 이상 존재하지 않는 즉시, 저항성은 사라지는 경향이 있다. 선발물질을 다시 투여하면 재분화 식물은 독소에 민감해지는 것으로 나타날 것이다.
2. 이러한 선발 방법은 선발물질의 질과 종류에 의해 결정되는 경향이 강하다. 활물기생형 병원체, 선충, 해충어 대한 저항성의 기내 선발은 매우 어렵다. 이 병원체의 감염 과정은 독성물질과는 무관하다. 더욱이, 대부분의 활물기생형 병원체에 대한 저항성은 식물성 조직의 빠른 과민 저항성 반응에 의해 일어나는 경우가 많다. 이와 같은 저항성 유형은 조직 배양체에서 확인하기 어려울 뿐만 아니라 이러한 저항성 타입을 가진 세포를 선발할 수도 없다. 목표가 되는 저항성 세포가 괴사에 의해 죽어버리기 때문에 더 이상 성체로 재분화시킬 수 없다.
3. 이러한 선발 방법은 털이 많은 특징, 상처 후 빠른 코르크 형성과 같이 온전한 식물의 특성이 필요한 저항성은 찾아 낼 수 없다.

염도, 알루미늄, 제초제의 내성에 대한 기내 선발의 성공이 보고된 바 있다. 독성 물질을 생성하는 사물기생 병원체 대한 저항성을 갖는 재분화 식물을 선발한 상업적인 성공 사례는 없다. 병원체에 대한 몇 가지 새로운 저항성이 선발되었다는 주장은 오랫동안 입증되지 않았다.

80년대에는 모든 형질에 있어 기내 선발이 큰 주목을 받았지만, 지금에 와서는 그렇지 않다.

Q27 활물기생형, 사물기생형 병원체에 대한 저항성을(세포 수준에서) 기내 선발하는 것이 가능한지 논하시오. 두 가지 병원체 가운데 기내 저항성 선발에 유리한 것은 무엇인가? 실험 방법을 설명하고 기술하시오.

7.4 어떤 생육 상태에서 검정해야 하나?

7.4.1 유묘 vs. 성체

온실이나 실험실에서, 더 나아가 작은 크기의 포장에서 실험할 때에는 유묘기 때 검정할 지 성체일 때 검정할 지 결정해야 한다.

성체에 비해 유묘기 때 검정하면 다음과 같은 장점이 있다.
1. 적은 공간에서도 검정할 수 있다.
2. 파종 후 곧 검정할 수 있다.
3. 더 크거나 성숙한 식물보다 유묘기 때 균일하게 접종할 수 있다.
4. 유묘기 때는 생장 단계가 균일하다.

> 성체 검정을 위하여 여러 유전형의 기주 식물을 키울 때에는 유전형에 따라 **조숙성**이 다를 수 있다. 어떤 식물체는 이미 종자가 맺힌 반면에 어떤 식물체는 아직 개화도 하지 않았을 수 있다. 따라서 성체일 때는 여러 유전형의 식물을 같은 생육 시기에 균일하게 **접종(inoculation)**하는 것이 어렵다.

불행하게도, 종자 검정을 통해서는 포장에서 성체의 저항성을 신뢰성 있게 예측하기 어렵다. 보통 유묘기 때 **과민 반응 저항성**(5.4.1 참조)을 확인할 수 있는 경우에는 성체에서도 효과가 있다. 그러나 과민 반응 유전자의 다수는 성체에서만 효율적이다.

녹병(rust), 흰가루병(powdery mildew) 곰팡이에 대한 **부분 저항성**(5.4.2 참조)은 보통 유묘 때는 그 이후 생육 단계에 비해 명확하지는 않다. 부분 저항성 유전자의 효과는 아마도 식물의 생육단계에 따라 결정되는 것 같다. 유묘기 때 저항성에 관여하는 미동유전자(minor gene)는 성체에서는 거의 효과가 없을 수도 있고, 반대로 성체에서 효과적인 저항성 유전자가 유묘에서는 효과가 없을 수 있다.

그러므로 유묘기 때 병 저항성을 검정하면 성체에서 발현될 수 있는 저항성을 간과하게 되는 결과가 될 수도 있다.

> 과실, 꽃, 가지 등에서만 서식하는 데 천적은 성체일 때 밖에는 병 저항성을 검정할 수 있는 방법이 없다. 곡물의 밀겉깜부기병(loose smut)과 비린깜부기병(karnal bund)은 이삭에 서식하는 병원체이다. 흰가루병 곰팡이(*Fusariumgraminearum*) 또한 이삭의 일반적인 병 중 하나이다. *Pseudocercosporellahe rpotrichoides*에 의한 밀의 eye-spot disease는 토양 전염성이고, 이삭이 필 때 새싹에 영향을 미친다. *Septoria nodorum*에 의해 밀에서 특히 잘 발생되는 밀껍질마름병(glume blotch)은 보통 이삭 또는 상엽에서 발견된다. 이러한 병원체에 대한 병 저항성 정도의 평가는 포장에서 성숙기 때 이루어진다.

7.4.2 떼어낸 식물체의 일부

성체 검정과 포장 검정의 단점을 극복하면서 병 저항성을 성체에서 검정할 수 있는 방법은 식물의 일부를 적출하여 병원체에 노출시키는 것이다. 예를 들면 잎 조직(leaf disc)을 사용할 수도 있고 나무 가지를 사용할 수도 있다(7.3.1절 참조). 이 방법은 추가적인 실험이 필요하고, 언제나 온전한 식물체를 대표할 수 없다는 한계가 있다. 그러나 이 방법은 한 개체의 식물체를 이용해 여러 반복으로 실험할 수 있다는 장점이 있다.

> 사과에서 *Nectria galligena*에 대한 효율적인 병 저항성 검정 방법은 PRI-DLO(Van de Weg, 1988)에 의해 개발되었다. 검정 방법은 과수의 가지를 적출하여 온실 내에서 접종하는 것이다. 높은 습도 하에서 병원체는 짧은 시간 동안 매우 약한 감수성과 중간 감수성 사이에서 균체형성률에 차이를 보인다. 과수원에서 직접 접종하는 것에 비해 이 방법은 접종, **배양**(특히 높은 상대 습도) 때 환경 조건을 보다 더 잘 조절할 수 있고, 감염된 나무를 통해 전염되는 것을 막을 수 있다는 장점이 있다.
> 그러나 이런 검정 방법은 양적 저항성의 차이를 구별하는 데에는 효과적이지 않다. 비자연적인 높은 습도가 유지되고, 적출한 가지가 빠르게 약화되고 저항성이 약해지기 때문일 것이다. 현재 저항성은 대목(root)에 접목(graft)하는 방법으로 화분에서 검정한다(Van de Weg 등, 1988). 재배 기간이 끝나면 새 눈(bud)에서 발달하는 접수(graft)를 접종한다. 병징이 나타나면 검정하는 식물의 약 20%가 죽을 때 가지 궤양(canker)의 길이는 정해진 시간마다 측정한다. 이러한 삽목 검정(rootstock-grafted test)은 QTL에 의한 저항성일지라도 대조 품종(reference cultivar)과의 병 저항성 차이를 구별할 수 있다.
> 잎 적출 실험에서는 저항성이 과소평가되는 경향이 있다. 그 예로 Liu 등(2007)에 의한 애기장대의 *Colletotricum* 검정이 있다.

7.5 병원체를 접종하는 방법은?

병원체를 식물에 접종할 때는 많은 주의가 필요하다. 중요한 것은 각 식물체마다 동일한 양의 **접종원(inoculums**(/cm^2, /cm^3, 한 화분만큼의 흙, 과실 당 등))으로 접종하는 것이다. 식물체 사이의 감염 정도의 차이가 **이탈**이나 **접종원** 농도의 차이에 따른 우연에 의한 결과가 되어서는 안 된다.

접종원의 준비: 보통 접종원의 부피는 액체나 매개체로 사용되는 가루를 첨가하여 증가시킬 수 있다. 정확하게 섞는다면 접종원은 고르게 식물체에 퍼뜨릴 수 있다.

> 접종원을 현탁액으로 만들기 위해 빈번하게 사용되는 액체는 물이나 휘발성 기름이다. 건조한 접종원은 보통 포자와 활석 가루의 혼합물로 이루어진다. 원시 양치식물인 석송(*Lycopodium*)의 포자도 비활성으로 사용될 수 있다. 이 포자는 구매할 수 있다. 매개체가 기주 식물체와 접종원에 모두 영향을 주지 않는지 확인해야 한다. 어떤 휘발성 기름은 어떤 작물에서는 괴사를 일으키기 때문에 사용할 수 없는 경우도 있다. *Botrytis*의 분생포자 현탁액은 식물을 감염시키기 위해 어떤 영양분을 추가해야 한다.
> 혈구계(Haemocytometer)는 현탁액에 있는 포자의 농도를 결정하는 데 사용된다.

접종원의 접종: 접종원은 여러 가지 방법으로 접종할 수 있다. 토양 전염성 병원체의 경우 종자, 유묘의 뿌리를 포자 현탁액에 침지하거나 접종원을 화분의 흙과 섞을 수도 있고, 각 식물의 기저부를 피펫이나 주사기를 이용해 접종할 수도 있다.

잎에 서식하는 병원체[(흰가루병균(powdery mildew), 역병균(*Phytophthora infestans*), 녹병균(rust fungi), 얼룩무니병균(*Mycosphaerella tritici*)]의 경우 보통 접종원을 스프레이를 이용하거나, 식물체 전체에 흩뿌림으로 접종할 수 있다. 몇몇 바이러스는 현탁액 채로 잎에 스프레이하고 카버랜덤 가루와 함께 문질러 작은 상처를 낸다. 이 작은 상처를 통해 바이러스는 식물 세포로 들어가게 된다.

> 가끔 접종원을 접종하기 위한 독특한 방법이 개발된다. 이러한 기술들은 특정한 **식물-병원체 시스템(plant-pathosystem)**을 위한 것이다. 예를 들면, *Xanthomona scampestris* pv. *oryzae*를 벼에 접종하기 위해서는 잎의 끝을 자르고 그 끝을 박테리아 현탁액에 침지시키는 방법을 사용한다. 박테리아는 잘린 끝을 통해 식물 세포로 들어갈 수 있다.
> 느릅나무에 네덜란드 느릅나무병(*Ceratocysti sulmi*)을 접종할 때는, 어린 느릅나무의 물관에 특별한 칼로 상처를 주고 접종원을 떨어뜨린다.

접종원을 식물체에 주입하는 방법은(위의 예시) 이탈의 가능성이 없다는 큰 장점이 있다. 또한 접종원의 질도 높고 동일하다. 하지만 이 방법은 회피나 침투와 같은 잠재적인 저항성 기작을 조사할 수 없다는 큰 단점이 있다.

> *Xanthomonas campestris*pv. *oryzae* 박테리아는 벼에 상처를 통해 감염될 수 있고, 잎의 배수 조직(hydathodes)을 통해서도 감염될 수 있다. 위에 기술한 잎의 끝을 자른 방법은 식물체에서 병반의 성장 속도를 평가하기에 유효하다. 건강한 벼의 잎에 접종원 현탁액을 뿌리면 다른 기작의 병 저항성이 나타날 가능성이 있다. 이 경우에는 병원체가 잎의 배수 조직을 통해 침투되어야만 병에 걸리게 된다. 잎 당 병반 수의 차이가 배수 조직을 통한 병원성의 지표가 되고, 침투를 통한 저항성의 지표가 된다. 병반 수는 병반의 성장 속도와 강한 연관관계가 없고, 식물 특성에 따라 다른 것으로 보인다.

'탑 고정(settling tower)'은 접종원을 가능한 한 식물체에 균일하게 분포시킬 수 있는 유용한 방법이다. 이것은 알르미늄으로 만들어진 수직의 원통이다. 바닥에는 수직적인 위치를 고정시킨 잎이 달린 식물체를 놓는다. 탑의 위 근처에 삽입한 튜브를 통해 접종원을 탑 안으로 불어넣게 되고 식물체에 안착된다.

포장 검정에서는 일반적으로 병원체를 식물을 검정하는 환경에 처리한다. 토양 전염 병원체와 조총용(Orobanche)과 같은 기생체의 경우는 접종원을 토양에 처리한다. 접종원을 가능한 한 고르게 분포시키려 해도 쉽지 않다. 포장 검정은 또한 종종 '빈발 지역(목적 병원체 또는 해충이 발생할 장소로 추측되는 곳)'에서 검정을 하게 된다.

포장에서 잎에 서식하는 **다주기** 병원체의 접종원은 살포 이랑에서 검정하고자 하는 식물체에 도달할 것이다. 예를 들면 실험 포장에서 감수성 품종을 실험포장에 일정한 간격으로 심는데, 검정시험포의 뒷 쪽이나 수직 방향으로 심는다(그림 24). 살포 이랑은 이른 시기에 접종한다. 이것은 접종원을 식물에 뿌려주거나, 살포 이랑에 온실에서 접종시킨 이병주를 살포 이랑 근처에 가져다 놓는 방법으로 이루어진다. 활동성 동물 기생체나 초식성 해충에 대한 저항성을 검정하기 위하여 이들을 식물의 잎이나 식물 우리에 처리한다(6.2 참조).

7.6 어떻게 접종원을 구성하나?

레이스 특이적인 저항성의 경우 접종하는 병원체의 레이스에 따라 시험 결과가 다르다는 것은 명백하다. 그렇기 때문에 가장 중요한 것은 적절한 레이스에 속한 분리균주로 시험을 진행하는 것이 가장 중요하다. 여러 중요한 병원체의 접종원은 전문 기관에서 얻을 수 있다. 유럽에서는 네덜란드의 Utrecht에 있는 세계에서 가장 큰 사상균(filamentous fungi)을 보유하고

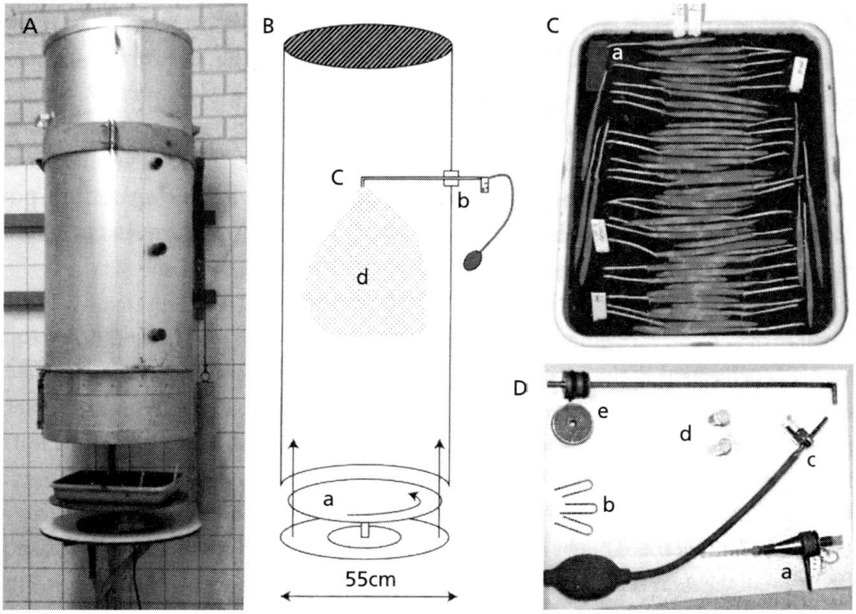

그림 23. 곰팡이 포자를 식물에 균일하게 접종하기 위한 장비. (A) 탑(tower)을 실린더(cylinder)의 아랫부분에 맞춰 움직일 수 있도록 턴테이블(turntable) 위의 식물 상자와 함께 설치한다. 탑 고정(settling tower) 도해의 설명: a=식물 상자의 위치를 움직일 수 있는 전기 모터 턴테이블; b=석송(Lycopodium) 가루 또는 탤컴(talcum) 가루와 섞인 포자의 송풍기(blower); c=실린더 중앙에 아래로 살포할 수 있는 구멍이 달린 금속관; d=포자와 가루 혼합물을 식물 상자 위로 떨어짐. (C) 접종에 사용되는 식물 상자(42X34cm), 보리의 유묘(seedling)가 토양에 가로(horizontally)로 고정되어 있다. a=접종하고 포자가 발아한 후, 포자 농도를 측정할 수 있는 대물경(object glass). (D) 녹병(rust)를 접종하는 데 사용하는 도구. a=사이클론(cyclone) 포자 집적기(collector); b=토장에 유묘를 고정할 수 있는 철핀(iron pin); c=포자를 투여(administer)하는 블로어(blower); d=포자와 불화성(inert) 운반체(carrier) 가루(석송, 탤컴)의 무게를 재고 섞기 위한 관; e='탑 고정'에 넣기 위한 관과 플러그(plug)와 플러그 스크류(plug screw)

있는 CBS-KNAW(http://www.cbs.knaw.nl/)를 예로 들 수 있다. 절대기생체는 영양 배지에서 유지할 수 없기 때문에 CBS-KNAW 유전자원에 포함되어 있지 않다. 이러한 절대 기생체는 Wageningen University Plant Breeding(초본류녹병), 덴마크의 Aarhus 대학의 Global Yellow Rust Gene Bank, PRI-Biointerations and Plant Health(역병균(*Phytophthorainfestans*), 절대 기생체는 아님), 네덜란드의 IBEB Nak-tuinbouw(노균병, *Peronospora farinosa* sp *spinaceae*)과 같은 다른 특화된 그룹에서 얻을 수 있다. 심지어 중요한 biotype인 초식성(phytophagous) 해충이나 선충은 일부의 기관에서만 유지된다.

유전적으로 동일한 균주를 얻는 것은 매우 중요한 과정이다. 이를 위해 병원체의 각 단계의 번식체를 영양 배지나 감수성 식물체에 접종한다. 단일 번식체나 단일 포자에서 각각의 포자를 형성하는 콜로니나 병반을 선발하면 유전적으로 동일한 '단포자-균주'를 만들 수 있다. 다른 방법으로는 영양 배지나 감수성 식물체에 옅은 농도로 접종하고, 하나의 콜로니나 병반으로 번식시킨다. 이러한 방법을 통해 완전하지는 않지만 하나의 포자로부터 콜로니나 병반을 얻었다고 가정할 수 있다. 녹병의 경우 이러한 균주를 '단일농포-균주(monopustule-isolate)'라고 부른다.

어떤 사물기생체 병원체의 경우 병원체 자체보다는 그 독소(toxin)를 검정에 사용할 수도 있다. 예를 들면 하와이에서 *Helminthosporium sacchari*에 대한 사탕수수의 저항성을 검정할 때 식물 독소인 helminthosporoside가 함유된 배양액을 뿌리는 방법을 사용했다. 처리 2~3일이 지난 뒤 유묘에서 감수성 반응을 확인할 수 있다. 미국에서 귀리 육종가는 *Helminthosporium victoriae*의 저항성 검정을 할 때 병원체를 사용하기 보다는 그 독소를 사용한다.

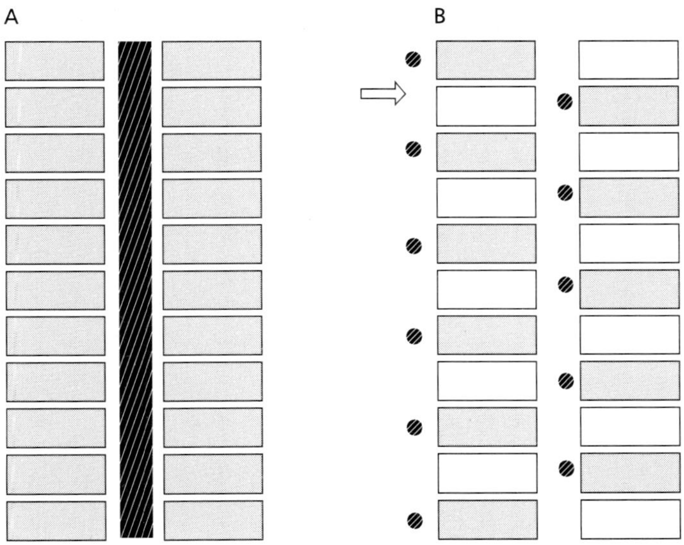

그림 24. 다주기(polycyclic) 공기전염성(airborn) 병원체에 대한 저항성을 검정하기 위한 포장의 배치. (A) 검정하기 위한 식물을 살포 이랑 옆에 심는다(대각선). 보통 살포 이랑은 병에 매우 약한 식물로 구성된다. (B) 구간 사이 간섭의 불안정 효과를 줄이기 위해 검정 식물을 비기주 작물(하얀색)과 번갈아 배치한다. 살포 식물이 심겨진 화분(대각선 점)은 온실에서 미리 감염시킨 뒤 각 구간 앞에 배치하고, 7일 후 제거한다. 화살표는 일반적인 바람 방향을 가리킨다.

다음과 같은 측면이 어떻게 접종원을 구성할 지를 결정하는 데에 중요하다:

1. 식물 위생(phytosanitary) 측면. 포장이나 온실에서는 외래의 레이스를 사용해서는 안 된다. 특히 희귀한 병원성 대립유전자를 가지고 있을 때 더욱 그러하다.

외래 균주인지 아닌지 결정하기 어렵다면 지역 또는 국가의 식물 위생 기관에 자문을 구할 수 있다. 감자 포장에서 *Ralstonia solanacearum*을 검정하는 것은 승인하지 않을 것이다. 네덜란드의 서비스 기관은 Ascoclytov rabiae의 동부 시험을 승인할 것이나 동부콩은 유럽에서 상업적으로 중요한 작물이 아니고 *A. rabiae*는 동부콩에만 특화되어 있다.

네덜란드에서 독일의 흰가루병 균주를 포장 검정하는 것은 중동의 균주를 검정하는 것보다는 순조롭게 허가를 받을 수 있다.

2. 포장에서 자연적으로 감염될 가능성. 포장검정에 사용되는 일반적으로 발생되는 병원체는 자연적으로 발생하는 레이스에 따라 결정된다. **판별품종**(5.4.1.8절 참조)을 이용해 병원체 집단을 잘 진단할 수 있고, 분자 마커 분석을 통해 정체성을 확인할 수 있다.

3. 이미 알려진 병원체의 변이. 병원체 종의 유전적 변이를 잘 알지 못하거나 거의 밝혀진 것이 없을 때에는 유전적으로 균일하지 않은 균주일지라도 사용할 수 밖에 없다. 균주 사이에 또는 균주 내에서 유전적 변이를 결정할 기준이 없을 수도 있다.

토마토 흰가루병을 일이키는 *Oidium neolycopersici*는 1986년 이후로 토마토 재배에 중요한 병원체다. 몇 가지 저항성 유전자(*Ol* 유전자)가 야생종에서 발견되었고, 감수성 품종인 *Solanum lycopersicum* cv. Moneymaker에 도입되어 근동질 계통(near-isogenic lines, NIL)을 만들었다. 이 때까지는 흰가루병의 다른 레이스 사이에 어떤 차이가 있었는지 알지 못했다. NIL 집단은 지역에서 수집된 전세계 *O. neolycopersici* 계통으로 검정했을 때 어떤 *Ol* 유전자(*Ol-4*와 *Ol-6*)에 의한 저항성은 특정 계통에만 특이적이었고, 다른 종류의 레이스가 존재한 다는 사실을 확인할 수 있었다(Bai 등, 2005).

4. 일반적으로 육종가의 선발이 이루어지는 포장에서는 자연적으로 발생한 가장 **복잡한 레이스**(complex race)를 사용해야 한다. 균주의 혼합물 또한 이용될 수 있다. 그러나 여러 종류의 레이스에 속하는 균주의 혼합물을 통한 검정이 **레이스 비특이적인 저항성**을 찾는 효율적인 방법이라고 생각해서는 안 된다. 다음 문단에는 균주의 혼합물이 새롭고 완벽하지만, 레이스 비특이적인 저항성이나 부분 저항성이 아닌, 레이스 특이적일 것으로 생각되는 저항성을 찾는 데 유용할 수 있다는 것을 기술했다.

7.6.1 균주의 혼합물

어떤 식물-병원체 시스템(plant-pathosystem)에서는 레이스 특이적인 저항성에 관여하는 여러 다른 유전자를 생각할 수 있다(5.4.1.4 참조). 이러한 식물-병원체계에서는 아직까지 상업적으로 활용되지는 못했으나, 모든 병원체 유전형을 방제할 수 있는 완벽한 저항성을 부여하는 새로운 유전자를 찾을 수도 있다. 이런 경우 할 수 있는(식물 위생 측면을 고려했을 때, 사용할 수 있는) 가장 복잡한 레이스를 이용해 검정을 하거나, 가능한 많은 병원성을 대표하는 여러 레이스에 속하는 균주의 혼합물을 사용해 검정해야 한다.

Q28 *R1*에서 *R8*까지 하나의 식물-병원체 시스템에서 8가지의 레이스 특이적인 저항성 유전자가 알려져 있다고 가정해보자. 하나에서 여러 저항성 유전자를 극복할 수 있는 여러 병원체가 알려졌다. 수집한 유전자원에서 새로운 저항성 유전자를 찾았다. 물론 이 저항성은 병원체 집단이 새로운 저항성 유전자를 극복할 때까지만 유효하다.

모든 8가지 저항성 유전자에 병원성을 갖는 초복합 레이스는 존재하지 않는다. 1.2.3.4., 1.5.6, 2.7.8 레이스에 속하는 균주가 있다(명명법: 5.4.1.7 참조). 이 균주들을 혼합하여 유전자원에 접종시켰다. 어떤 계통은 이 균주 혼합물에 대해 완벽하게 저항성이다.

- 이 식물체들의 저항성에 대해 어떤 결론을 도출할 수 있는가?
- 이 결과는 9번째 새로운 저항성 유전자에 대한 가정 없이 설명될 수 있는가?

만약 **부분 저항성(partial resistance)**에 대해 관심이 있다면 균주 혼합물을 유전자원에 접종했을 때 감염의 정도가 다른 것을 확인할 수 있다(표 17, 왼쪽). 이러한 결과는 이들 균주에 대한 균주 비특이적인 저항성 수준에 따라 결정된다고 해석할 수 있다(표 17, 중앙). 그러나 다른 설명도 있을 수 있다. 검정한 식물체에는 서로 다른 레이스 특이적인 저항성(완전한 저항성) 유전자가 들어 있고 각각의 유전자는 혼합물에 있는 하나 또는 그 이상의 균주에만 강한 저항성을 보일 수 있다(표 17, 오른쪽). 이런 명확하지 않은 해석으로부터 레이스 비특이적인 부분 저항성은 균주의 혼합물로 검정하기 보다는 유전적으로 동일한 균주로 검정해야 한다는 결론을 이끌어 낼 수 있다.

7.7 배양

접종 후에는 병원체가 잘 생장할 수 있도록 가능한 최적의 조건을 만들어야 한다. 가장 중요한 요소는 공기중의 상대 습도, 온도, 빛의 세기이다. 이러한 조건은 포장보다는 온실이나 실험실

표 17. 4개의 품종 (A-D)과 4 균주(1-4)의 혼합물을 이용한 가상적인 접종 실험 결과를 식물체 당 병반의 숫자로 나타내었다(표의 왼쪽 부분). 해석 I(중앙 부분)은 품종들이 레이스 비특이적 저항성의 정도가 다르다고 가정했다(D가 가장 강한 저항성 정도임). 품종 D의 20개의 병반은 혼합물의 각 균주에 의한 5개의 병반의 합이라고 볼 수도 있다. 해석 II 역시 가능하다. 품종의 감염 정도가 다른 것은 품종의 race 특이적인 저항성이 한 균주(품종 B/균주 2)에서 세 균주(품종 D/균주 1, 2, 3)에 강한 차이에 의해 비롯된 것이라고 볼 수도 있다.

검정한 기주 품종	균주 혼합물에 의해 발생한 병반의 수(균주 1–4)	해석 I 균주 :				해석 II 균주 :			
		1	2	3	4	1	2	3	4
A	80	20	20	20	20	20	20	20	20
B	60	15	15	15	15	20	0	20	20
C	40	10	10	10	10	20	20	0	0
D	20	5	5	5	5	0	0	0	20

에서 조절하기 더 쉽다. 포장 검정에서 스프링쿨러를 이용해 반복적으로 관개를 해주면 병의 진행을 좀 더 촉진할 수 있다.

7.8 어떤 측면을 평가해야 하는가?

접종 후 어느 정도 시간이 지나면 감염의 효과가 눈에 보이게 된다. 균사, 병반, 알, 애벌레, 자실체가 나타나거나 많은 수의 기생체나 초식성 종이 증가하게 된다. 식물은 **병징(symptom)**이 나타나거나 씹힌 듯한 피해(biting)가 나타날 수 있다. 접종된 식물체에 따라서 감염 정도나 병징의 정도가 다르게 나타날 수 있다. 식물체 사이의 이러한 차이는 **저항성(resistance)** 차이가 있음을 암시한다. 상대적으로 약한 병징은 **내성**이 있음을 암시할 수도 있다(2.3 참조).

식물체 사이의 감염에 대한 차이는 양적으로 그리고 질적으로 평가되어야 한다. 육종 프로그램은 짧은 시간 안에 막대한 양의 식물체, 계통, 집단을 관찰해야 한다. 그러므로 평가 방법은 간단하고 빠르게 할 수 있어야 하지만 객관적이고 신뢰성이 있어야 한다.

7.8.1 양적 측면

7.8.1.1 감염의 양

분명한 기준은 감염의 양이다. 예를 들면 감염된 식물 개체(또는 잎 절편체)의 백분율로 결정할 수 있을 것이다. 이것을 **발생 정도(incidence)**라고 부르며 바이러스나 잎마름병에서 종종 사용된다.

포장 검사에서는 **다주기성(polycyclic)** 잎 병원체에 의한 감염량은 보통 병반, 균사, 작은 혹으로 덮여 있는 잎 조직의 백분율 즉 감염조직의 백분율로 평가된다. 한 시기에 같은 식물이나 같은 포장구역에서 같은 결과가 반복되면 감염이 증가하는 인상을 받는다. 시간에 대한 감염량을 나타낸 그래프에서, '병 진전 곡선 면적(Area Under the Disease Progress Curve(AUDPC)'을 계산할 수 있다. 이 그래프는 그 시동 동안 감염량을 나타내는 좋은 지표이다(그림 25).

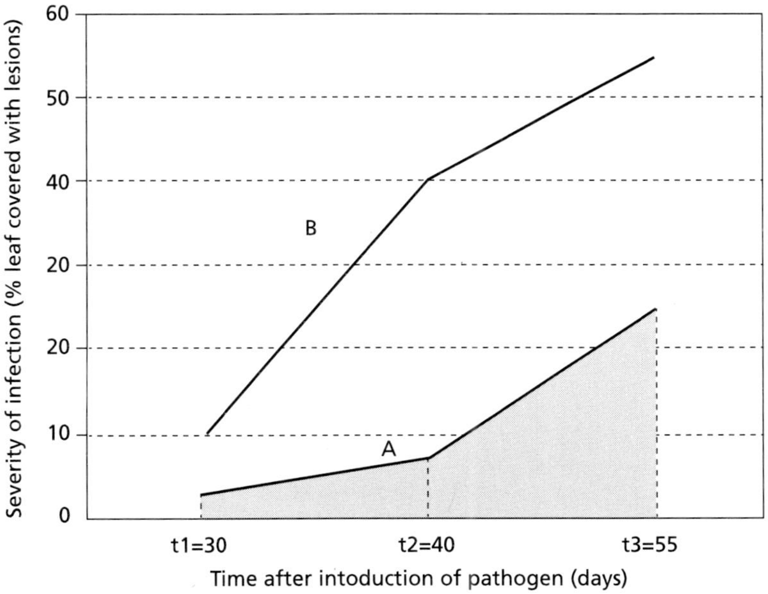

AUDPC: (t2−t1) × (x_{t1} + x_{t2})/2 + (t3−t2) × (x_{t2} + x_{t3})/2 + ...
in which x_t is the severity at time t

그림 25. 품종 A, 품종 B를 3번의 시점에 맞춰 감염의 정도를 측정했다. 음영으로 표시된 부분은 품종 A의 '병 진전 곡선 하 면적(Area Under the Disease Progress Curve(AUDPC))'을 나타낸다.

Q29 감염의 정도가 t1이 3%, t2가 7%, t3가 25%일 때, 품종 **A**의 **AUDPC**를 구하시오. 품종 **B**의 **AUDPC**도 구하시오.

감염된 조직의 백분율을 눈으로 측정하는 것은 빠른 방법이지만, 객관적이지도 않고 재현성도 어렵다. 같은 녹병에 감염된 잎을 여러 사람에게 보여줄 대 작은 혹으로 덮여 있는 잎의 백분율에 대한 측정치는 사람에 따라 매우 다르다. 객관성과 재현성을 높이기 위해서, 여러 연구자들은 평가 지표를 고안했다. 이 방법들은 여러 감염 단계의 식물이나 그 일부를 그림(또는 사진)으로 나타내는 것이다(그림 26). 각 그림마다 감염의 백분율이 주어진다. 평가 지표는 포장이나 온실 평가에서 기준으로 사용된다. 또한 감염량을 가능한 정확하게 평가할 수 있도록 관찰자의 눈을 단련시키는 컴퓨터 프로그램도 있다.

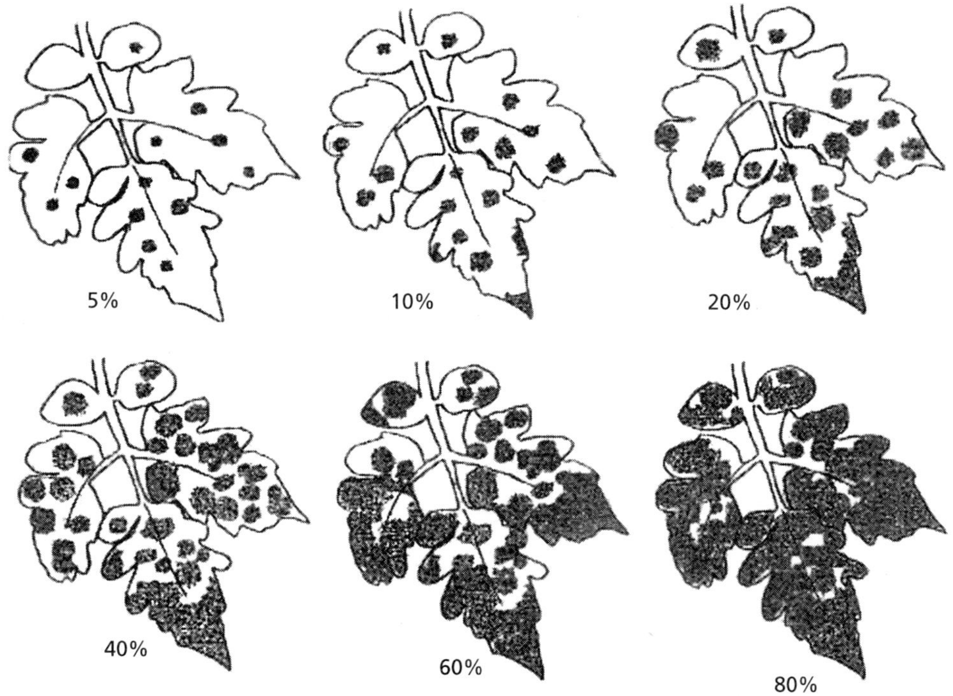

그림 26. 토마토 흰가루병(powdery mildew)의 감염 정도 평가를 표준화하기 위한 수기 그림 지표

1892년 Cobb은 곡물에서 녹병의 감염 정도를 평가할 수 있는 Cobb scale이라는 평가 지표를 개발했다. 그는 5단계 줄기 녹병균 감염 그림 제시로 빠르고 신뢰할 만한 평가를 할 수 있었다. 이 원칙은 아직도 사용되고 있다. James는 여러 종류의 병원체에 대하여 비슷한 평가 지표를 발표했다. 대부분의 평가 지표는 그림으로 나타내었고, 일부는 기술했다(표 18을 참조). 이 방법에서 평가된 감염 백분율은 실제로 감염된 조직의 백분율이다. 관찰자는 스스로 무엇을 감염된 조직으로 판단할 지 결정해야 한다. 많은 녹병균종을 가진 여름 포자추(uredosorus)는 보통 창백하거나 백화된 조직으로 덮여있다. 이것은 감염된 조직일수도 있고 그렇지 않을 수도 있다. 더 나아가 모든 잎이나 잎부분이 동일한 정도로 감염되지 않는다. 관찰자는 감염의 가중평균을 추정해 보아야 할 것이다. 이 문제에 있어서는 경험이 중요한 자산이 된다.

Q30 왜 다주기성잎 병원체에서 발생률은 감염량에 대한 적당한 척도가 되지 못하는가?

표 18. 감자역병균(*Phytophthora infestans*)에 감염된 감자에 대한 서술 평가 척도(British Mycological Society, 1948).

잎마름병 등급	감염 특징
0.0	병이 관찰되지 않음
0.1	몇몇 드믄드믄 떨어진 식물체에서 병반이 보임; 12야드 반경에서 1, 2개 병반 이하
1.0	식물체 당 10개까지의 병반; 또는 일반적으로 가벼운 감염
5.0	식물체 당 약 50개의 병반; 10개의 작은 잎 중 1개까지 감염됨
25	거의 모든 작은 잎이 감염되었지만 식물체는 정상적인 형태를 유지함; 식물체에서는 마름병의 냄새가 날 수도 있음 모든 식물체가 감염되어도 포장은 여전히 녹색으로 보임
50	모든 식물체가 감염되고 약 50%의 잎 면적이 파괴됨; 포장은 갈색으로 얼룩진 녹색으로 보임
75	약 75%의 잎 면적이 파괴됨; 포장은 갈색이 우세하지도 녹색이 우세하지도 않음.
95	식물체에는 잎이 몇 장 밖에 안 남았지만 줄기는 여전히 녹색임
100	모든 잎이 죽고 줄기는 죽거나 죽어감

어떤 식물-병원체계(plant-pathosystem)에서는 좀더 개략적인 형태의 척도를 적용하여 감염의 정도를 나타내기도 한다.

> 토마토에서 *Oidium neolycopersici*에 의한 감염을 평가하는 데는 0~3등급의 질병지표를 적용한다(그림 27). 0등급은 눈으로는 전혀 감염을 볼 수 없는 상태를 가리킨다; 1은 아주 가벼운 괴사를 보이는 포자 형성 반점도 거의 없는 정도를 말한다. 2는 괴사를 약간 보이는 몇몇 포자 형성 반점이 보이는 정도를 가리킨다. 3은 균사체가 풍부하게 그리고 아무런 괴사 표시도 없이 포자를 형성하고 있는 상태를 말한다.

현재 눈으로 평가하는 방법을 대체할 수 있는 두 가지 대안이 존재한다. 하나는 디지털 이미지 분석를 통해 감염된 지역을 측정하는 방법이고, 다른 하나는 생화학적인 또는 면역학적인 분석, DNA 마커 분석(real-time PCE, rtPCR)을 통해 식물 조직 위 또는 안의 병원체의 양을 측정하는 방법이다. 이러한 방법은 객관적이라는 장점은 있지만 매우 복잡하고 번거롭기 때문에 막대한 양의 계통에 대한 일상적인 평가 방법으로는 적당치 않다. 그러나 최근에 개발된 고도로 자동화된 검정 시스템과 자료 수집은 이미지 분석을 다량의 식물에 적용을 가능케 한다. 예를 들면 Lemna Tec, http://www.youtube.com/watch?v=ovnwzzt _Xbs를 보자.

> 이미지 분석을 위해 감염된 식물체 부분을 카메라 아래에 놓는다. 빛의 질과 양은 매우 일정해야 한다. 이것은 많은 시간과 노력이 필요하고 파괴적이다. 이미지는 컴퓨터로 분석한다. 감염된 조직과 감염되지 않은 조직을 구별하기 위한 한계값은 색 또는 명암으로 결정한다. 예를 들면 흰가루병균은 번식하고 있는 잎의 녹색보다 더 하얗다. 컴퓨터는 감염된 잎 면적의 백분율을 계산한다. 문제는 모든 잎이 같은 색조(hue)의 녹색이 아니고, 잎맥이나 식물의 털(hair)이 흰가루병과 비슷한 톤으로 인식될 수 있다. 평가 방법은 Kampmann and Hansen(1994)에 의해 보고되었다.
> 병원체는 식물에는 없는 독특한 화학물질을 갖고 있기 때문에 생화학적 분석을 통해 감염의 정도를 측정할 수 있다. *Fusarium*의 deoxynivalenol(DON)이 그 예이다(그림 28). 병원체에 노출된 식물체를 각각 채취하여 균질화했을 때, 병원체 화합물의 농도를 직접적으로 또는 면역학적으로 측정할 수 있다. 이 방법은 더 많은 시간과 노력이 든다.

식물 조직에서 바이러스 입자의 양을 결정하기 위해서 ELISA라는 면역학적인 방법이 개발되어 일반적으로 사용되고 있다. 많은 바이러스의 항체를 구입할 수 있다. 더 최근의 대체 방법으로는 위에서 서술한 바와 같이 rtPCR 방법의 적용이다(Zhang 등, 2009). 좀 더 큰 기생체와 초식성 해충은 일반적으로 총 개체 수를 세거나 식물에 물린 상처를 세는 방법을 사용하고 있다.

그림 27. 토마토 흰가루병(powdery mildew) 감염 등급 책정을 위한 질병 지표(disease index, DI)

7.8.1.2 저항성의 요소

감염의 요소를 측정하는 것은 또 다른 유형의 양적인 평가이다. 곤충의 예를 들면, 알의 수, 이동성, 유충의 무게, 생장 단계를 측정할 수 있다. 곰팡이의 경우에는 **잠복기(latency period, LP)**, **감염 빈도(infection frequency)**, 자실체(fruiting body) 당 생성되는 포자수로 측정할 수 있다(5.4.2.2 참조).

녹병의 잠복기는 **단주기** 검정을 통해 결정할 수 있다. 접종 후 6일 지나면 첫 성숙한 작은 혹들이(여름포자추, uredosori) 나타난다. 그 때로부터 하루에 한 번 또는 두 번씩 잎에 표시된 장소에 생긴 작은 혹의 수를 더 이상 그 개수가 늘어나지 않을 때까지 센다. 보간법(interpolation)을 이용하여 언제 50%의 작은 혹이 성숙되었는지를 계산할 수 있다(그림 29). 작은 혹의 50%가 성숙할 때를 기본으로 잠복기를 계산하기 때문에, LP는 LP_{50}으로 표기할 때가 더 정확하다. 접종할 때부터 50%가 될 때까지 지난 시간이 잠복기이다.

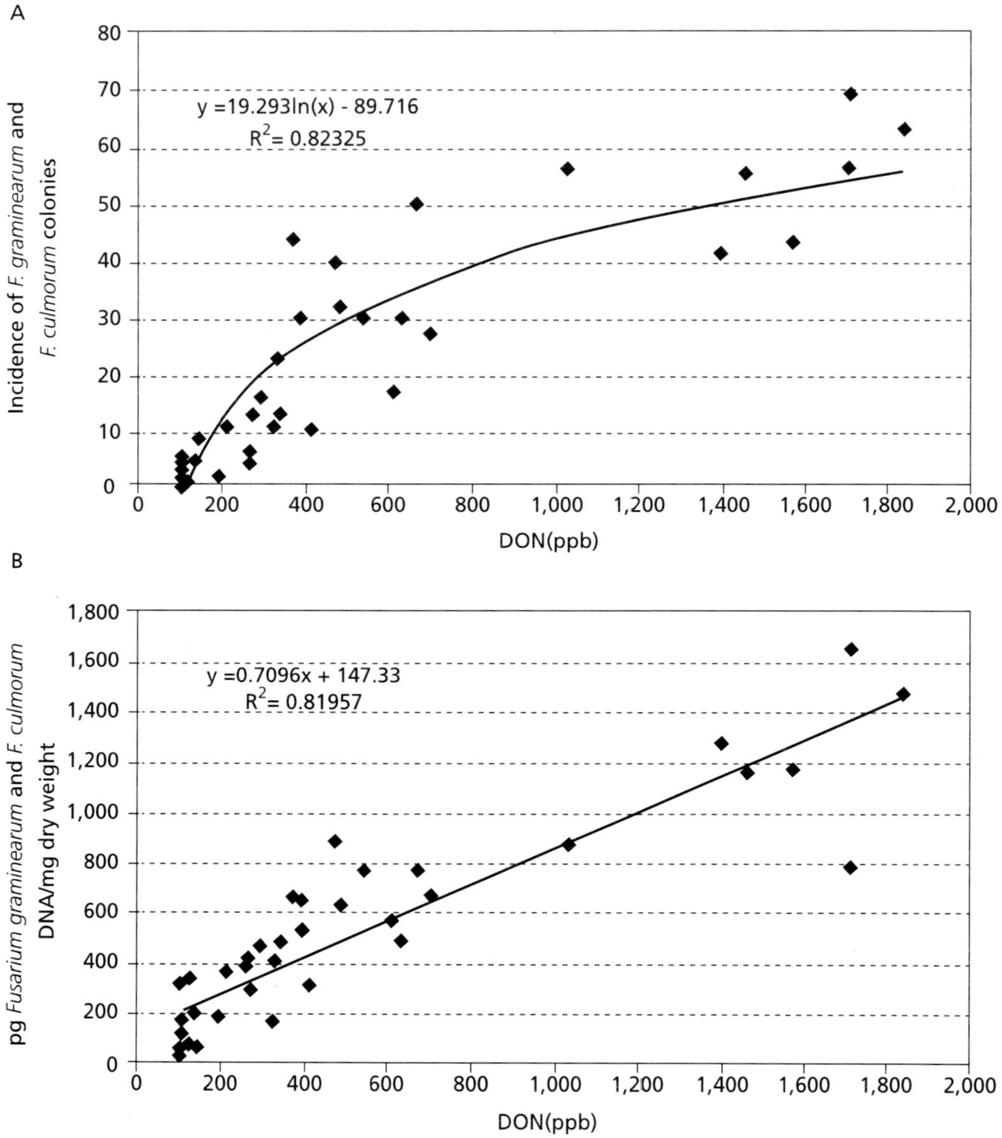

그림 28. (A) 밀 시료에서 측정한 Fusarium 감염량(발생률로 표시됨)과 Fusarium이 합성한 DON mycotoxin 농도의 상관관계. (B) 밀 시료에서 측정한 DON 농도와 Fusarium 종 특이적 DNA 양의 상관 관계(Waalwijk 등, 2004)

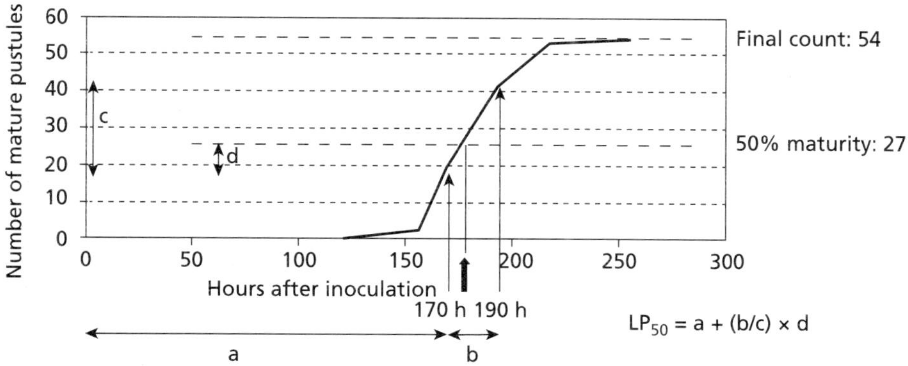

그림 29. 녹병(rust)균에 의한 감염의 잠복기를 계산하는 데 필요한 척도(굵은 화살표까지 경과된 시간). 이 그림에서는 감염된 잎의 표시된 부분의 최종적인 수는 54이다. a=접종한 뒤 50%의 작은 혹이 성숙되기 전까지의 시간; b=50%의 작은 혹이 성숙되기 전과 후 사이의 시간; c=b 기간 동안 증가한 작은 혹의 수; d=50%의 수에서 b 시기가 시작할 때의 작은 혹의 수를 뺀 수.

Q31 아래의 표에는 접종 후 각기 다른 시간 후(**hours after inoculation, h.a.i.**)에 측정한 성숙한 녹병 작은 혹의 수가 기입되어 있다. 품종 **A**의 자료는 그림 29의 그래프를 만드는 데 사용되었다. 품종 **A**와 품종 **B**에서의 녹병의 **LP**를 계산하시오.

H.a.i	성숙된 농포의 수	
	품종 **A**	품종 **B**
0	0	0
24	0	0
48	0	0
72	0	0
96	0	0
120	0	0
156	2	0
170	20	12
194	42	24
218	53	38
230	54	48
256	54	50

이러한 관찰은 시간과 노력을 많이 요구한다. 숙련된 연구자는 정확한게 숫자를 세기보다는 추정치에 의존하는 경우도 있다. 그러나 정말로 많은 양의 저항성 요소를 판단하기에는 적합하지 않다.

7.8.1.3 피해의 평가

감염은 항상 물리적 또는 경제적인 수량의 감소인 피해와 연관되어 있다. 감염의 정도가 심할수록 피해도 점차 커질 것으로 예상할 수 있다. 병원체의 양은 감수성 품종과 비교했을 때 상대적인 **저항성**나 **회피**의 정도로 결정된다. 피해의 양은 병원체의 양(즉 저항성이나 회피)과 내성의 정도로 결정된다.

원칙적으로 육종가는 병원체의 양을 평가하지 않고도 천적에 의한 생산량 손실을 직접적으로 판단할 수 있을 것이다. 이를 위하여 그들은 감염되지 않은 대조구와 천적에 노출시킨 식물체의 생산량 차이를 비교하여 결정한다. 감염되지 않은 대조구는 농약을 살포하는 방법으로 만든다.

생산량은 간단하게 측정할 수 있는 식물의 특성 중 하나가 아니다. 토양 양분의 불균일성, 물의 가용성, 식물간 경합과 같은 요소는 많은 실험 오차를 유발할 수 있다. 그러므로 처리는 여러 차례 반복해서 시행해야 한다.

생산량 감소가 최소한인 품종이 가장 바람직하다. 이런 경우는 저항성이거나 **내성**(또는 이 둘의 조합)일 수 있다. 품종의 실제 감염량이 결정되지 않았다면 저항성과 내성을 구별하는 것은 불가능할 것이다. 두 개의 특성은 혼동이 된다(3.3의 Q8 참즈). 감염량과 생산량 감소가 결정되면, 저항성과 내성을 구별할 수 있다.

> 위에 기술한 방법에 따라 여섯 보리 품종의 흰가루병 내성에 대해 검정했다. 감염 정도에 따른 피해를 회귀 분석하면 두 가지 요소 사이의 관계를 알 수 있다. 우리들의 예에서 관계를 회귀 함수로 나타낼 수 있다고 가정해보자.
>
> $y=0.\ 3x-3$
>
> y는 생산량 감소 백분율이고 x는 병원체에 의해 덮여 있는 잎 면적의 백분율이다. 이것은 감염이 10% 이상이 되어야만이 측정할 수 있는 피해를 유발한다는 것을 의미한다. 표 19는 이러한 가상의 실험 데이터를 나타낸다. 품종 간 생산량 감소의 차이는 부분적으로는 회귀 방정식으로 나타난 감염의 정도에 의한 차이(저항성의 차이 때문에 생긴)에서 나온 결과이고 또 다른 부분으로는 회귀선의 편차로 나타난 내성의 차이에서

표 19. 내성과 저항성이 서로 다른 여섯 보리 품종의 생산량 저하에 미치는 흰가루병 효과(*Blumeria graminis*)

품종	감염(엽면적 %)	수량 감소 (%)		
		관측치	원인	
			저항성 결여[1]	내성 결여[2]
A	80	21.0	21.0	0.0
B	60	18.5	15.0	3.5
C	50	12.0	12.0	0.0
D	50	7.0	12.0	–5.0
E	40	12.5	9.0	3.5
F	20	3.0	3.0	0.0

[1]숫자가 높을수록 더 감수성(susceptible) 품종임
[2]숫자가 높을수록 더 감수성(sensitive) 품종임

나온 결과이다. 생산량의 감소가 감염의 정도에 상응하는 값보다 더 큰 품종은 감수성(sensitive) 품종(B와 E)이고 피해가 더 적은 품종은 상대적으로 내성인 품종(D)이다.

Q32 표 19의 가장 오른쪽에 있는 2개의 열을 가리고 감수성(**susceptibility**)에 따른 생산량 감소 비율과 감수성(**sensitivity**)에 따른 생산량 감소의 비율을 y=0.3x–3 방정식을 이용하여 계산하시오. y는 생산량 감소 백분율을, x는 흰가루병에 의해 덮여 있는 엽면적의 백분율을 의미한다.

위에서 보다시피 내성을 측정하기는 분명히 어렵다. 감염되지 않은 식물과 감염된 식물 사이의 감염량과 생산량 차이가 모두 결정되어야만 한다. 이 데이터로부터 병원체 또는 해충의 개체 당 피해량이 결정될 수 있다.

Q33 한 과학자들은 여러 작물에서 흰가루병의 피해와 관련된 내성을 검사했다. 그는 위의 방법을 따라 실험했다. 병에 걸리지 않은 생산량 시험의 목적은 무엇인가?
병에 걸리지 않게 하여 생산량을 유지하기 위해 사용한 살균제가 식물에 약간의 독성 효과가 있는 것으로 가정했을 때, 이 효과가 내성의 정도를 측정함에 있어 어떤 영향을 미치겠는가? 설명하시오.

7.8.2 질적인 측면

7.8.2.1 거시적: 감염 유형

녹병 균과 같은 어떤 병원체는 감염량 뿐만 아니라 **감염 유형(infection type)**으로도 평가해야 한다. 이 감염 유형은 실제로 과민 반응(hypersensitive response)의 세기를 가리킨다. 고려해야 할 것은 감염 부위의 괴사량이나 백화 현상의 양, 각 콜로니 개체의 포자 생성(sporulation)율이다.

일반적으로 사용되는 두 개의 감염 등급이 표 20에 나타나 있다. 감염 유형을 인식하는 것은 항상 간단하지만은 않다(특히 성체에서는). 같은 식물인에도 불구하고 발달 단계, 나이, 잎의 질에 따라 종종 여러 반응이 한 번에 나타나기도 한다. 여러 반응이 섞여 나오는 것은 접종원 혼합물에 병원성와 비병원성 유전자형이 모두 있기 때문일 것이다. 그러나 어떤 저항성 유전자(*R* gene)은 여러 반응이 섞여 나타나기도 한다. 이런 경우 아마도 저항성 유전자의 발현이 같은 잎 조직에서 동일하지 않기 때문일 것이다. 감염 우형은 R(저항성), MR(중간 저항성),

표 20. 녹병균 종에 따른 곡류의 감염 유형

감염 유형		특징	
구 등급	신 등급		
0	0	병징이 없음	
0;	1	작은 괴사 또는 백화된 얼룩	R[b]
	2	다소 큰 얼룩	
1	3[a]	괴사하거나 백화된 조직으로 둘러싸인 극히 작은 여름포자추	
	4		
2	5	괴사하거나 백화된 조직으로 둘러싸인 작은 여름포자추	MR
	6		
3	7	백화된 조직으로 둘러싸인 큰 여름포자추	
4	8	아주 희미한 백화 조직으로 둘러싸인 여름포자추	S
	9	괴사나 백화된 조직이 없이, 잘 발달된 여름포자추. 종종 여름포자추 주변에 창백한 띠가 있음	
X	X	같은 잎에 여러 감염 유형	MR

[a] 신 등급의 3과 구 등급의 1은 일치, 신 등급의 6과 구 등급의 2+도 그러함.

[b] R(감염 유형 0, 1, 2, 3), MR(5, 6, 7, X), S(8, 9)는 각각 저항성, 중간 저항성, 이병성을 가리킴.

S(감수성)과 같이 2개나 3개의 종류로 분류하는 경우가 많다.

포장 검정에서 보통 계통 마다 접종 유형과 감염 정도를 모두 기록한다. 밀과 녹병의 예를 들면, 데이터는 40S, 10R과 같이 기록한다. 이것은 각각 40, 10%의 엽면적이 덮여 있고, 접종 유형은 각각 감수성, 저항성이라는 것을 의미한다. 감염의 정도가 매우 낮을 경우에는(1% 이하) 't'(trace)라고 명명할 수도 있다.

표 21에 본 평가와 같은 예시가 있다. 이것은 1975년 Expanded European Barley Disease Nursery(Ex. EBDN)의 일부를 나타내고 있다. 이 프로젝트에서는 육종가들을 위해 유럽의 여러 지역에서 약 120 품종을 검정했다. 이 표에서의 감염 유형은 구 등급인 0에서 4등급에 따라 기록되었다.

표 21. 1975년 Ex. EBDN에서 수행한 3가지 병원체 종에 대한 보리 품종의 평가. 숫자는 감염 유형(0에서 4등급)을 나타내고, 대시 기호 뒤는 감염된 잎 조직의 백분율을 나타낸다.

품종	병원체와 위치[1]					
	흰가루병 ***Blumeria graminis***			보리점녹병 ***P. hordei***		황녹병 ***P. Striiformis***
	Ab	Wageningen	Horsens	Ab	Novi Sad	Wageningen
Sultan	4-40	4-15	4-40	4-20	4-60	1-10
CI 8251	1-50	3-10	0-5	4-40	4-80	4-2
Spiti	3-30	4-20	3-80	4-50	4-60	1-5
Proctor	4-30	4-30	4-90	4-50	3-60	1-2
CebadaCapa	4-30	3-60	4-90	0	0-15	2-5
Julia	4-40	4-30	4-80	4-10	3-30	4-50
Arabische	3-10	1-5	1-20	4-40	3-60	1-10
Psaknon	4-40	1-10	0-20	4-10	3-70	4-50

[1]Ab=에버리스트위스(Aberystwyth), 웨일즈(Wales); 호르센스(Horsens), 유틀란트 반도(Jutland)의 East 동부 해안; Novi Sad, 유고슬라비아(Yugoslavia)

Q34 곡류의 육종 소재에서 흰가루병이나 녹병균에 의한 감염은 다음과 같은 방법으로 기술할 수 있다.

계통		계통	
1	45S	6	5MR
2	20S	7	50R
3	0R	8	5S
4	20MS	9	10MR
5	80S	10	5MR

- 문자의 의미는 무엇인가? 감염의 어떤 측면이 기술되었는가?
- 숫자가 의미하는 바는 무엇인가?
- 어떤 관찰이 잘못된 것으로 보이는가?

7.8.3 조직학적인 측면

광학현미경적 수준에서 방어기작 유형의 특성을 밝혀내기 위해서는 완전하거나 양적인 저항성 계통을 분리된 실험으로 검정하는 것이 매우 유용하다.

광학현미경적 수준에서 평가될 수 있는 **감염 과정(infection process)**의 양상은 다음을 포함한다.

1. 얼마나 발아가 성공적으로 이루어졌나?
2. 발아관이 성공적으로 기공을 찾아 침투하는가?
3. 얼마나 흡기 형성이 성공적인가?
4. 세포 수준에서의 감염 위치가 **괴사(과민 반응)**와 연관되어 있는가?

녹병균 저항성이 있는 *Hordeum chilense* 식물에 대해 이러한 조직학적인 평가를 수행했다. 야생 보리의 어떤 계통에서는 녹병균이 식물의 기공을 찾는데 대단히 많은 어려움을 겪는 것으로 보인다. 곰팡이는 흡기를 형성하지 못하고 기공에서 웃자란다. 이것이 식물의 **회피** 기작이다. 곡류종에 이러한 특성을 도입하는 것은 매우 흥미로울 것이다(3.1장을 참조; Rubiales&Niks, 1996; Vaz Patto and Niks, 2001).

현미경적 평가의 유용함을 보여주는 또다른 예로, *Triticum monococcum*에서 밀 녹병에 대한 두 가지 저항성 유형이 나란히 작용했다는 사실을 밝혀낸 일이 있다. *T. monococcum*은 밀 육종에 있어서 저항성의 공여친으로 사용된다. 이 종의 어떤 계통의 완전한 저항성은 **흡기 형성 전**인 것으로 나타났다. 이 계통들에서 거의 모든 녹병의 감염 기구가 식물 세포의 괴사 없이 첫 흡수근의 형성 전에 저지된다. 또 다른 *T.*

monococcum 계통의 완전한 저항성은 **흡기 형성 후** 그대로 인데 이것은 과민 반응에 의한 것이다. 두 저항성 유형이 지속성, 유전적 원리, 육종 프로그램에서의 적용 가능성 등이 다르다는 것은 매우 좋을 수 있다(Niks and Dekens, 1991).

7.9 주의해야 할 위험성

감염량이 정확하게 평가된다 하더라도, 여러 가지 요소로 인해 시험 재료의 저항성 정도를 잘못 판단할 수도 있다. 저항성은 과대 또는 과소평가될 수 있다. 가장 중요한 위험성은 다음 요소에 의해 일어난다.

- 계통 간 조숙성의 차이
- 실험 구간 사이의 간섭
- 접종원투여량
- 감염 평가 시기

7.9.1 조숙성의 차이

유행병은 작물 재배기에 다소 직선형(단주기 병원체)이거나 곡선형(다주기 병원체) 증가 양상을 보인다. 평가는 흔히 재배기에 한 번 또는 몇 번에 걸쳐 이루어진다. 보통 식물 계통은 **조숙성**에서 차이가 나는 경우가 많다: 평가 시기에 어떤 식물은 이미 개화가 되거나(예: 곡류) 덩이줄기가 발달하는데 비해(예: 감자), 다른 식물체는 늦거나 아직 새잎만 나고 있는 상태일 수 있다. 이러한 식물 성장률의 차이는 정확한 저항성의 수준 평가를 어렵게 한다.

평가시기에, 생장 속도가 빠른 식물체는 늦은 식물체에 비해 식물체의 특정 기관(예: 기엽, flag leaves)이 병원체에 더 긴 시간 동안 노출된다. 그 결과, 생장 속도가 빠른 식물체는 늦은 식물에 비해 더 감수성처럼 보이는 경향이 있다.

> 감자에서 *Phytophthora infestans*에 대한 저항성과 조숙성 사이에는 강한 상관 관계가 있다: 숙기가 늦은 품종은 보다 저항성인 경향이 있다. 이것은 아마 부분적으로 작위적인 결과일 것이다. 감자가 덩이줄기를 빨리 생산하기 시작할수록 새로운 잎이 발달하지 않는 경향이 있다. 생장이 빠른 품종은 느린 품종에 비해 더 빨리 새로운 잎의 형성을 멈추는 경향이 있고 숙기가 늦은 품종은 잎의 수관이 더 길게 유지되는 경향이 있다.
> 따라서 생장이 느린 식물의 경우 육종가가 보기에는 식물 주변부에서 주로 싱싱하고 어린 잎을 볼 것이므로 덜 감염된 것처럼 보인다. 생장이 빠른 품종은 훨씬 더 오래된 잎을 가지고 있으므로 감염이 더 심한 것처럼 보인다. 그러나 식물의 생리적인 단계가 달라지면, 저항성의 수준도 달라질 가능성이 크다. 그러므로 덩이줄기가 꽉 찬 식물은 그 이전의 생육단계일 때와는 저항성의 수준이 근본적으로 다를 수 있다.

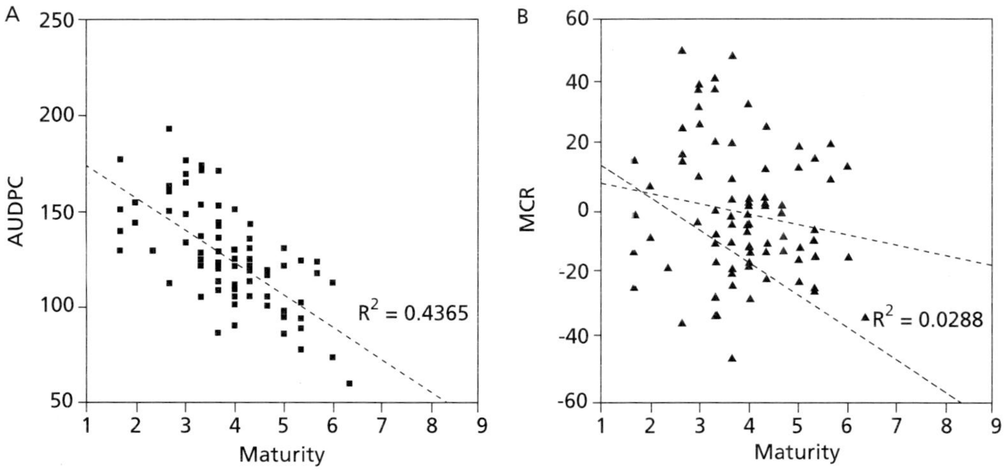

그림 30. (A) 감자 분리 집단에서의 잎마름병 포장 감염의 정도와 감자의 성숙도 사이의 회귀선. 분명한 음의 상관관계가 있다(R^2=0.44). 각 점은 회귀선의 예측보다 더 높거나 낮은 것을 보여주고 있다. (B) 성숙도에 대한 편차를 점으로 나타내었다. 낮은 R^2(0.03)는 감염 정도의 차이는 성숙도를 보정하였음을 보여준다. MCR: 성숙기 조정 저항성(maturity-corrected resistance). Bormann 등이 처음 사용(2004).

> 감자/잎마름병의 경우 영양계의 조숙성 정도 조정을 적용하여, 성숙기 조정 저항성(maturity-corrected resistance)을 유도할 수 있다(Bormann 등, 2004). 성숙기를 조정한 후에도 감염의 정도에 차이가 생길 수 있다. 이 차이는 양적 형질로 다루어질 수 있고, 그 QTL의 위치를 결정할 수 있다(그림 30).

생장이 빠른 식물은 시즌에 늦게 나타나는 병원체에 의한 심각한 감염을 피할 것이고, 생장이 느린 식물은 생육 초기에 번성하는 병원체에 의한 감염을 피하거나 그로부터 회복할 수 있다. 그러므로 저항성에 대한 요구는 품종의 다양한 조숙성 군에 따라 다를 수 있다.

> 이스라엘에서 흰가루병은 주로 습기가 높고 서늘한 봄철에 발생하고, *Septoria* 점무늬병은 더 덥고 건조한 늦은 봄에 더 중요해진다. 조생 계통은 *Septoria*로 부터 이탈하는 경향이 있고, 만생 계통은 흰가루병으로부터 회피하는 경향이 있다. 따라서 조생 계통은 회피하는 경향에 따라 *Septoria*에 대해서는 높은 수준의 저항성이 필요 없다는 결론을 내릴 수 있다.

식물 계통을 올바로 비교하기 위해서는 감염량뿐만 아니라 식물의 발달 단계를 기록하는 것이 유용하다. 소곡물의 경우 이 목적을 위해서 'Feekes-Scale' 방법이 개발되었다. http://plantsci.missouri.edu/cropsys/growth.html 홈페이지에는 곡물에서의 병 등급과 실용적인 조언을 얻을 수 있다. 가능하다면 같은 조숙성에 속하는 식물 계통을 이용해 검정을 하는 것이 좋다. 조생 계통은 다른 조생 계통(또는 대조군)과 비교하고 만생 계통은 다른 만생 계통(또는 대조군)과 비교해야 한다. 다른 선택 사항은 성숙 단계와 맞춰 그림 30에서와 같이 감염 정도를 교정하는 것이다.

7.9.2 실험 구간 간의 간섭

실험 포장에서 작물의 서로 다른 유전자형은 서로 이웃하여 줄을 지어 정식하거나 작은 구역으로 나누어 정식한다. 상당히 저항성이 강한 계통(line)이 병에 매우 약한 계통 옆에 정식될 수도 있다. 다주기 공기전염 병원체의 경우 저항성 계통은 옆에 위치한 감수성 식물체로부터 많은 양의 접종원을 받게 되고, 반면에 저항성 식물에서는 거의 접종원이 방출되지 않는다. 그 결과 저항성 계통의 감염 수준은 저항성 계통만을 심은 포장에 비해 더 높게 될 것이다. 반대로 감수성 품종은 포자의 유입되는 양보다 훨씬 더 많은 양의 포자를 방출한다. 따라서 감수성 계통은 감수성 계통만을 심었을 때보다 감염의 수준이 더 낮게 평가될 것이다. 이 결과는 저항성 수준의 차이를 과소평가하게 만든다. 이 현상을 **실험 구간 간섭(interplot-interference)**이라고 부른다.

실험 구간 간의 간섭은 특히 포장에서 한 실험 구간에서 다른 실험 구간으로 쉽게 퍼질 수 있는 병원체에서 발생하며 로지스틱(logistic) 전염 양상을 보인다(녹병균, *Phytophthora infestans*, 일부 *Helminthosporium* 종).

> 표 21에 나타난 관찰 결과는 흰가루병(powdery mildew)의 실험 구간 간의 간섭을 잘 보여준다. 예를 들어 호르센스(Horsens)에서 CI 8251과 Psaknon 계통은 모두 감염 유형이 0이고(표 21 참조), 잎 면적의 상당 부분이 괴사된 얼룩으로 덮여 있다(각각 5, 20%). 괴사된 잎의 얼룩으로 본 눈에 보이는 감염의 징후는 옆에 심겨진 감수성 보리 품종으로부터 날아온 포자에 의한 것이다. 이 포자의 양은 이 저항성 품종들이 농가의 포자에 심겨져 있을 때보다 더 많다. 농가의 포장에서는 실제로 감염 없는 상태로 있었을 것이다.

실험 구간 간의 간섭에 의한 과대 또는 과소평가도 직접적으로 측정할 수 있다. 즉 크고 격리된 포장에서부터 좁고 인접한 구간(예: 한 이랑 너비)까지 다양한 상황에서 감염의 백분율을 측정한다.

> 표 22는 네 가지의 실험 상황에서의 두 보리 품종의 감염 정도를 보여준다(Parlevliet& Van Ommeren, 1984). 격리된 시험 구간(한 품종에 한 구간씩 분리하여 정식하고, 각

구간은 감염되지 않은 작물로 이루어지며 약 30m 이상 떨어져 있다)은 농민의 포장의 상황과 유사하다. 실험 구간 사이의 간섭이 거의 없다. 다른 3가지 상황은 육종가의 포장에서 발생한다. 이 실험에서 가장 작은 실험 구간은 품종 당 한 이랑이다. 모든 실험 구간은 포자가 발생하는 감염주를 10일 동안 같이 배치하여 인공적으로 접종된다. 이를 통해 전염이 시작된다. 육종가의 구간에서 두 품종 사이의 녹병 저항성 수준이 격리된 구간에서보다 더 적게 차이가 난다는 것이 확실하다. 7월 10일의 두 품종 사이의 차이는 고립된 구간에서의 1,200배이고 옆, 경계, 구간에 비해서는 20배, 14배, 4배 높게 나타났다.

흰가루병(*Blumeria graminis*)와 잎녹병균(*Puccinia hordei*, *P. coronata*, *P. triticina*)의 경우 실험 구간 사이의 수평적인 확산이 쉽기 때문에 실험 구간 사이의 간섭은 크다. 황녹병균(*P. striiformis*)의 경우 실험 구간 사이의 간섭은 덜 중요하다. 이것은 감염의 정도가 새로운 감염의 성공율 보다는 잎에서 진균의 전신 생장율에 의해 크게 좌우되기 때문인 것으로 보인다.

잎에 처음 감염된 뒤 이삭으로 감염이 진전되는 밀의 껍질마름병(glume blotch, *Septoria nodorum*)의 경우에는 실험 구간 사이의 간섭이 거의 나타나지 않는다. 이 병은 수직적인 병의 전염이 이랑 사이의 수평적인 전염보다 더 중요하기 때문이다.

육종가는 품종간의 저항성 수준의 차이가 과소평가되는 것을 항상 알아차릴 수는 없다. 그러나 다행히도 실험 구간 간의 간섭은 품종 저항성의 순위를 바꿀 수는 없다. 실험 구간 사이의 간섭을 줄이기 위해서 다음과 같은 측정 방법이 있다.

- 구간(plot) 또는 식물의 이랑은 성장이 빠르고 키가 큰 비기주 작물의 이랑으로 바꿔 구간 사이의 교차 감염을 막을 수 있다(그림 24B).
- 여러 이랑으로 구성된 구간에서는 안쪽에 위치한 이랑에 있는 식물만을 병 평가의 대상으로 삼는다. 이 이랑은 주변의 이랑과 동일한 저항성을 가지고 있어야 한다.
- 감염의 정도를 측정할 때, 옆에 위치한 구간의 감염의 정도를 공동변수(co-variable)로 사용할 수 있다.
- 어떤 계통을 선발할 지 결정할 때, 감염 수준의 차이가 적을지라도 가장 감염의 정도가 낮은 계통을 선발해야 실제 농가의 포장에서도 병에 잘 걸리지 않을 가능성이 높다.
- 접종원 살포 이랑을 실험 구간에 가까이 배치하면 **이탈**을 피할 수 있는 장점이 있다. 이 방법은 살포 이랑이 과다한 접종원의 근원이 되어 실험 구간 사이의 간섭을 유발할 수 있는 단점도 있다. 병원체가 정착을 하면 실험구의 접종원 식물을 베어내는 것도 합리적이다. 접종원 살포 이랑의 대안으로 각 실험 구간 앞에 며칠 동안 감염된 식물체를 위치시켜 접종하는 방법이 있다.

표 22. 3일에 걸쳐 관찰한 보리 품종 Vada와 Akka의 분얼 당 *Pucciniahordei* 하포자퇴의 수. 모든 실험 구간의 길이는 4m로 동일하지만 너비는 여러가지이다. 격리된 구간은 비기주 작물을 이용해 30m 정도 분리시켰다.

날짜	품종	분얼당 포자낭군의 수			
		격리된 구역	근접한 구역과의 너비		
		4.5 x 4.0m	4.5m	1.5m	0.25m
6월 21일	Vada	4	10	20	35
	Akka	1,250	2,500	2,500	800
7월 10일	Vada	15	1,000	1,600	4,500
	Akka	18,000	20,000	22,000	18,000
7월 19일[a]	Vada	75	5,000	5,500	6,500

[a] 보다 조생종인 Akka는 노쇠하고 감염 수준이 너무 높아 관찰할 수 없었다. 더 이상 살아남은 잎은 존재하지 않았다.

7.9.3 접종원의 양

식물체에 접종원을 너무 많거나 적게 접종하면 식물의 병 저항성을 과대 또는 과소평가하게 될 수 있다. 이것은 특히 전염 과정 선형으로 진행되는 특정한 병원체 유형(예: 토양 전염성 병원체, 밀겉깜부기병과 비린깜부기병)에서 일어난다. 예를 들면, 포장에 있는 토양 전염 병원체의 접종원의 투여 농도가 낮으면 **이탈**이 발생할 확률이 매우 높아지게 된다. 감수성인 식물체가 감염으로부터 벗어나 저항성인 것처럼 보이게 된다.

너무 접종원의 농도가 높아지면 해석하기 어려운 저항성의 양적인 차이가 발생한다. 이것은 7.9.2에서 논한 문제와 유사하다. 그러나 완전 저항성에서는 접종원의 농도가 높아도 큰 문제는 없다.

7.9.4 평가 시기

병의 평가 시기는 부분 저항성과 같은 불완전 저항성에서 특히 큰 의미를 갖는다.

병 평가 시기에 따라 병 감염 정도는 상당히 달라질 수 있다. 온실에서는 보통 **단주기** 실험을 수행한다. 예를 들어, 곡류에서 녹병의 **잠복기**와 같은 저항성의 요소를 비교할 때에는 병을 평가하는 시기는 매우 중요하다. 온실에서 접종한 식물체의 성숙된 농포를 너무 이르게 관찰하면 어떠한 계통에서도 감염을 확인할 수 없다. 너무 관찰이 늦다면 모든 계통에서 농포를 확인할 수 있을 것이다. 잠복기의 차이를 명확하게 볼 수 있는 시기는 매우 짧다(그림 15).

다주기 포장 검정의 초기에는 모두 감염의 정도가 약하기 때문에, 감염의 정도의 차이를 판단하기가 매우 어렵다. 전염이 진행됨에 따라 계통 간의 차이는 점차 커진다. 재배시기의 후반부까지도 대부분의 감수성 계통은 완전하게 병원체에 감염되어 있다. 이 때의 계통 간 차이는 매우 크다. 그러나 이 때부터 차이는 점차 줄어든다. 환경 조건이 병원체에게 유리하다면 약한 저항성을 보이는 식물도 강한 저항성을 보이는 식물도 최종적으로는 모두 완전하게 감염되기 때문이다. 이 효과는 표 22에 확연히 나타난다. 1.5m의 넓은 구간에서 Akka와 Vada의 감염 정도는 6월 21일에 125배, 10월 7일에는 14배의 차이가 있다. 너무 늦은 병의 평가는 저항성의 심각한 과소평가로 이어질 수 있다.

7.10 어떤 유형의 식물의 방어기작을 선택해야 하나?

각 식물 병체계(plant-pathosystem) 안에서는 여러 유형의 병 저항성이 함께 발생할 수 있다. 육종가는 어떤 유형의 방어기작(defense)을 도입할 것인지 잘 생각해야 한다.

7.10.1 회피

식물의 회피는 병원체가 유해 동물(해충을 포함하여)일 때 특히 더 유효하다. 회피는 유해 동물 종에 따라 **'비선호(non-preference)'** 이나 **'비선택(non-acceptance)'** 에 해당한다. 비선호는 유해 동물이 환경에서 더 매력적인 대안이 있을 경우 식물을 섭취하지 않는 것을 의미한다. 더 이상의 대안이 없을 경우에는(유전적으로 동일한 작물을 재배하는 단작처럼) 유해 동물은 작물을 섭취할 것이고 손상으로 이어진다(6.1절의 Quelia의 예를 참조).

육종가의 포장에서는 여러 유전형의 식물체가 작고 근접한 실험 구간에서 검정되기 때문에 이동가능한 유해 동물에게는 많은 선택이 가능하다. 단작을 할 경우 유해 동물에 의해 피해를 입을 수 있는 작물도 유해 동물에 의한 피해를 입지 않을 수 있다. 그 결과로 육종가는 유해 동물에 대한 저항성에 대해 너무 낙관적인 판단을 할 수도 있다.

> 육종가의 포장 실험에서 무작위 반복 실험을 통해 토끼가 어떤 계통에 강한 선호를 보일 수 있다. 토끼가 거부하는 계통의 회피는 아마도 토끼의 비선호와 관련이 있을 가능성이 높다. 이런 계통은 단작일 경우에 토끼에 의한 피해를 받을 수 있다.

비선택은 환경에서 대체 가능한 영양부의 원천이 있든 없든 유해 동물이 식물에서 영양분을 섭취하지 않는 것(또는 거의 섭취하지 않는 것)을 의미한다. 비선택에 의한 회피 기작은 매우 유용하다. 왜냐하면, 비선택인 작물을 단작해도 회피가 유효하기 때문이다.

7.10.2 내성

내성을 이용한 육종은 거의 존재하지 않는다. 식물의 내성을 양적으로 측정하기 위해서는 감염의 정도를 결정하는 것만으로는 충분하지 않고, 반드시 감염에 따른 수량 감소를 측정해야 한다(7.8.1.3 참조). 현실적으로 이것은 매우 힘든 과정이다. 직접적으로 볼 수 있거나 국부적인 병반을 유발하는 병원체의 경우에는 식물 재료의 감염 수준을 비교하는 일은 비교적 간단하다. 그러나 토양 전염성 병원체, 바이러스, 선충과 같은 양적으로 쉽게 측정할 수 없는 병원체의 경우에는 종종 **병징** 그대로의 심각한 정도에 따라 결정하기도 한다. 이러한 측면의 차이는 저항성과 내성이 동시에 영향을 미친 결과일 수도 있다.

7.10.3 광범위 저항성

광범위 저항성은 여러 종류의 병원체 종에 대해 유효하다는 장점이 있다. 그러므로 이 유형의 저항성 수준을 증가시키는 육종은 매우 효율적이라고 할 수 있다. 광범위 저항성의 유전자를 동정하고 다른 작물에 형질 전환할 수 있을 것이다(7.2.3.2 참조). 그러나 광범위 저항성의 기작은 특히 식량 및 사료 작물에서 부정적인 결과를 불러올 수 있다.

1. 작물의 질이나 수확량이 광범위 저항성에 의해 영향을 받을 수 있다. 예를 들어 사람이나 소의 독성 수준이 위험할 정도로 높아질 수도 있고 영양적 가치를 저하시킬 수도 있다.

> 알팔파(Lucerne)에는 동물에 대한 방어기작으로 사포닌을 함유하고 있다. 고-사포닌 알팔파는 콩진딧물의 생존과 번식을 감소시켰다(Sylwia 등, 2006). 사포닌의 부정적인 면으로, 영양적 가치가 감소하여 가축에게 좋지 않은 효과를 미쳤다.
>
> 미국에서 *Acyrthosiphonpisum* 진딧물에 대한 저항성을 강화시킨 자주개나리(lucerne)는 핵타르 당 1.5톤의 건물중 증가를 보였다. 그러나 영양적인 가치로 볼 때는 0.9톤 정도 감소되었다.
>
> 영국에서 황녹병(*Pucciniastriiformis*)에 저항성인 콕스우트(*Dactylis glomerata*)를 선발했는데, 수용성 탄수화물의 함량 감소로 인해 영양적인 가치는 감소했다(Carr and Catherall, 1964).
>
> *Solanum demissum*에서도 비슷한 예가 보고되었다. 이 종의 콜로라도 딱정벌레에 대한 저항성은 독성 알칼로이드(alkaloid) 성분인 demissine의 높은 함량 때문이다. 이 물질은 사람에게도 독성이 있기 때문에 이런 유형의 저항성은 육종에는 사용될 수 없다.
>
> 토마토 잎의 끈끈한 분비성 털은 여러 해충에서 작물을 보호할 수 있다. 그러나 이러한 형질은 작물을 재배할 때, 재배하는 사람에게는 큰 불편을 준다.

2. 다양한 **광범위 병원체**(generalist)에 대한 광범위 저항성은 **한정적 병원체**(specialist)의 선호도(attractiveness)를 더 증가시킬 수도 있다.

> 여러 오이의 쓴 성분(tetracyclic triterpenoids)은 많은 해충에게 있어 기피제(repellent) 역할을 한다. 그러나 딱정벌레(spotted cucumber beetle)은 이런 물질을 선호한다.

7.10.4 과민 저항성

육종가들 가장 많이 활용해 온 저항성 도입 방식은 과민 저항성이다. 과민 저항성의 이점은 흔히 해당 품종을 감염으로부터 완벽하게 보호하며 단일 유전자로 유전되기 때문이다. 이 형질은 유전력이 매우 높아 표현형을 통해 유전자형을 매우 정확하게 추측할 수 있다. 과민 저항성의 가장 큰 문제점은 수명이 짧다는 것이다. 저항성이 무너지는 경우 육종가는 새로운 저항성 유전자들을 찾아야 하는데 그 역시 오래가지 못할 수가 많다. 어떤 식물-병원체의 경우에는 저항성 유전자원이 고갈되어 버릴 위험성도 있다.

하지만 특정한 경우에는 다음의 저항성 타입을 선택하는 것도 가능하다.

1. 단일 유전자로 유전되는 완전 저항성의 경우 종 특이적인 경우에도 상당한 지속성을 보인다. 이것은 다수의 바이러스에도 저항성이 있고 (6.11 참조) 담배의 *Peronospora tabacina*와 완두의 *Ascochyta pisi*에도 저항성이 있다. 게다가 토양 병원균(*Fusarium oxysporum*)의 경우는 토양 소독에 의해 새로운 병원체 레이스의 확산이 느려지거나 방지되기 때문에 저항성의 지속력이 긴 편이다.
2. 특이 과민 저항성은 잘 짜여진 작부체계와 함께 적용되어야 효과적인데 예를 들면 통합 작물 보호 프로그램의 일부로 활용하는 것이다. 유전자 접적 방법이나, 품종 다양화 및 다품종 혼합 재배 등의 방법 또한 가능한 전략들이다(7.12 참조).

Q35 대부분의 경우 과민 저항성 반응은 육안으로 확인이 되는 괴사 흔적을 남긴다(5.4.1.1에 있는 그림 9, 10과 11 참조). 이러한 괴사부위가 광합성을 저해할 것인가? 이 흔적은 시각적인 품질을 얼마나 심각하게 떨어뜨릴 것인가? 상추나 관상용 식물처럼 잎이 깨끗해야 하는 작물의 경우 과민 저항성을 이용하는 것은 적절한 방법이 아니라고 결론지을 수 있을까?

7.10.5 부분 저항성

과민 저항성 유전자를 작물에 성공적으로 도입시켰음에도 불구하고 그 저항성이 소실되는 문제가 발생하면서 **부분 저항성**이 주목 받게 되었다.

육종가들이 부분저항성 도입을 꺼리는 이유는 다음 세 가지 때문이다.

1. 적절한 수준의 부분 저항성을 가진 식물체를 찾아내는 것이 쉽지 않다(7.9 참조).
2. 부분 저항성은 단일 유전자에 의해 조절되는 경우도 있지만 대체로 복수 유전자에 의하여 유전되기 때문에 부분 저항성을 도입하는 것이 어렵다(5.4.2.5).
3. 수출 규제가 까다로운 경우나 거래에 있어서는 높은 품질을 요구하기 때문에(관상용 식물이나 엽채류), 무결점 농산물의 경우 부분 저항성으로는 작물의 품질을 유지하는데 충분치 않다.

부분 저항성은 노지 작물이나 사료 작물 및 재배 시 농약을 자주 살포하게 되는 작물에서 주로 이용한다. 어느 정도 수준의 부분 저항성은 농약 사용 빈도를 크게 줄일 수 있다.

지금까지 부분 저항성이 과민 저항성처럼 쉽게 무너진다는 보고는 없다. 그래서 과민 저항성의 효과가 매우 일시적인 식물-병원체의 경우 부분 저항성에 관심을 돌리게 된다. 이 경우, 유전자 조작(7.2.3)을 통한 저항성과 다른 대안도 고려해 볼 필요가 있다.

7.10.6 요약

식물 육종가들이 가장 많이 이용하는 저항성은 과민 저항성이다. 이 저항성은 이용하기 매우 좋은 기술적인 이점을 가지고 있으며 많은 경우 최선의 선택이 될 수 있다.

하지만 이러한 저항성을 쉽게 극복해내는 병원체에 대항하기 위해서는 과민 저항성을 이용하기 위한 정교한 전략이 필요하며 전혀 다른 종류의 저항성 유전자를 이용하는 것도 고려할 필요가 있다. 즉 부분 저항성 정도를 높이거나 병에 대한 회피 전략을 도입할 수도 있다. 또한 유전자 조작을 이용한 저항성도 고려해 볼 수 있다.

병에 대한 내성을 가진 식물체를 육종하는 것은 매우 많은 노력이 필요하기 때문에 실용화가 불가능하다.

Q36 곰팡이 병에 감염된 열 개의 작물 계통이 Q34에 소개되어 있다. 열 개의 계통 중에서 어떤 계통이 저항성 육종에 이용될 수 있겠는가?

7.11 어떤 선발 과정을 택할 것인가?

육종가가 이용할 수 있는 선발 방법은 저항성 형질의 경우나 다른 형질의 경우나 동일하다. 이에 대해서는 다른 책에서 자세히 설명되어 있다(예: Acquaah, 2007). 그러나 여기서는 선발 과정의 일부를 짧게 설명할 것이다.

7.11.1 육종 과정의 어떤 단계에서 선발할 것인가?

육종 과정은 처음에 유전적으로 매우 다양한 식물 집단(주르 분리 집단)에서 시작하여 여러 차례의 영양체 혹은 생식체 세대를 거치면서 그 사이에 우수한 표현형을 가진 개체가 선발되는 것이다. 세대를 거치면서 선발에 의해 가장 가능성 있는 소수의 개체들만 남게 되며 이 개체들은 또다시 철저한 검증 과정을 거친다. 매 선발 단계마다 끅 같은 형질만 평가되는 것은 아니다. 육종 과정 초기에는 많은 계통들을 계통 당 몇 개의 개체들만으로 평가해야 하기 때문에 육종가들은 간단한 질적 형질을 이용하여 선발하려고 한다. 그러다 육종 과정이 어느 정도 진행이 되면 수확량 같은 양적 형질이 선발에 이용된다.

다음과 같은 요건을 가진 저항성 형질은 육종 단계 초기에 선발이 될 수 있다.

1. 질적 형질로 유전되는 경우
2. 초기 유전자원에서 저항성이 적은 빈도로 존재하는 경우
3. 성공적인 시판 품종이 되기 위해 필수 불가결한 경우
4. 단순하고 저렴하며 빠른 방법으로 특성이 평가될 수 있는 경우

위와 같은 기준에 한두 가지 이상 부합하지 않는 경우 육종가는 많은 식물재료가 제거되는 후기 세대까지 선발을 미루게 된다.

> 감자 육종 프로그램에서 감자역병(*Phytophthora infestans*)과 *Potato virus Y*에 대한(완전 과민) 저항성 형질 선발은 유묘기(교배 후 첫 세대)에서 이루어진다. 두 번째 해에도 이 시험을 반복할 수 있다. 이 때 다른 형질에 대한 선발도 같이 이루어 진다. 영양체 당 여러 괴경을 얻을 수 있는 세 번째 해에는 무사마귀 병에 대한 저항성 시험이 이루어진다. 그 다음 해부터는 여러 병원체에 대한 저항성이 포장에서 평가된다.

7.11.2 여교배

야생 근연종이나 외래종에서 유래한 저항성은 반복된 여교배를 통해 우량품종에 도입된다. 여

교배 세대마다 다른 품종을 반복친으로 이용할 수 있다. 이러한 여교배 과정은 공여친에서 오는 바람직하지 않은 특성들 특히 저항성 유전자와 강하게 연관되어 있는 특성들을 제거하기 위함이다.

> Knott(1989)은 여교배가 야생 근연종들로부터 저항성과 같이 도입된 바람직하지 않은 특성들을 제거하는 데 얼마나 효과적인지 연구했다. 예를 들어, *Agropyron elongatum*(바랭이 근연초)으로부터 도입된 밀 엽녹병에 대한 저항성은 바람직하지 않은 특성인 밀가루 노란색 표현형과 강하게 연관되어 있었다. 어떤 경우에는 우량종과 6~10번의 여교배를 하였음에도 바람직하지 않은 특성을 모두 제거하지는 못했다.

여교배 과정에서 육종가는 감수성 반복친과 여교배할 저항성 후대를 찾아내는 시험을 반복해야 한다. 분자 마커(7.11.4)를 이용하면 이러한 여교배 과정을 더욱 효율적으로 진행할 수 있다.

7.11.3 순환 선발

표현형 또는 유전자형 순환선발은 타가수정 작물에 잘 적용될 수 있으며, 저항성이 양적으로 유전되거나 아직 유전 양식이 규명되지 않은 경우에 효과적이다.

> Hanson 등(1972)은 알팔파 두 집단(A와 B)을 이용해 몇몇 천적들에 대한 저항성 수준을 높이기 위한 순환선발을 여러 차례 하였다. Lucerne은 배수체이고 타가수정 작물이기에 이 방법은 크게 효과적이었다(표 23).

자가수정 작물의 경우에도 순환선발은 여러 유전자에 의해 결정되는 저항성의 정도를 높이려 할 경우에는 아주 효과적일 수 있다. 감수성에 대해 약간의 순환선발만 거쳐도 보리의 엽녹병에 대한 부분 저항성 수준이 크게 향상되는 것을 확인할 수 있었다(Parlevliet & van Ommeran, 1988a and b). 하지만 흰가루병에 대한 효과는 확실하지 않았다.

> Parlevliet과 van Ommeren은 여러 개의 보리 재배종들을 다양한 조합으로 상호 교배하여 유전적으로 매우 다양한 분리 집단을 만들었다. 식물들의 약 20~30%는 감수성 정도가 심하여 제거하였으며 나머지 식물들은 다른 농업적 형질에 대한 선발이 이루어졌다. 선발된 식물들은 자가 교배하였고, 그 결과 얻어진 계통들은 감수성 및 작물 형질에 대해 앞선 선발과정보다 약한 수준으로 다시 선발하였다. 이 선발과정 이후 다시 집중 교배가 실시되었으며 두 번의 순환 선발 과정 이후에는 엽녹병에 대한 부분 저항성 수준이 크게 상승하였다. 본 실험의 재료로 사용된 원 보리 품종들은 부분 저항성을 가진 품종인 Vada에 비해 무척 높은 감수성을 보였으나 순환선발을 두 번 거친 선발 계

표 23. 몇 번의 표현형 순환선발 과정 후 두 알팔파 집단의 병과 해충에 대한 저항성 수준 증가. 엽녹병과 풋마름병에 대해서는 0-10까지의 점수가 매겨졌고, 알팔파 점무늬 진딧물에 대해서는 죽은 식물의 비율로 나타냈다.

천적	집단	선발 주기 이후에 확인한 감염 수준						
		0	1	2	3	4	5	6
엽녹병	A	6.5	6.3	6.7	3.5	2.6	3.0	2.9
	B	5.8	4.7	3.9	2.7	2.2	2.3	2.0
풋마름병	A	4.2	3.9	3.5	3.1	2.7		
	B	3.7	2.4	1.4				
알팔파 반점 진딧물	A	84	15	8				
	B	84	45	22				

통들은 Vada보다 확연히 낮은 감염률을 보였다. 이와 유사한 실험이 흰가루병에 대한 저항성을 향상시키기 위해 실시되었으나 크게 효과를 보지 못하였다. 이 실험에 대한 더 자세한 내용은 Parlevliet and Van Ommerer(1988a and b)이 발행한 논문을 참조하기 바란다. 이 선발 과정은 다른 육종가들에 의해서도 아주 성공적으로 이용되었다(e.g. Tapsoba 등, 1997, Palloix 등, 1990).

위의 예에서 흰가루병에 대한 저항성 선발 과정이 비교적 제한적인 성공에 그칠 수 밖에 없었던 것은 원 보리 품종에 있는 보리 엽녹병 저항성과는 관련이 없으나 흰가루병에 대해서는 과민 저항성을 보이는 주요 유전자들 때문일 것이다. 과민 저항성은 식물의 유전자형을 병원체로부터 완전히 보호할 수도 있다. 육종가들은 완전히 저항성을 갖는 식물체에 대해서 그 유전적 배경에 있는 부분 저항성이 어느 정도인지 확인하기 어렵다. 만약 이러한 완전 저항성 식물이 제거되지 않고, 몇 번의 교배 과정에 더 사용이 된다면 다음 세대는 부분 저항성이 없을 경우 극단적인 감수성 형질을 물려받을 수도 있다. 즉 부분 저항성 형질이 사라지는 것이며 이는 부분 저항성에 대한 육종 과정을 무효로 만들 수도 있다.

위의 예시에서 영향을 주었을 것으로 생각되는 또 다른 점은 흰가루병은 포장에서 자발적으로 발생한 것인 반면에 엽녹병은 인위적으로 도입되었다는 것이다. 결과적으로 흰가루병은 해마다 달라질 가능성이 있는 여러 종들의 혼합체로 이루어졌을 것이다. 그러한 혼합체는 보리 재료의 과민 저항성 유전자에 대하여 병원성 혹은 비병원성을 띄는 종들이 섞여 있었을 것이며 이는 표 17(7.6.1)에서 설명한 것과 같이 뚜렷한 부분 저항성으로 나타났다.

부분 저항성 육종 과정에서 과민 저항성 주요 유전자들이 섞여 있다면 선발할 때 극단적으로 감수성을 보이거나 완전하게 저항성을 보이는 식물은 솎아내는 것이 좋다.

Q37 어째서 인가?

Van der Plank는 **'버티폴리아 효과(vertifolia effect)'** 에 대한 개념을 소개하였는데 이는 육종의 목표가 완전한 과민 저항성일 경우에 오히려 **잔류 저항성(residual resistance** 5.4.2.7 절)을 약화시킬 수 있다는 것이다. 이러한 육종 과정에서는 부분 저항성에 관여할 가능성이 있는 유전자들을 기회적 부동을 통해 무심결에 잃게 될 수 있다. 이 개념은 타당성 있는 가정이기는 하나 이 버티폴리아 효과의 실질적인 중요성에 대해서는 논란의 여지가 있다(표 24).

표 24. 88개의 감자 재배종에서 확인한 감자역병(*Phytophthora infestans*)에 대한 부분 저항성(1=극단적 감수성, 10=극단적 저항성)은 소실된 *R* 유전자의 유무에 따라 나누었다. 재배종들은 조숙성에 따라서 분류되었다(10=극단적으로 이름, 1=많이 늦음).

조숙성 등급	저항성			범위[b]
	평균	R 유전자 있음[a]	R 유전자 없음[a]	
3.5-5	6.09	6.00(15)	6.29(7)	4-8
5.5-7.5	5.14	5.63(19)	4.75(24)	3-7
8-10	4.46	5.00(6)	4.26(17)	3-8
모든 재배종	5.20	5.48	4.97	3-8

[a] 재배종 개수

[b] 각 재배종의 부분 저항성 값의 범위

Q38 표 24에 나열된 데이터가 버티폴리아 효과를 설명하고 있는지 확인하라.

7.11.4 분자 마커의 활용

저항성 육종에 있어서 분자 마커의 활용은 무척 흥미로운 것이다. 이는 단일 유전자에 의해 조절되는 과민 저항성의 경우나 양적으로 유전되는 저항성에 경우나 마찬가지이다. 최근에는 다양한 저항성 유전자에 가깝게 연관된 분자 마커들에 대한 논문들이 많이 출판되고 있다. 저항성 유전자에 가깝게 연관된 분자 마커들을 이용하면 직접적인 선발과정을 거치지 않아도 간접적으로 선발할 수 있게 된다.

확실한 방법은 저항성 유전자의 양쪽에 접해 있는 두 개의 마커를 이용하는 것인데 이렇게 하면 재조합에 의해 일어나는 저항성 유전자와 마커와의 분리를 확인하기 쉬워진다. 더 좋은 방법은 유전자 내의 특이적인 부분을 이용하는 것이다. 특히 여러 식물체가 복잡한 교배조합에 사용되었을 때 저항성 유전자의 존재 유무를 분자 마커로 진단할 수 있어야 한다.

> 모티프 지정 프로파일링(motif-directed profiling)을 이용하면 어떤 유전자 집단의 특정한 유전자의 유무를 확인할 수 있는 분자 마커 개발이 가능하다. DNA 염기서열상 *R* 유전자에서 주로 발견되는 공통적인 서열을 이용하여 프라이머를 제작하면 식물 핵 DNA에서 저항성 유전자일 수 있는 유전자들을 골라낼 수 있다. *R* 유전자에 잘 보존되어 있는 공통적인 서열을 이용하여 분자 마커를 개발하는 것을 NBS 프로파일링이라 한다(Van der Linden 등, 2004).

하지만 이러한 경우에도 마커와 저항성 형질이 완전히 연관되는 경우는 드물기 때문에 확실히 하기 위해서 저항성 유전자의 유무는 감염 실험을 통해 확인되어야 한다.

분자 마커를 이용한 간접 선발은 다음과 같은 이점을 가지고 있다.

1. 육종연구소에 병원체를 도입하지 않고도 검역 중인 병원체에 대한 저항성을 유전자원으로 도입할 수 있다. 접종 실험은 저항성에 연관된 적합한 마커를 확인해야 하는 예비실험이나 잠재적 품종에 대한 마지막 확증 시험에 필요하다. 이러한 실험을 위해서는 병원체의 기원이 되는 국가의 연구원들과의 협력이 필요하다.
2. 종 특이적인 저항성 유전자 조합을 가진 식물 유전자형과 단일 저항성 유전자만을 가진 식물 유전자형을 구분할 수 있으며 이는 저항성 유전자를 집적하는데 유용하다(7.12.2).
3. 분자 마커는 저항성에 관여하는 유전자들이 있는 QTL(quantitative trait loci)의 위치를 추정하는 데 활용할 수 있다. 이런 연구에는 보다 자세하고 정밀한 분자 마커 연관 지도가 필요한데 이러한 목적을 위해서는 유전체 전체를 포괄하는 분자 마커 시스템이 특히 적합하다. QTL 분석이 수행되면 각각의 유전자 위치 및 표현형에 미치는 영향에 대해 알 수 있을 것이다. 관련된 QTL에 연관된 마커들은 여러 식물체에서 얻은 다양한 QTL을 하나의 유전

자형에 모을 수 있으며 이를 통해 보다 강한 양적 저항성을 향상시킬 수 있다.

4. 분자 마커는 여교배 과정을 훨씬 효율적이게 도와준다. 첫 번째 여교배 과정에서 얻은 후대 중에서 분자 마커의 유전형이 공여친의 것이 거의 없는 식물의 선발이 가능하다. 하지만 공여친에게서 온 목표 유전자의 존재를 알려주는 분자 마커에 대한 대립유전자는 가지고 있어야 한다. 이 식물체들이 다시 여교배 되면 그 과정이 되풀이되며 반복친의 유전적 배경 아래 목표하는 유전자를 매우 빠르게 도입할 수 있다.

Q39 당신은 아시아에서 일하고 있는 강낭콩 육종가이며 이번에 두 개의 훌륭한 재배종을 개발했다. 그 작물은 자가 교배가 가능한 종이다. 우연한 사고로 남아메리카에서 한 병원체가 유입되었으며 당신 것을 포함하여 모든 아시아 재배종들은 이 병원체에 대해 극심한 감수성을 보인다. 그래서 당신은 저항성 형질을 육종 재료에 도입하려고 한다. 당신은 연구를 통하여 이 병원체가 종자와 토양 전염성이라는 것을 알아냈다. 종자를 통한 전파는 종자를 안전하게 격리시키고 소독하는 여러 방법들을 통해 효율적으로 막을 수 있다. 하지만 토양을 통한 전파가 더 큰 문제이나 이는 전파 속도가 무척 느리다. 윤작을 하는 것은 효율적이지 못하고 토양을 모두 소독하는 것은 비용이 너무 많이 든다. 남아프리카 원시 레이스 여럿에서는 높은 저항성이 발견되었다. 당신은 단일 유전자로 조절이 되는 저항성 형질을 **Ph**112와 **Ph**236 두 계통에서 발견하였다. 이 저항성은 완전한 저항성이지만 종 특이적이다. 반면에 **Ph**16과 **Ph**814 계통에서는 다인자 양적 유전 양상을 보이고 종 비특이적인 저항성을 발견하였다.

- 당신이라면 육종 계획을 어떻게 구상하겠는가? 어떤 계통을 저항성 육종에 활용하겠는가? 서술하시오.
- **Ph**112와 **Ph**236 두 계통의 저항성 유전자가 같은 유전자 좌에 있는지 아니면 다른 유전자 좌에 있는지를 어떻게 확인할 것인가?
- **Ph**16과 **Ph**814 두 계통의 다인자 저항성 유전자들이 같은 유전자 좌에 있는지 아니면 다른 유전자 좌에 있는지를 어떻게 확인할 것인가?

7.12 지속성이 없는 저항성을 어떻게 실용적으로 이용할 것인가?

7.12.1 서론

5.4.1.8과 7.10.4절에서 논했다시피 과민 저항성의 가장 큰 문제점은 지속성에 한계가 있다는 것이다. 병원체 집단의 병원성이 심각할 때마다 계속해서 유전자들을 하나씩 작물에 도입하다 보면 언젠가 작물에 사용할 수 있는 모든 저항성 유전자들을 다 써버릴 것이다(표 25). 이러한 이유로 과민 저항성 유전자의 지속성을 강화시키기 위한 여러 가지 방안들이 연구되었다. 이

방안들은 1) 병원성을 띄는 병원체 종의 형성을 억제하고 2) 그러한 종의 확산과 생식 및 확립을 억제하는 데에 목적이 있다.

7.12.2 저항성 유전자 집적

만약 아직 병원체에서 병원성이 나타나지 않은 두 개 이상의 저항성 유전자를 재배종에 도입시킬 수 있다면 이들 유전자들은 병원체에 대해 여러 장벽을 형성할 것이고 결과적으로 관련 유전자들의 지속성이 높아지게 될 것이다. 병원체가 이 재배종에 있는 저항성을 없애려면 두 개 이상의 돌연변이가 일어나야 하기 때문에 이러한 육종 전략은 병원성 레이스의 형성을 억제할 것이다.

상대적으로 지속성이 긴 저항성을 갖는 밀 재배종 Manella와 아마의 황녹병 저항성(5.4.1.9의 표 7)은 두 개의 효과적인 저항성 유전자가 같이 작용하기 때문인 것으로 추정한다.

이 전략을 효과적으로 이용하기 위해서는 함께 도입이 되는 저항성 유전자들이 다음과 같은 조건을 충족해야 한다.

1. 병원체는 해당 저항성 유전자들에 일정하게 비병원성을 보여야 한다. 즉 비병원성 대립유전자들의 빈도는 1이여야 한다는 뜻이다.

표 25. 1983년에서 1960년 사이에 호주에서 사용된 밀의 줄기 녹병 저항성 유전자들

년도	재배종에 도입된 유전자	첫 번째 병원성 확인	새로운 종의 확산
1938	Sr 6(Eureka)		
1942		X	
1945			X
1945	Sr 11(여러 재배종)		
1948		X	
1950			X
1950	Sr 9b(Festival)		
1959		X	
1958	SrT_t(Mengavi)[1]		
1960		X	

[1]*Triticum timopheevi*에서 유래된 저항성 유전자임.

2. 저항성 유전자들이 따로 들어 있는 재배종을 키우고 있으면 안 된다.
3. 저항성 유전자가 조합된 재배종 여러 개를 출시한다면 그 조합이 서로 겹쳐져서는 안 된다.

> 만약 알파, 베타, 감마라는 재배종이 각각 저항성 유전자를 *R1*, *R1*/*R2*, *R2*/*R3*를 가지고 있을 경우를 예상하자. 병원체는 *R1* 저항성 유전자에 대해선 저항성을 극복하여 알파 재배종은 감수성으로 되었다. 그렇기 때문에 베타 종은 오직 *R2*에 의해서만 저항성을 갖게 된다. 병원체의 입장에서는 한 번의 돌연변이(*Avr2* → *avr2*)만 일어나도 베타 종의 저항성을 깰 수 있는 것이다.
> 아마와 아마 녹병간에 이러한 현상이 일어났다. 70년대에 두세 개의 저항성 유전자를 갖는 (*L6M3* 혹은 *L6M3N1*) 재배종들이 출시되었다. *N1*은 1973년에 무너졌기 때문에 *L6*과 *M3*만이 저항성을 가지고 있었다. 하지만 *L6*만 가지고 있는 재배종도 같이 있었기 때문에 병원체는 연이은 한 단계만으로 저항성을 무너뜨릴 수 있었다.

이론적으로는 완전한 저항성 유전자 하나만 갖는 유전자형과 두 개 이상의 저항성 유전자를 같이 가지고 있는 유전자형은 구분하기 어렵다. 둘 다 완전한 저항성을 보일 것이며 표현형에서도 같을 것이기 때문이다. 이는 유전자들을 집적하는 일을 어렵게 만든다.

서로 다른 저항성 유전자를 가지고 있는 부모 계통이 교배가 된다면 후대에서 부모로부터 받은 두 저항성 유전자 조합을 갖는 개체를 확인하는 방법에는 여러 가지가 있다.

1. 각각의 저항성 유전자에 병원성을 갖는 병원체 종을 적용해본다. 그러한 병원체는 외부에서 들여오는데 바깥으로의 유출을 막기 위해 실험실에서 엄격한 통제하에 관리되어야 한다.

> 이 방법은 밀 육종가들이 호주에서 줄기 녹병 저항성을 가진 품종을 육성하는데 사용되었다. 육종가들은 여러 병에 대한 저항성을 확인하여 교배할 부모를 선택하고 거기서 얻은 가장 우수한 후대를 밀 재배지 외곽에 있는 중앙 실험실에 보낸다. 후대 식물체는 실험실에서 돌연변이를 통하여 얻어진 여러 복잡한 병원체들에 대한 저항성 검사를 거친다. 여기서 시험하는 병원체 종들은 포장에서 발견되는 종들보다 훨씬 복잡하다. 이렇게 복잡한 실험실 병원체 종들에도 저항성을 갖는 개체는 저항성 유전자가 복수로 있을 것으로 예상할 수 있다.

2. 검정 교배들을 통해서도 확인할 수 있다. 서로 연관되어 있지 않고 동형 접합체인 두 저항성 유전자를 가진 식물체와 오직 하나의 저항성 유전자만을 가진 식물체는 검정교배를 이용해 구분할 수 있다. 만약 두 개의 유전자를 가진 경우라면 F_2 세대에서 저항성: 감수성 비율이 15:1로 나올 것이고 단일 저항성 유전자를 가진 경우에는 3:1로 나올 것이다.
3. 교잡종의 경우에는 서로 다른 저항성 유전자를 가진 양친의 근친 교배 계통으로 유전자 집

적을 바로 실행할 수 있다.

4. 저항성 유전자와 밀접하게 연관되어 있는 분자 마커(예: RFLP, SCARs, SSR 또는 SNP들)가 있을 경우 두 개의 저항성 유전자를 가진 후대는 분자 마커 유전형을 통해 간접적으로 확인할 수 있다.

가장 큰 문제는 이러한 유전자 집적 방법은 법률 제정 및 국가 간이나 국제적인 협력을 필요로 한다는 점이다. 육종가들은 집적 전략을 위해 저항성 유전자 조합에 동의해야 하지만 그러한 협력은 쉽지 않은 일이다.

7.12.3 다양화 전략

저항성에 관여하는 유전자의 변이가 많으면 천적이 적응하는 것을 늦추게 하여 좀더 지속성이 긴 효과적인 저항성을 유도할 수 있다. 병원체 집단은 여러 저항성 유전자와 맞닥뜨리게 된다. 그 병원체 집단에서 병원성을 유도하는 요인이 생긴다 하더라도 다양화 전략으로 재배되는 모든 품종을 전부 감염시킬 수 있는 **복합적인** 병원체의 발생은 거의 불가능하다.

각각의 식물 유전자형은 전체 병원체 중 일부에 대해서만 감수성을 띌 것이고 저항성 유전자는 다양하기 때문에 병원체는 여러 선택 압력을 받게 될 것이다.

기주 다양성은 품종이나 작물 수준에서 결정될 수 있다. 여기에는 여러 저항성 유전자를 포함하는 다양한 유전자형이 섞여 있을 수 있다. 이 방법에 대해서는 7.12.4에서 논의될 것이다.

보다 간단한 방법은 저항성 유전자들에 따라 다양한 품종을 키우는 것이다. 이러한 다양화는 공간적으로, 또는 시간적으로 실현될 수 있을 것이다. 각각의 품종들은 각기 다른 저항성 유전자를 가지고 있어야 한다. 이와 같은 여러 품종의 재배는 농장 하나의 단위에서 시행할 수도 있고 같은 지역의 여러 농장에서 이루어질 수도 있다. 이 방법은 여러 저항성 유전자를 가진 우수한 품종들이 있어야 사용할 수 있다. 하지만 때에 따라서 이러한 여건이 충족되지 못할 수도 있다. 이 품종 다양화는 여러 농업인이나 생산자의 긴밀한 협력 또한 중요한 필요 조건이다. 영국의 권장 품종 목록표를 보면 보리 흰 가루 병 저항성과 밀 엽녹병 및 황녹병 저항성에 대한 정보(예시: http://www.hgca.com/varieties/rl-plus/ww/chardesc/yrust-diverse.html)를 제공하고 있어 농민이 목표로 하는 병원체에 대한 서로 다른 저항성을 갖는 재배종을 조합할 수 있게끔 하고 있다.

다음과 같은 여러 이유로 인해 농민들은 품종 조합을 만들 때 제공되는 목록표를 별로 이용하지 않는다:

> 1) 현재 거의 모든 품종을 감염시킬 수 있는 병원성 강한 황녹병 균의 종은 하나뿐이다.
> 2) 농민들은 성숙기나 품질 기준 등의 이유로 인해 혼합 품종에서 나타나는 변이를 선호하지 않는다.
> 3) 보리의 경우 생산자는 지속성 있고 완전한 *mlo* 흰가루 곰팡이 저항성 유전자에 의존하며 이 유전자는 대부분의 봄 보리 재배종이 가지고 있다.
>
> 독일 식물 다양성 위원회(The Dutch Plant Variety Board)는 이 서비스를 1990년에 중단하였는데 연구 기관이나 육종 회사들이 더 이상 주요 병원체의 병원형 출현에 대한 데이터 수집을 그만두 었기 때문이다.

이런 다양화 방안은 지역 간에 혹은 대륙 간에도 가능하지만 이에 따른 적절한 법률 제정과 조사가 필요하다. 다양화 방법의 기본은 한 지역을 여러 개의 구로 나누어서 구마다 각기 다른 저항성을 가진 품종군을 키우는 것이다. 이러한 방법을 통하여 병원체가 한 곳에 만연되는 것을 막을 수 있다.

> Browning 등(1969)은 미국의 대평원을 세 개의 구역으로 나누자고 제안했다. 그들은 귀리-관녹병 시스템을 고려하고 있었지만 그 외의 다른 소곡류- 녹병 시스템에도 똑같이 유효하다. 녹병은 남부 주들에서 월동하여 봄을 거치면서 캐나다까지 이동한다. 이러한 북쪽으로의 전파는 월동 지역인 남부, 중부 구역과 북부 구역에 각기 다른 저항성 유전자를 가진 재배종을 심는다면 효과적으로 억제할 수 있다. 이러한 방법으로 병원체가 북쪽으로 이동하기 위해서는 다음 구역을 거칠 때마다 항상 다른 병원성 유전자 조합이 필요하게 될 것이다. 구역들 사이의 경계선은 병원체 집단 중 해당 병원성 조합을 지닌 병원체들만이 무력화시킬 수 있는 장벽으로 작용하게 될 것이다.
>
> 우연히도 이러한 방법은 밀의 줄기 녹병에도 효과를 보였다. 1956년 이후부터 이 줄기 녹병이 심각하게 만연하는 일은 없어졌고 현재 중, 북부 구역에서 줄기녹병은 찾아보기가 어렵다. 병원체가 월동하는 남부 구역에서는 중, 북부 구역만큼의 효과는 없다. 남부 구역에는 훨씬 단순한 병원체만이 살고 있는데 이러한 병원체들은 다른 두 지역 품종의 감염을 위해 필요로 하는 병원성 유전자를 필요로 하지 않는다.

시간에 따른 유전자 다양화 전략은 지역 간의 다양화 전략의 변형이다. 다른 저항성 유전자를 다양한 작물(예를 들면 보리, 밀)의 봄 재배종과 겨울 재배종에 배분할 수 있을 것이다. 많은 잎 병원균들은 겨울 작물에 동면해 있다. 만약에 봄 작물이 겨울 작물과 다른 저항성 유전자들을 가질 경우에는 겨울 작물에서 봄 작물로의 병원체 전파가 저해될 것이다. 마찬가지로 봄 작물에서 겨울 작물로의 감염도 막을 수 있다. 결과적으로 병원체는 해마다 두 개의 장벽에 부딪치게 될 것이다.

7.12.4 다중 계통과 품종 혼합

다양화는 작물 내에서도 이루어질 수 있다. 다중 계통과 품종 혼합은 품종의 정체성과 관리를 유지하게 하는 요소를 잃어버리지 않으면서 작물 내의 복잡성을 증가시키는 방식이다. 이 전략은 자가수정 작물에 주로 쓰일 수 있다.

7.12.4.1 다중 계통

다중 계통이란 특정 천적에 대한 저항성 유전자에만 차이를 갖는 근동질 유전 계통(Near isogenic line)을 혼합한 품종이다(그림 31). 만약 다중 계통 안에 있는 저항성 유전자가 그 지역에 있는 모든 병원체 종에 대해서 계속 효과를 보인다면 그 계통은 '청정한(clean)'한 상태라고 할 수 있다. '망가진(dirty)'한 다중 계통은 저항성 유전자들이 병원체 종들에 대해서 모두 효과를 보이지 않은 경우를 말한다.

다중 계통에 저항성 유전자들을 적용하면 그 효과의 지속성을 늘릴 수 있을 것이다.

> *R1*을 가진 재배종의 단일 재배는 비병원성 *Avr*1(유전자 대 유전자 이론에 따르면 *R1*에 상응하는 짝)에 대한 대립유전자를 가진 모든 병원체종에 저항성을 보인다. *Avr*1 → *avr*1으로 돌연변이가 생기면 이러한 상황이 극적으로 바뀌어 작물 전체가 새로운 종에 감수성이 된다. 5개의 저항성 유전자(*R*1, *R*2, *R*3, *R*4, *R*5-근동질 유전계통)로 이루어진 다중계통은 하나의 독립체로서 병원체의 복잡종에만 완전하게 감수성이다. 그러한 품

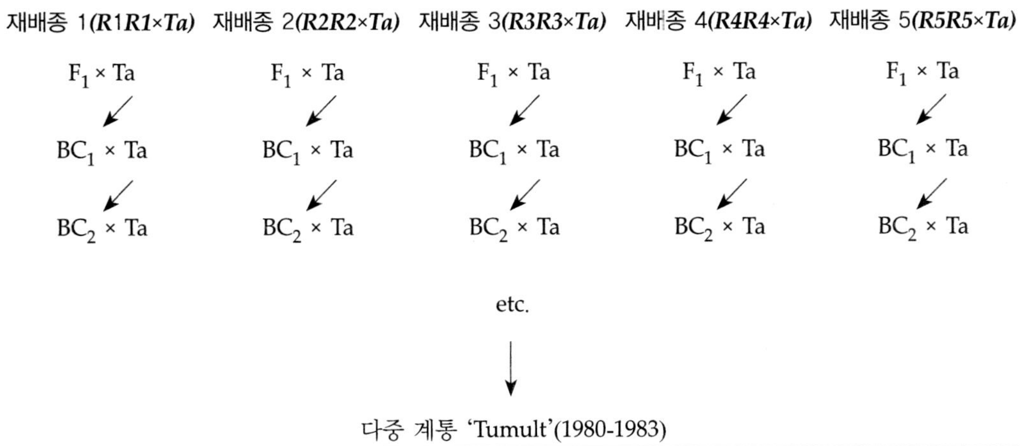

그림 31. 황녹병에 대한 밀의 저항성 다중 계통 개발을 위한 여교배 과정. 저항성 형질은 상업종인 Tadorna (Ta)에서 유래하였으며 그 다중 계통은 'Tumult'라고 부른다.

종은 상응하는 다섯 개의 감수성 요소들(*avr*1*avr*2*avr*3*avr*4*avr*5) 조합 모두를 가지고 있어야 할 것이다. 그러한 복잡종이 나타나지 않는 한 다중 계통은 *avr*1 종에 대해서 단일 재배에서 *R*1 재배종 보다 더 강한 수준의 저항성을 가진다.

만약 병원체에서 **안정화 선발(stabilizing selection)**이 복잡종의 형성을 막는다면 다중 계통은 목표로 하는 병원체에 대해서 지속적으로 작물을 보호할 것이다. 하지만 안정화 선발은 일반적으로 일어나는 원칙이(5.4.1.8) 아니기 때문에 다중 계통 저항성의 지속성에 대해서는 아직 검증되지 않았다.

병원체 집단이 청정한 다중 계통을 완전한 감수성으로 만들 정도인 복잡종을 진화시키려면 상당히 오랜 시간이 걸리리라 추정하는 것이 맞다.

다중 계통 전략은 여러가지 중요한 단점이 있다.

1. 이 방법은 보수적이다. 여교배 과정은 3년에서 6년이 걸린다. 생산량과 반복친의 다른 특성들은 다중계통이 만들어졌을 때 재배되고 있을 보통 품종에 비해 떨어질 것이다.

   다중 계통 'Tumult'이 이러한 예를 보여준다. 이 다중 계통은 'Tadorna'라는 재배종을 기반으로 개발되었다(그림 31). 이 재배종은 1966년에서 1976년까지 널리 재배되었으며 생산성이 높았다. 육종회사 Zelder는 1980년에 Tumult를 출시하였다. 하지만 출시되었던 시기에는 이미 기존 품종의 생산성이 너무 높아져 Tadorna의 생산성(Tumult의 생산성도)은 더 이상 별 관심을 끌지 못하였다. 1967년에 Tadorna의 상대적인 생산성은 양토에서 110%, 사토에서 114%를 보였다(같은 시기 재배종의 평균 생산성을 100%로 한다.). 1980년의 Tumult 상대 생산성은 양토에서 100%였고 사토에서 102%였다.

2. 여교배 과정이 필요하고 적절한 병원체 종들로 반복적인 검사를 해야 하기 때문에 개발 과정이 너무 복잡하고 고되다. 게다가 전통적인 재배종에 비해서 유지 및 증식 과정이 복잡하다. 분자 마커는 이런 여교배에 드는 시간을 훨씬 단축시킬 수 있다(7.11.5.3).

3. 육종가의 권리와 품종 등록에 대한 현재의 법률은 다중 계통 방법에 맞지 않다. 3~5번 정도로 하는 제한된 여교배로는 법에서 정한 수준의 순도 높은 품종을 만들기 어렵다. 이러한 경우에는 식물 재료들을 각각 등록해야 하는데 이는 비용도 많이 들고 절차가 복잡하다.

아마 대부분 이러한 단점 때문에 다중 계통 방법은 별로 많이 쓰이지 않는다. 현재 다중 계통이 상업화된 경우는 거의 없다.

7.12.4.2 품종 혼합

품종 혼합은 다중 계통 방법의 대체 방안이다. 이는 여러 저항성 유전자를 가진 품종들로 구성된다. 이러한 품종들은 권장 품종 목록의 다양화 전략을 통해 선발된다(7.12.3).

이 혼합된 재배종들은 근동질 유전 계통이 아니며, 따라서 작물 특질에서 많은 차이를 보일 것이다. 그러한 이유로 재배종 혼합은 주로 식물의 키나 조숙성 같은 특징이 비슷한 품종들로 이루어진다. 곡류, 특히 사료용 곡류의 경우 작물 특성이 유전적으로 다양해도 큰 문제가 되지 않는다. 재배종 혼합은 이러한 경우에 다중 계통보다 효과적이다. 이 방법은 훨씬 덜 복잡한 과정을 거친다.

> Zhu 등(2000)은 중국 윈난성에서 벼 도열병(*Magnaporthe grisea*) 피해를 줄이기 위해서는 두 개의 벼 품종을 섞어 재배하는 것이 효과적이라고 보고하였다. 이 중 한 벼 품종은 찰기가 있는 쌀로 시장에서 고품질로 평가 받으나 도열병에 감수성을 띄고 있고 나머지 한 품종은 찰기가 없으며 시장 품질은 낮으나 강한 저항성을 보이는 잡종이다. 각각 따로 손으로 수확하기 위하여 품종들을 줄마다 번갈아가며 심었는데 한 줄은 찰기 있는 품종을, 4~6줄은 찰기없는 품종들을 번갈아 재배했다. 성과는 단일 재배 경우와 비교되었고 수확물의 생산량과 경제적 가치를 측정하였다. 또한 이삭의 도열병이 걸린 정도도 측정하였다. 찰기띈 벼 품종은 저항성 품종들과 이웃하며 자라면서 도열병에 걸린 정도가 94%나 줄었고 생산량은 89%나 늘었다. 헥타르당 생산된 벼의 시장 가치의 증가도 상당했다. 이 다양화 전략은 중국에서 많이 쓰이기 시작했다. 프로젝트 시행 2년 후에는 도열병을 통제하기 위한 엽면 진균제가 더 이상 필요치 않게 되었으며 2000년에는 재배지가 40,000ha까지 증가하였다. Revilla-Molina 등은(2009)은 또한 이러한 재배법의 부차적인 이점으로 찰기 없는 도복(쓰러짐) 저항성 품종들이 옆에서 자라고 있었기에 큰 키의 찰기 있는 벼 품종이 도록으로부터 보호받을 수 있었음을 입증하였다.

품종 혼합의 목적과 개념은 다중 계통과 같으나 만들어내기는 훨씬 더 간단하다. 그저 서로 다른 저항성 유전자를 가진 성공적인 최신 품종 몇 개를 섞어서 재배하면 된다. 이 방법이 현실적으로 가질 수 있는 문제는 저항성 유전자가 서로 다른 유사 품종은 선택의 폭이 매우 좁다는 것이다.

Q40 왜 감자역병균(*Phytophthora infestans*)에 대해 저항성을 갖는 감자의 다중 계통 개발이 어려운가? 품종 혼합의 경우는 어떠한가?

7.12.5 종합적 방제

여러 가지 방제 방법을 같이 이용하는 것을 권장한다. 저항성 재배종과 다른 방제 방법들을 같이 이용하면 시너지 효과를 낼 수 있을 것이다. 천적집단의 밀도가 낮을 경우에 병원성을 갖는 종이 발생해 집단 내에서 계속 존재할 가능성은 적을 것이다. 결과적으로 저항성은 더욱 지속적으로 유지될 수 있다.

윤작 같은 제한적인 재배 관행들은 법에 따라 효율적으로 시행되고 감시해야할 필요가 있다. 앞서 논의된 여러 가지 방법들과 더불어 생산자와 작물 육종가들은 많은 경우 국제적 수준에 따라야 한다. 다음 절에서 몇 개의 예시를 더 다룰 예정이다.

7.12.5.1 휴한기 이용

많은 천적들은 1년에 적어도 한번 이상 병목 시기을 겪는다. 집단의 개체수는 유리한 환경 조건하에서는 크게 증가하지만 기주 식물체가 없는 등의 불리한 환경 조건에서는 급격히 줄어든다. 한 계절의 병원체 집단의 유전적 구성은 병목 시기를 거치면서 살아 남은 유전자형 쪽으로 많이 치우치게 된다.

병목 시기와 처음 만연하기 시작하는 시기에 천적을 추가적으로 억제하는 모든 요소와 방법들을 사용하면 병원성 종이 나타나 다음 계절로 넘어갈 기회를 줄일 수 있을 것이다.

> 흰가루병은 서부 유럽에서 보리에 심각한 해를 주는 병원체이다. 65쪽에 나와있는 예시(Leijerstam, 1972년)를 보면 비교적 약하게 흰가루병에 감염된 보리밭에서 일별로 형성된 병원성 돌연변이 병원체의 수치가 매우 높을 수 있음을 추론할 수 있다. 이 점에서는 저항성 유전자가 몇 주가 아니라 몇 년이나 유지되는 것은 놀라운 일이다. 이것으로 볼 때 새로운 돌연변이들은 완전히 정착되는 것이 어려우며 집단 내에서 원래의 유전자형과 경쟁을 해야 하는 것으로 보인다.
> 이러한 경쟁은 병목 시기에 유독 심하다. 병원체들은 보리가 익기 직전에 왕성하게 증식하다 그 이후 집단 규모가 크게 줄어버린다. 수확 후엔 보리 잎 조직의 초록색 부분이 적어지지만 가을로 가면서 증가하게 된다. 자연적으로 발생한 식물체나 겨울 보리에서 병원체는 새로운 집단을 형성하기 시작하여 겨울 보리와 이듬해 좀 늦은 봄 보리에 만연하게 될 것이다. 겨울 보리 경작의 금지는 병목 현상을 심화시켜 여름에 생겨난 병원성 돌연변이들이 월동해 살아 남는 비율을 크게 줄일 수 있다. 이러한 방법은 덴마크에서 여러 해 시행되었으며 주요 저항성 유전자들의 지속 기간을 3-4년에서 10년 이상으로 늘릴 수 있으리라 추정된다.

7.12.5.2 윤작과 식물위생

종자와 증식 재료의 생산 및 거래 과정에서 철저히 검사한다면 초기에 감염을 발견하고 감염을 근절할 수 있을 것이다. 이 방법은 감자 바이러스와 같은 병원체 집단의 크기를 제한함으로써 병원성 돌연변이의 출현 기회를 줄인다(6.10).

감자 사마귀 병(*Synchytrium endobioticum*)은 토양전염성 병원체로 감자에 해로운 병이다(단세포 곰팡이로 균사를 형성하지 않음). 포자는 다양한 환경 조건에 따라 토양에서 40년 이상 살아 남을 수 있다. 저항성은 병원체형 특이적이고 세계적으로 20개 이상의 병원체가 알려져 있다. 그 중 4개는 네덜란드에서 발생한 것이다. 재배자가 단 하나의 사마귀병을 발견했다하더라도 그는 식물병리 관리소에 신고해야 한다. 그리고 최소 20년 동안 그 밭에는 그 어떤 감자도 재배할 수 없다. 심지어 이웃 밭에서도 그 병원체형 저항성 품종이 아니라면 그 시기에 감자를 재배하면 안 된다. 감염된 토양은 5년 동안 집중 표본 조사를 하거나 10년 동안 광역 표본 조사를 한 후에야 농민은 농림부에서 공시한 목록에 있는 저항성 품종을 심을 수가 있다. 표본조사에는 감염 의심 농장에서 채취한 토양에 감수성 식물체를 재배하는 것을 포함한다. 식물체가 감염되지 않으면 시험 결과는 음성이다. 병원체 특이적 저항성이 유효하여 새로운 저항성 유전자 도입이 거의 불필요하다. 병원체의 집단 규모가 크게 줄어들면서 감자 사마귀병에 대해 저항성 품종만을 심게 했던 네덜란드의 법은 1974년 철폐되었다 네덜란드에서는 감자 낭종 선충병(*Globodera rostochiensis*와 *G.pallida*)의 방제는 여러 가지 방법을 같이 이용한다. 보통 농민는 3년에 한번 감자를 재배할 수 있다. 씨감자(생산자가 감자를 키우기 위한 괴경을 생산하는 감자)의 경우는 생산용 감자와 같은 곳에서 키울수 없는데 이는 씨감자를 낭종 선충병 무병주이어야 하기 때문이다. 살아 있는 이 선충종이 발견되면 최소 12년 동안 해당 농지의 이용은 금지된다. 생산자가 토양 소독과 이후의 집중 토양 검사 비용을 지불한다면 조기 금지해제를 요청할 수 있을 것이다. 그러면 저항성 감자 품종 재배가 허용될 수 있다. 처음에 감염시킨 선충의 종과 **병원체형(pathotype)**이 알려져 있다면 농민은 이 선충에 효과가 있는 저항성 푼종을 선택해야 한다. 이 저항성 품종들은 현재 휴면 중일 수도 있는 선충을 깨우고 이 선충들은 저항성 감자를 감염시킨 후 죽는 덫으로 사용된다. 이렇게 덫으로 사용된 작물은 조기에 제초제로 죽여야 살아남은 선충(지역 선충 집단에서 낮은 병원성 대립유전자의 빈도를 의미함. 6.3 참조)이 낭종을 형성하는 것을 막을 수 있다. 1:3 윤작법은 약하게 감염되었을 단계를 감지하지 못해 너무 빠르게 증식하게 된 선충을 막기 위한 방법이다. 저항성은 **병원체형** 특이적인 한 두 개의 유전자들을 기반으로 한다. 법적으로 선충의 증식 요인(multiplication factor)이 1.0 이하일 경우 그 품종은 저항성이라고 판단한다(선충 집단 크기의 감소를 의미함)(6.3). 표 26은 여러 가지 방제 방법이 선충의 집단 크기에 주는 영향을 보여주고 있다. 선충의 증가율은 감수성 식물이 자랄 때 증식 요인이 25로 추정된다. 다른 작물(비기주 작물)의 재배는 병원체의 집단 크기 감소를 유도할 수 있다(1년 당 재배 시작기의 약 2/3 정도로 줄일 수 있다). 저항성 작물의 재배는 선충 집단을 1/5 정도로 줄인다. 실제로는 병원형체이 존재하거나 다른 작물을 재배하는 동안 자생 감자가 출현하기 때문에 훨씬 더 복잡해진다. 두 가지 방해 요소로 인해 선충의 집단 크기는 보다 천천히 줄게 된다.

7.13 생물학적 방제력을 가진 저항성의 조합

특히 온실 작물에서는 많은 해충들이 생물학적으로 방제되고 있다. 해충에 대한 하나 또는 그 이상의 천적(포식자)을 도입하면 작물과 해충 및 해충의 포식자는 **3단계 포식 관계(tritrophic)** 를 형성하여 상호적으로 서로 위협을 가하거나 의존하게 된다. 강한 저항성 재배종이 자라고 있으면 해충을 물리칠 수 있으나 결과적으로 해충의 포식자도 쫓게 된다. 이에 따라 여러 가지 결과를 예상해 볼 수 있는데 어느 정도 저항성이 있는 식물체의 해충 포식자가 해충을 일정한 수준으로 제한할 수 있을 것이다. 즉 생물학적 방제가 더 성공적일 것이다.

반면에 저항성은 포식자 종을 유지하기 어려울 만큼 집단 크기를 줄게 할 수 있으며 어떤 경우에는 저항성을 유도하는 특정 독성 화합물이 해충뿐만이 아니라 간접적으로 해충의 포식자에게도 피해를 줄 스 있다. 이러한 경우 **3단계 포식 관계가** 흔들리게 되고 그 결과 전염병은 그 전보다 더 심각해 질 수 있다.

표 26. 10년 이상의 기간 동안 다양한 재배 조건하에서의 감자 낭종 선충 집단의 크기(1m^2 당 낭종의 수로 측정). 첫 번째 경작주기의 초기 수준은 4 낭종/m^{2}이다. S=이병성 품종, R=저항성 품종. 밑줄은 감자가 재배된 해의 수치임.

경작 조건	계절 말기의 1m^2 당 씨스트의 수									
	1	2	3	4	5	6	7	8	9	10
S 재배종만 경작	100	2,500	몇 년 후, 수확이 아예 없음							
4년에 한번 S 재배종 경작	100	66	44	30	750	500	334	220	5,500	3670
S와 R 재배종을 3년마다 교대로 경작	100	66	44	9	6	4	100	66	44	9
R 재배종, 3년에 한번 경작	0.8[a]	0.6	0.4	0.08		0으로 떨어짐				
R 재배종, 2년에 한번 경작	0.8[a]	0.6	0.1	0으로 급격히 떨어짐						

[a] R 재배종의 경작은 4씨스트/m^{2}에서 0.8 스트/m^{2}으로 줄게 했다.

용어 정리

이 용어들은 본서에서 다루고 있는 주제만을 설명하기 위하여 즉, 식물과 천적 사이의 관계 설명에 사용하기 위하여 정의되었다. 몇몇 용어들은 의학, 기생충학, 그리고 다른 학문에서는 여기서와는 다르게 사용될 수 있다. 심지어 식물-병원체 상호작용과 저항성 육종 분야에 종사하는 과학자들 중에도 용어의 사용과 관련하여 많은 혼란이 있고 특정 용어 사용에 의견이 맞지 않은 경우도 있다. 그러므로 다음의 용어 목록은 본서 저자의 의견을 반영한 것이며, 본 책의 목적에 맞게 뜻을 명료하고 일관성 있게 하고자 한 것이다.

용어마다 그 용어가 등장하는 장의 번호가 표시될 것이다. 정의에 사용된 용어는 볼드체로 쓰여 용어 목록 어딘가에 설명되어 있음을 표시하였다.

다른 용어 정리도 있으나 같은 용어에 대해서 매우 다른 정의로 쓰여있을 수도 있으니 주의 깊게 살펴보라(American Phytopathological Society, http://www.apsnet.org/education/IllustratedGlossary/ and in Agrios(2004)).

능동적 기작 (Active mechanism)	**천적**의 **감염**시도에 대한 반응으로 저항성이 작동되는 식물의 방어기제. 5.2절
공격성(Aggressiveness)	어떤 **기주**식물이나 특정 유전자형을 다른 분리종보다 더 강하게 **감염**시키는 **천적 분리종(isolate)**의 능력 5.4.2.4
항생작용(Antibiosis)	**저항성**과 동의어; 곤충학자들이 사용함 3.2
항객성(Antixenosis)	특히 곤충학자들이 사용하는 용어로 **회피**와 동의어; 초식성 종이 그 식물을 먹거나 그 식물 위에 알을 낳는 것을 막는 식물의 특성. 3.1
비병원성(Avirulence)	하나 이상의 주요한 과민 저항성 유전자 때문에 기주 식물을 감염시킬 수 없는 **병원체**의 특성. **유전자 대 유전자 상호작용**이 일어날 것을 추정할 수 있는 용어다. 5.4.1.2
회피(Avoidance)	보통 생물 계절이나 형태(가시나 가시털 등), 또는 냄새에 의해 잠재적 천적이 가깝게 접근하는 가능성을 줄이는 식물의 능력. 3.1
기본 저항성 (Basal resistance)	식물체가 아직 적응하지 않은 미생물들에 대한 방어. 4장
기본 친화성 (Basic compatibility)	천적이 어떤 식물 종을 **기주**로 이용하기 위하여 그 식물에 충분히 적응될 때 다다르게 될 기생적 관계. 4장

활물기생(Biotroph)	(병원성 유기체) 살아 있는 **기주** 세포조직에서 영양분를 빼내는 것. 식물병리학자들이 일반적으로 사용하는 용어. 2.2와 6.5
생물형(Biotype)	**종**과 동의어, 그러나 식물 세포조직을 먹고 사는 **초식** 곤충과 선충 그리고 기생고등식물을 대상으로 사용되는 용어이다. 5.4.1.2
물어 뜯기는 피해 (Biting damage)	동물이 입으로 물어 뜯어 생긴 식물의 손상. 2장
저항성 붕괴(Breaking down)	천적 집단의 변화에 의해 **저항성**의 효과가 줄어드는 현상을 말하며 **침식(Erosion)**이라고도 한다. 5.4.1.8
광범위 저항성 (Broad resistance)	잠재적인 여러 **천적**에 대해 식물이 갖는 공통된 저항성. 5.2
공진화(Co–evolution)	상호적인 선발 압력에 의한 천적과 기주 식물체 집단의 유전적 변화 (cf. 진화(evolution)). 4장
복합한 레이스 (Complex race)	넓은 **병원성 범위**를 가진 **종**. 5.4.1.2
손상(Damage)	**스트레스 요인**으로 인한 실질적 생산량 및 경제적 생산량의 감소. 2.1
병원체 분류 세트 (Differential set)	천적 **종**의 특징을 확인하고 구분할 수 있는 식물체 계통이나 재배종 모음. 5.4.1.7
차별적 상호작용 (Differential interaction)	두 식물 유전자형의 감수성 정도는 노출이 된병원체 분리종의 유전자형에 따라 달라지는 현상. 재배종 X 병원종에는 확실한 상호작용이 있다. 5.4.1.3
병(Disease)	생물학적 **스트레스 요인** 하나 또는 여러 개로 인한 식물이나 식물 부분의 생리적 장해를 말하며 **병징**을 일으킨다. 2.1 영양 결핍이나 독성물질 등 비생물적 요소에 의한 생리적 장해도 지칭한다.
지속적인 저항성 (Durable resistance)	천적이 나타나기 쉬운 환경에서 해당 식물체를 대규모로 재배했을 때 장기간 효과를 보이는 **저항성**. 5.4.1.8
조숙성(Earliness)	식물이 유모에서 개화시기까지 또는 수확물이 열리기까지의 시간을 짧게 조절하는 능력. 7.9.1
반응기(effector)	기주의 세포 기능을 조작하는 병원체가 분비한 단백질. 감염된 미생물의 반응기를 식물이 인식하면 과민 반응을 유도하는 **비병원성 요소**로 작용한다. 4장, 5.4.1.3
침식(Erosion)	저항성 붕괴(Breaking down of resistance)를 보시오. 5.4.1.8
이탈(Escape)	감염시킬 수 있는 **접종원**이 식물체에 도달하지 못했기에 감염을 피하여 남을 수 있게 된 것. 3.1, 6.2, 6.3과 7.3.1

진화(Evolution) (유의어: 적응)	그 종의 적응도가 증가하여 집단의 유전적 속성의 변화 과정으로 일방적인 선발 압력이 있다(cf. 공진화(Co–evolution)). 4장
포장 저항성(Field resistance)	포장에서 저항성이 확연히 구분이 되는 경우이다. 5.4.2
먹이 식물(Food plant)	동물이 영양 공급원으로 이용이 가능한 식물 종(혹은 다른 분류군일수도 있음). (cf. 기주) 2장
분화형(Forma specialis)	**기주**에 따라 구별되는 천적 종들에 대한 단위. 5.3.4
유전자 대 유전자 상호작용 (Gene–for–gene relation)	1. 기주와 병원체 혹은 기주와 기생체와의 관계에서 식물이 갖는 저항성 유전자는 침입한 천적이 이 유전자에 상응하는 **비병원성** 유전자를 가지고 있을 때만 발현이 되어 증상을 보인다. 5.4.1.3 2. 기주와 병원체 혹은 기주와 기생체 관계에서 천적이 단일 유전자에 의해 만드는 독성 화합물에 대해 식물이 역시 단일 유전자에 의한 상응하는 수용기가 있어야 감염이 이루어진다. 이러한 유전자 대 유전자 관계는 **사물기생** 병원체와 기주 사이에서 발견된다. 6.6
통상적 방어 (General defence)	모든 잠재적인 천적 대부분에 대해 식물이 스스로를 보호하기 위해 가지고 있는 기작. 4장
광범위 병원체(Generalist)	넓은 **기주 범위**를 가지고 있는 천적 종 5.3.3
흡기(Haustorium)	1. 살아 있는 식물체에 병원성 곰팡이가 만들어내는 기관으로 식물 세포에서 영양분을 빼오는 역할을 주로 담당한다. 2.2 2. 고등 기생 식물이 **기주** 식물체에서 영양분을 빼앗기 위해 형성하는 특수화된 기관.
반활물기생(Hemibiotroph)	(유기체) 살아 있지만 곧 죽을 **기주** 조직에서부터 영양을 끌어와 이용하는 유기체 2.2과 6.5
초식 동물(Herbivore)	**초식성(Phytophagous)** 용어 설명을 보라. 이 용어는 생태학자들이 주로 쓰는 용어이다. 2장
수평 저항성 (Horizontal resistance)	1963년에 Vanderplank에 의해 처음 사용되었으며 **종 비특이적 저항성**과 같은 의미이다. 5.4.2.4
기주 식물(Host plant)	천적에 **감수성**을 보이는 식물로 영양을 공급하고 병원체가 살아갈 장소를 공급한다. 2장
기주(식물)범위 (Host plant range)	천적이 영양 공급원으로 이용하는 식물 종의 목록 5.3.3
과민성(Hypersensitivity)	식물의 병원체나 기생 식물에 대한 방어 능력으로 감염 부위의 식물 세포에 예정 세포사(세포 자살)가 일어나는 것. 5.4.1.1
면역(Immune)	**병원체**에 노출이 되었을 때 육안으로 뚜렷한 **감염 증상**을 보이지 않는 것. 5.4.1.1

발생 정도(Incidence)	**기주** 집단에서의 감염 정도를 말하는 것으로 감염된 식물체 수를 퍼센트로 나타내거나 **병징**을 보이는 개체의 비율을 확인한다. 6.10과 7.8.1.1
배양(Incubate)	1. 처음 식물체에 감염되어 첫 번째 육안으로 확인 가능한 **병징**이나 **징후**를 보이도록 하는 과정 2. **접종** 후에 식물체에 **감염** 속도를 빠르게 하기 위한 특정한 환경 조건을 맞추어 주는 것. 7.7
유도 저항성 (Induced resistance) (유의어: 예방 면역 (Premunition)	공생관계이거나 엽권 혹은 근권부 천적의 **감염**으로 인해 식물체가 변화하여 그 이후에 침입하는 병원체에 대해서 감수성이 감소하는 현상. 5.2
감염 유형(Infection type)	병원체의 감염에 식물이 반응하는 것을 표준화된 기준의 그림이나 말로 설명한 것. '반응 타입'과 유사한 용어이다. 5.4.2.1**과** 7.8.2.1
감염(Infection)	**병원체**가 식물을 영양 공급원으로 이용하는 것으로 이를 통해 더 많은 천적이 증식하게 된다. 2.1
감염 과정(Infection process)	식물에서 천적이 증식하는 것. 2.2
감염 빈도 (Infection frequency)	1. 식물 당 또는 잎 면적 단위 당 성공적으로 감염이 된 **병원체**의 개수. 2. 번식하는 개체에서 자라나는 포자의 비율이나 감염 단위(예를 들어 포자가 형성되어 손상된 부분). 5.4.2.2
섭식(Infestation)	1. **천적**이 식물에서 살아 가며 해당 식물을 영양 공급원으로 사용하는 것(유의어: 감염(Infection)). 2.1 2. 토양에서 **접종원**(병원체)가 출연하는 것(선충의 알, 갯 더부살이의 종자).
접종(Inoculate)	감염을 일으키기 위해 **병원체** 및 **기생체**의 포자나 번식체(propagule)을 식물체에 바르는 것. 7.5
접종원(Inoculum)	식물에게 노출된 병원체나 기생체의 포자나 번식체로 이를 통해 **감염**이 이루어진다. 7.5
실험 구간 간섭 (Interplot interference)	실험 포장에서 따로 분리해 키운 경우와는 다르게 이웃한 작은 토지에 심겨져 있는 식물 유전자형 중 양적인 저항성을 가진 식물은 더 강하게 감염이 되고 감수성 식물들은 약하게 감염이 되는 현상. 7.9.2
분리 균주(Isolate)	살아 있는 채로 저장되거나, 혹은 식물 및 영양 배지에서 분리하여 얻은 병원체나 기생체의 표본. 5.4.1.2

잠복기(Latency period)	**접종**한 순간부터 **전염성**이 생기는 순간까지 경과하는 시간(예를 들어 병원체의 포자 발생). 5.4.2.2 *영어에서 latent period라고 흔히 사용되는 것은 사실 잘못된 표현이며 시간이 감춰진 것이 아니라 병원체가 숨어 있는 것이기 때문이다.
모방(Mimicry)	한 유기체가 강하게 다른 유기체와 비슷해지는 현상으로 말하며 그 결과 잠재적 천적에 대한 방어를 할 수 있다. 3.1
단주기(Monocyclic)	1. (**천적이**) 한 계절에 한 번의 유성 또는 무성 생식 주기를 완성하는 것. 6.3. 2. (**검사**) **천적**에 대한 평가가 한 번의 생식 주기 안에 이루어지는 것. 5.4.2.2**와** 7.3.1
단식성(Monophagous)	하나의 **식물 종**만을 감염시킬 수 있는 **초식성** 병원체 종. 5.3.3
천적(Natural enemy)	식물에게 피해를 주거나 손상을 입히는 방식으로 살아 있는 녹색 식물체를 영양 공급원으로 이용하는 유기체. 그러므로 이 유기체들은 작물에게 **손상**을 주는 **스트레스 요인**이다. 2장
사물기생(Necrotroph)	천적에 의해 죽은 식물 조직에서 영양을 끌어오는 유기체. 2.2**와** 6.6
비수용성(Non-acceptance)	직접적인 환경에 대체물이 있건 없건 간에 상관없이 어떠한 식물을 영양원으로 쓰지 않는 **초식종**의 특징. (cf 비선호**)**. 7.10.1
비기주(Non-host)	어떤 천적 종이나 **분화형**에 대해 그 어떤 개체도 병에 걸리지 않는 식물 종. 5.3
비기주 저항성 (Non host resistance)	특정한 잠재적 천적에 대해 **비기주**로 있을 수 있게 하는 식물 종의 복합적인 특성. 5.3
비선호(Non-preference)	주변 환경에 더 유리한 대체 물이 있을 경우 어떤 식물체를 영양원으로 쓰지 않는 **초식성 종**의 특징 (cf 비수용성). 7.10.1
협식성(Oligophagous)	제한된 식물 종만 **감염시킬 수 있는 초식성** 종. **한정적 병원체**와 유사어이며 곤충학자가 쓰는 용어. 5.3.3
기회 기생체 및 병원체 (Opportunistic parasite/pathogen)	적응도가 낮아져 약해진 식물체나 식물체 일부분만을 감염시킬 수 있는 **기생체**나 **병원체**. 2.2**와** 6.6
팸프(PAMP)	병원체가 관련 분자 구조 패턴. 병원체 특이적인 생화학적 복합물질이나 펩티드로 이는 미생물라이프 스타일에 필수불가결거나 수용체가 인식하면 타고난면역 반응을 이끌어낸다. 4장
PAMP-triggered immunity	패턴 인식 수용체에 의한 병원체 관련 분자 패턴 인식에 의존한 적극적 방어 기제의 첫 번째 순서. 4장

돌기(Papilla)	병원체의 침투에 대한 식물의 반응으로 국소적 식물 세포벽이 해체된 것. 5.2
기생체(Parasite)	기주라고 부르는 다른 유기체에 붙거나 그 안에서 살아 가는 유기체를 말하며 해당 기주를 훼손해가며 양분을 얻는다. 2장
기생 능력(Parasitic ability)	식물 종을 **감염**시키기 위한 능력에 사용되는 천적의 모든 특성. 5.3.2
부분 저항성 (Partial resistance)	감수성이며 과민성 반응이 없는 식물체에서도 천적이 식물체 전체에 만연되는 것을 줄여주는 **저항성**. 5.4.2.1
수동 저항성 (Passive resistance)	**감염 과정**이 일어나기 전에 이미 식물체가 가지고 있는 방어기작으로 **천적**의 감염 시도로 인한 일어나는 반응이 아니다. 5.2
병원체(Pathogen)	미생물(바이러스와 바이로이드를 포함)에 속하는 유기체로 식물을 영양 공급원으로 이용한다. 2장
병원성(Pathogenic)	다른 유기체들을 **감염**시킬 수 있는 능력(사물기생과 반대어). 5.3.2와 5.3.3.
병원체 특이적 저항성 (Pathogen specific resistance)	오직 하나의 천적 종에만 저항성을 갖는 것. 4장
발병(Pathogenesis)	**감염 과정** 5.4.1.3
발병 관련 단백질 (Pathogenesis related proteins)	천적에 의한 감염 등의 **스트레스 요인**에 의한 반응으로 식물이 만들어 내는 단백질들, 노화 과정에서도 만들어진다. 5.2
병원형(Pathotype)	**'종'**을 찾아보시오. 5.4.1.2
병원체 아종(Pathovar)	**분화형**의 유사어로 식물에 병을 일으키는 박테리아에 주로 쓰임. 5.3.4
해충(Pest)	자주 전염병으로 나타나는 **초식성 또는 다른 해로운 작은** 동물 2.1
파이토알렉신(Phytoalexin)	항 미생물 기능이 있는 작은 분자 화합물로 천적이나 비 생물성 **스트레스 요인**에 반응하여 식물이 생산하는 물질. 5.2
초식성(Phytofagous)	곤충학자들이 주로 쓰며 살아 있는 식물 조직을 먹는 동물을 말한다. 2.1
대량발생(Plaque)	식물에 **손상**이나 장해를 일으키는 **초식성** 및 작고 해로운 그 밖의 동물 집단. 2.1
식물-병원체 시스템 (Plant-pathosystem)	**기주** 종(혹은 **식량 식물**)와 **천적** 종과의 조합. 3.2와 5.4.1.3
다주기(Polycyclic)	1. (**천적**) 작물이 자라는 한 계절에 여러 번의 유성 또는 무성 생식 과정을 거치는 것. 6.5 2. (검사) 천적에 대한 평가가 여러 번의 생식 주기 안에 이루어지는 것. 5.4.2.2와 7.3.1

잡식성(Polyfagous)	**광범위 병원체**와 같은 의미이나 **해충**에서만 쓰인다. 5.3.3
흡기 형성 이후 저항성 (Post haustorial resistance)	병원체가 세포에 **흡기**를 만든 후에 유도되는 식물 세포의 저항성 반응. 5.4.1.1
PR 단백질(PR proteins)	**발병 관련 단백질(Pathogenesis related proteins)**를 보라. 5.2
흡기 형성 이전 저항성 (Pre haustorial resistance)	병원체가 세포에 **흡기**를 만들기 전에 형성되는 식물 세포의 저항성 반응. 5.4.2.3
예방 면역(Premunition)	**유도 저항성(Induced resistance)**과 유사어이다; 바이러스 학에서 주로 사용된다. 7.2.3.4
종(race)	**병원성 범위**로 구분이 되는 병원체 종들의 유전자형 그룹. 병원형(pathotype)과 동의어. 5.4.1.2
종 비특이적 저항성 (Race non specific resistance)	모든 병원체의 유전자형에 대해 일정한 효과를 보이는 저항성. 5.4.2.4
종 특이적 저항성 (Race specific resistance)	특정한 유전자형(**비병원성**)의 병원체 종에 대해서만 효과를 보이는 저항성. 5.4.1.4
회복(능력)(Ability to recover)	천적에 의해 감염이 되고 뜯겨진 이후에 다시 회복하는 식물의 능력(예를 들어 재 성장)으로 피해를 최소화할 수 있다. 3.3
잔류 저항성 (Residual resistentie)	양적 저항성(대부분 **부분** 저항성) 완전한 **저항성**을 띄는 재배종을 감염시키는 **병원성 종**이 출연했을 때 나타나는 저항성. 5.4.2.7
저항성(Resistance)	천적과의 초기 접촉 이후 **천적**의 증식 및 발달을 억제하거나 멈추는 식물의 능력. 3.2
부생(Saprophyte)	식물이나 미생물 종으로 그 유기체들에 의해 죽지 않은, 이미 죽어 있는 식물 조직을 영양원으로 이용하는 것. 2.2
감응도(Sensitivity)	천적의 양에 따라 기주 식물이 보이는 상대적인 **병징**이나 **피해**. 3.3
징후(Sign)	눈으로 확인할 수 있는 병원체의 부분. 2.1
한정적 병원체(specialist)	좁은 **기주 범위**(즉 몇 개의 식물 종만으로 이루어짐)를 가지는 **천적** 종. 5.3.3
포자 생성(Spore production)	병반 당, 혹은 자실체(fruit body) 당, 잎 면적 cm^2 당, 시간당 생성된 **병원체**의 포자 수. 5.4.2.2
안정화 선발 (Stabilizing selection)	가정하고 있는 현상으로 병원체 종에서 **병원성**과 **비병원성** 유전자들은 상응하는 기주 집단 내의 저항성 유전자의 빈도와 효과에 따라 결정이 된다. (**유전자 대 유전자 관계**를 보라) 그리고 감수성 기주 식물체에서의 병원성과 비병원성 개체의 적합성 정도(fitness)가 다른 데에도 영향을 받는다. 5.4.1.8

스트레스 요인(Stress factor)	잠재적으로 손상을 일으키는 확인 가능한 요소. 1장
감수성(Susceptibility)	식물이 천적의 증식과 발달을 억제하지 못하는 능력. 3.2
병징(Symptom)	특정 병원체의 **감염** 등 **스트레스 요인**에 의해 식물의 정상적인 생장과 발달에서 벗어난 것. 2.1
보균 식물 (Symptomless carrier)	특정 병원체에 감수성이고 감염이 되었음에도 병징이 나타나지 않는 식물. 3.3
전신성(Systemic)	식물체 전체로 퍼진 것. 3.2
내성(Tolerance)	병원체나 기생체의 **감염**된 정도를 억제하기 보다 병징이나 피해를 제한하는 **기주** 식물의 능력. 3.3
3단계 포식 관계 (Tritrophic system)	식물과 병원체 그리고 병원체의 포식자의 관계로 3개의 유기체가 상호적으로 영향을 주고 의존하는 시스템. 7.13
유관속 시들음병 (Vascular wilt)	도관 조직에서 살고 증식하여 기주 식물을 시들게 하는 **병원체**. 2.2와 6.7
수직 저항성 (Vertical resistance)	1963년에 Vanderplank에 의해 도입된 용어로 **종 특이적 저항성**과 같은 의미이다. 5.4.1.2
초 이병화 현상 (Vertifolia effect)	완전 저항성 유전자는 유전적 배경에 존재할 가능성이 있는 양적 저항성을 가리기 때문에 교배와 선발 과정에서 기회적 부동(random drift)이 일어나고 **잔류 저항성**에 관여하는 유전자들을 잃게 될 것이라는 가정이다. 7.11.3
병원성(Viruence)	1. 하나나 그 이상의 과민 저항성 주요 유전자들에 상응하는 비병원성 유전자가 없기 때문에 그 저항성 유전자들을 가진 식물체들을 감염시킬 수 있는 병원체의 능력. 5.4.1.2 2. 병원체 양에 따라 **기주** 식물에 상대적인 **병징**이나 **피해**를 입히는 병원체의 특성.
병원성 범위 (Virulence spectrum)	병원체나 기생체가 상응하는 **비병원성** 유전자를 가지지 않거나 발현시키지 않은 저항성 유전자 무리. 5.4.1.2

참고문헌

Acquaah, G. (2007) Principles of plant genetics and breeding. Blackwell Publishing, Oxford, UK, 569 pp.

Agrios, G.N. (2004) Plant Pathology. 5th ed. Elsevier Academic Press, Amsterdam, the Netherlands, 922 pp.

Allefs, S.J.H.M., D.E.A. Florack, C. Hoogendoorn & W.J. Stiekema (1995) *Erwinia* soft rot resistance of potato cultivars transformed with a gene construct coding for antimicrobial peptide cecropin B is not altered. Am Potato J 72: 437-445.

Anzai, H., K. Yoneyama & I. Yamaguchi (1989) Transgenic tobacco resistant to a bacterial disease by the detoxification of a pathogenic toxin. Mol Gen Genet 219: 492-494.

Atienza, S.G., H. Jafary & R.E. Niks (2004) Accumulation of genes for susceptibility to rust fungi for which barley is nearly a nonhost results in two barley lines with extreme multiple susceptibility. Planta 220: 71-79.

Bai, Y., R. Van der Hulst, G. Bonnema, T.C. Marcel, F. Meijer-Dekens, R.E. Niks & P. Lindhout (2005) Tomato defence to *Oidium neolycopersici*: Dominant *Ol*-genes confer isolate-dependent resistance via a different mechanism than recessive *ol-2*. Mol Plant Microbe In 18: 354-362.

Bai, Y., S. Pavan, Z. Zheng, N. Zappel, A. Reinstadler, C. Lotti, C. De Giovanni, L. Ricciardi, P. Lindhout, R.G.F. Visser, K. Theres & R. Panstruga (2008) Naturally occurring broad-spectrum powdery mildew resistance in a central American tomato accession is caused by loss of *Mlo* function. Mol Plant Microbe In 21: 30-39.

Baldauf, S.L. (2003) The deep roots of Eukaryotes. Science 300: 1073-1076.

Batchvarova, R., V. Nikolaeva, S. Slavov, S. Bossolova, V. Valkov, S. Atanassova, S. Guelemerov, A. Atanassov & H. Anzai (1998) Transgenic tobacco cultivars resistant to *Pseudomonas syringae* pv. *tabaci*. Theor Appl Genet 97: 986-989.

Baum, J., T. Bogaert, W. Clinton, G.R. Heck, P. Feldmann, O. Ilagan, S. Johnson, G. Plaetinck, T. Munyikwa, M. Pleau, T. Vaughn & J. Roberts (2007) Control of coleopteran insect pests through RNA interference. Nat Biotechnol 25: 1322-1326.

Beale, M.H., M.A. Birkett, T.J.A. Bruce, K. Chamberlain, L.M. Field, A.K. Huttly, J.L. Martin, R. Parker, A.L. Phillips, J.A. Pickett, I.M. Prosser, P.R. Shewry, L.E. Smart, L.J. Wadhams, C.M. Woodcock & Y. Zhang (2006) Aphid alarm pheromone produced by transgenic plants affects aphid and parasitoid behavior. Proc Natl Acad Sci USA 103: 10509-10513.

Bormann, C.A., A.M. Rickert, R.A.C Ruiz, J. Paal, J. Lubeck, J. Strahwald, K. Buhr & C. Gebhardt (2004) Tagging quantitative trait loci for maturity-corrected late blight resistance in tetraploid potato with PCR-based candidate gene markers. Mol Plant Microbe In 17: 1126-1138.

British Mycological Society (1948) The measurement of potato blight. Trans Brit Myc Soc 31: 140-141.

Broglie, K., I. Chet, M. Holliday, R. Cressman, P. Biddle, S. Knowlton, C.J. Mauvais & R. Broglie (1991) Transgenic plants with enhanced resistance to the fungal pathogen *Rhizoctonia solani*. Science 254: 1194-1197.

Browning, J.A., M.D. Simons, K.J. Frey & H.C. Murphy (1969) Regional deployment for conservation of oat crown rust resistance genes. Special Report Iowa Agriculture and Home Economics Experiment Station 64, pp. 49-56.

Carr, A.J.H. & P.L. Catherall (1964) The assessment of disease in herbage crops. Rep Welsh Plant Breed Stn, 1963, p. 94.

Chisholm, S.T., G. Coaker, B. Day & B.J. Staskawicz (2006) Host-microbe interactions: shaping the evolution of the plant immune response. Cell 124: 803-814.

References

Chong, J. & T. Aung (1996) Interaction of the crown rust resistance gene *Pc94* with several *Pc* genes. In: Proc 9th Europ Mediterr Cer & Powd Mild Conf, 2-6 Sept. 1996, the Netherlands, pp. 172-175.

Chunwongse, J., S. Doganlar, C. Crossman, J. Jiang & S.D. Tanksley (1997) High-resolution genetic map of the *Lv* resistance locus in tomato. Theor Appl Genet 95: 220-223.

Cobb, N.A. (1892) Contributions to an economic knowledge of the Australian rusts (*Uredineae*). Agr Gaz NSW 3: 60-68.

Cockerham, G. (1955) Strains of potato virus X. In: Proc. 2nd Conf on Potato Virus Diseases. E. Streutgers. A.B.R. Beemster, D. Noordam & J.P.H. Van der Want (eds). Veenman, Wageningen, the Netherlands, pp. 89-90.

Collins, N.C., H. Thordal-Christensen, V. Lipka, S. Bau, E. Kombrink, J.-L. Qiu, R. Hückelhoven, M. Stein, A. Freialdenhoven, S. Somerville & P. Schulze-Lefert (2003) SNARE-protein-mediated disease resistance at the plant cell wall. Nature 425: 973-977.

Custers, J.H.H.V. (2007) Engineering disease resistance in plants. Thesis Wageningen University, Wageningen, the Netherlands. Available at: http://library.wur.nl/wda/dissertations/dis4107.pdf.

Dangl, J.L. & J.D.G. Jones (2001) Plant pathogens and integrated defence responses to infection. Nature 411: 826-833.

De Wit, P.J.G.M. (2000) The *Cladosporium fulvum*-tomato interaction. A model system to study gene-for-gene relationships. In: Mechanisms of resistance to plant diseases. A.J. Slusarenko, R.S.S. Fraser & L.C. Van Loon (eds.) Kluwer Academic Publishers, Dordrecht, the Netherlands, pp. 53-75.

Dickinson, M.J., D.A. Jones & J.D.G. Jones (1993) Close linkage between the *Cf-2/Cf-5* and *Mi* resistance loci in tomato. Mol Plant Microbe In 6: 341-347.

Dixon, M.S., D.A. Jones, J.S. Keddie, C.M. Thomas, K. Harrison & J.D.G. Jones (1996) The tomato *Cf-2* disease resistance locus comprises two functional genes encoding leucine-rich-repeat proteins. Cell 84: 451-459.

Dussourd, D.E. (2009) Do canal-cutting behaviours facilitate host-range expansion by insect herbivores? Biol J Linn Soc 96: 715-731.

Dussourd, D.E. & T. Eisner (1987) Vein-cutting behaviour: insect counterploy to the latex defense of plants. Science 237: 898-901.

Flor, H.H. (1956) The complementary genetic systems in flax and flax rust. Adv Genet 8: 29-54.

Flor, H.H. (1958) Mutation for virulence in *Melampsora lini*. Phytopathology 48: 297-301.

Friesen, T.L., J.D. Faris, P.S. Solomon & R.P. Oliver (2008) Host-specific toxins: effectors of necrotrophic pathogenicity. Cell Microbiol 10: 1421-1428.

Fuller, V.L., C.J. Lilley & P.E. Urwin (2008) Nematode resistance. New Phytcl 180: 27-44.

Giamoustaris, A. & R. Mithen (1995) The effect of modifying the glucosinolate content of leaves of oilseed rape (*Brassica napus* ssp. *oleifera*) on its interaction with specialist and generalist pests. Ann Appl Biol 126: 347-363.

Gilbert, L.E. (1982) The coevolution of a butterfly and a vine. Sci Am 247: 102-107.

Gottula, J. & M. Fuchs (2009) Toward a quarter century of pathogen-derived resistance and practical approaches to plant virus disease control. Adv Virus Res 75: 161-183.

Grant, S.R., E.J. Fisher, J.H. Chang, B.M. Mole & J.L. Dangl (2006) Subterfuge and manipulation: type III effector proteins of phytopathogenic bacteria. Ann Rev Microbiol 60: 425-449.

Haas, B.J., S. Kamoun, M.C. Zody, R.H.Y. Jiang, R.E. Handsaker, L.M. Cano, M. Grabherr, C.D. Kodira, S. Raffaele, T. Torto-Alalibo, T.O. Bozkurt, A.M.V. Ah-Fong, L. Alvarado, V.L. Anderson, M.R. Armstrong, A. Avrova, L. Baxter, J. Beynon, P.C. Boevink, S.R. Bollmann, J.I.B. Bos, V. Bulone, G. Cai, C. Cakir, J.C. Carrington, M.

Chawner, L. Conti, S. Costanzo, R. Ewan, N. Fahlgren, M.A. Fischbach, J. Fugelstad, E.M. Gilroy, S. Gnerre, P.J. Green, L.J. Grenville-Briggs, J. Griffith, N.J. Grünwald, K. Horn, N.R. Horner, C.H. Hu, E. Huitema, D.H. Jeong, A.M.E. Jones, J.D.G. Jones, R.W. Jones, E.K. Karlsson, S.G. Kunjeti, K. Lamour, Z. Liu, L.J. Ma, D.MacLean, M.C. Chibucos, H. McDonald, J. McWalters, H.J.G. Meijer, W. Morgan, P.F. Morris, C.A. Munro, K. O'Neill, M. Ospina-Giraldo, A. Pinzón, L. Pritchard[8], B.Ramsahoye, Q. Ren, S. Restrepo, S. Roy, A. Sadanandom, A. Savidor, S. Schornack, D.C. Schwartz, U.D. Schumann, B. Schwessinger, L. Seyer, T. Sharpe, C. Silvar, J. Song, D.J. Studholme, S. Sykes, M. Thines, P.J.I. Van de Vondervoort, V. Phuntumart, S. Wawra, R. Weide, J. Win, C. Young, Shiguo Zhou, W. Fry, B.C. Meyers, P. Van West, J. Ristaino, F. Govers, P.R.J. Birch, S.C. Whisson, H.S. Judelson & C.Nusbaum (2009) Genome sequence and analysis of the Irish potato famine pathogen *Phytophthora infestans*. Nature 461 393-398.

Hanson, C.H., T.H. Busbice, R.R. Hill Jr., O.J. Hunt & A.J. Oakes (1972) Directed mass selection for developing multiple pest resistance and conserving germplasm in alfalfa. J Environ Qual 1: 106-111.

Hightower, R., C. Baden, E. Penzes & P. Dunsmuir (1994) The expression of cecropin peptide in transgenic tobacco does not confer resistance to *Pseudomonas syringae* pv. *tabaci*. Plant Cell Rep 13: 295-299.

Hilder, V.A. & D. Boulter (1999) Genetic engineering of crop plants for insect resistance - a critical review. Crop Prot 18: 177-191.

Hilder, V.A., A.M.R. Gatehouse, S.E. Sheerman, R.F. Barker & D. Boulter (1987) A novel mechanism of insect resistance engineered into tobacco. Nature 330: 160-163.

Jafary, H., G. Albertazzi, T.C. Marcel & R.E. Niks (2008) High diversity of genes for nonhost resistance of barley to heterologous rust fungi. Genetics 178: 2327-2339.

James, W.C. (1971) An illustrated series of assessment keys for plant diseases, their preparations and usage. Can Plant Dis Surv 51: 39-65.

Jan, P.S., H.Y. Huang & H.M. Chen (2010) Expression of a synthesized gene encoding cationic peptide cecropin B in transgenic tomato plants protects against bacterial diseases. Appl Environm Microbiol 76: 769-775.

Jaynes, J.M., P. Nagpala, L. Destefano-Beltran, J.H. Huang, J.H. Kim, T. Denny & S. Cetiner (1993) Expression of a cecropin B lytic peptide analog in transgenic tobacco confers enhanced resistance to bacterial wilt caused by *Pseudomonas solanacearum*. Plant Sci 89: 43-53.

Johal, G.S. & S.P. Briggs (1992) Reductase activity encoded by the *Hm1* disease resistance gene in maize. Science 258: 985-987.

Jørgensen, J.H. (1988) Genetic analysis of barley mutants with modifications of powdery mildew resistance gene *Ml-a12*. Genome 30: 129-132.

Johnson, R. (1984) A critical analysis of durable resistance. Annu Rev Phytopathol 22: 309-330.

Kampmann, H.H. & O.B. Hansen (1994) Using colour image analysis for quantitative assessment of powdery mildew on cucumber. Euphytica 79: 19-27.

Kang, L., J. Li, T. Zhao F. Xiao, X. Tang, R. Thilmony, S.Y. He & J.-M. Zhou (2003) Interplay of the Arabidopsis nonhost resistance gene NHO1 with bacterial virulence. Proc Natl Acad Sci USA 100: 3519-3524.

Karban, R., R. Adamchak & W.C. Schnathorst (1987) Induced resistance and interspecific competition between spider mites and a vascular wilt fungus. Science 235: 678-680.

Kema, G.H.J. (1996) *Mycosphaerella graminicola* on wheat. Genetic variation and histopathology. PhD thesis Wageningen Agric. Univ., Wageningen, the Netherlands, 141 pp.

References

Knott, D.R. (1989) The effect of transfers of alien genes for leaf rust resistance on the agronomic and quality characteristics of wheat. Euphytica 44: 65-72.

Kooistra, E. (1968) Significance of the non-appearance of visible disease symptoms in cucumber (*Cucumis sativus* L.) after inoculation with *cucumis* virus 2. Euphytica 17: 136-140.

Krattinger, S.G., E.S. Lagudah, W. Spielmeyer, R.P. Singh, J. Huerta-Espino, H. McFadden, E. Bossolini, L.L. Selter & B. Keller (2009) A putative ABC transporter confers durable resistance to multiple fungal pathogens in wheat. Science 323: 1360-1363.

Kushalappa, A.C. & A.B. Eskes (1989) Advances in coffee rust research. Annu Rev Phytopathol 27: 503-531.

Lefebvre. V, A.M. Daubèze, J. Rouppe van der Voort, J. Peleman, M. Bardin, A. Palloix (2003) QTLs for resistance to powdery mildew in pepper under natural and artificial infections. Theor Appl Genet 107:661-6.

Lindhout, P., G. Pet & H. Van der Beek (1994) Screening wild *Lycopersicon* species for resistance to powdery mildew (*Oidium lycopersicum*). Euphytica 72: 43-49.

Lipka, U., R. Fuchs & V. Lipka (2008) Arabidopsis non-host resistance to powdery mildews. Curr Opin Plant Biol 11: 404-411.

Liu G.S., R. Kennedy, D.L. Greenshields, G. Peng, L. Forseille, G. Selvaraj & Y.D. Wei (2007) Detached and attached *Arabidopsis* leaf assays reveal distinctive defense responses against hemibiotrophic *Colletotrichum* spp. Mol Plant Microbe In 20: 1308-1319.

Lyngkjær, M.F., H.P. Jensen & H. Østergard (1995) A Japanese powdery mildew isolate with exceptionally large infection efficiency on *Mlo*-resistant barley. Plant Pathol 44: 786-790.

Leijerstam, B. (1972) Race-specific resistance to wheat powdery mildew. Studies in powdery mildew on wheat in Sweden. III. Variability of virulence in *Erysiphe graminis* f.sp. *tritici* due to gene recombination and mutation. Meddelanden Statens Växtskyddsanstalt 15: 273-277.

Marcel, T.C., R. Aghnoum, J. Durand, R.K. Varshney & R.E. Niks (2007). Dissection of the barley 2L1.0 region carrying the 'Laevigatum' quantitative resistance gene to leaf rust using near isogenic lines (NIL) and sub-NIL. Mol Plant Microbe In 20: 1604-1615.

Mayama, S., A.P.A. Bordin, T. Morikawa, H. Tanpo & H. Kato (1995) Association of avenalumin accumulation with co-segregation of victorin sensitivity and crown rust resistance in oat lines carrying the Pc-2 gene. Physiol Mol Plant P 46: 263-274.

McDonald, B.A. & C. Linde (2002) Pathogen population genetics, evolutionary potential, and durable resistance. Annu. Rev. Phytopathol. 40: 349-379.

Mithen, R. (1992) Leaf glucosinolate profiles and their relationship to pest and disease resistance in oilseed. Euphytica 63: 71-83.

Murray, M.J. & W.A. Todd (1972) Registration of Todds Mitcham peppermint. Crop Sci 12: 128.

Nagy, E.D. & J.L. Bennetzen (2008) Pathogen corruption and site-directed recombination at a plant disease resistance gene cluster. Genome Res 18: 1918-1923.

Niks, R.E. (1989a) Induced accessibility and inaccessibility of barley cells in seedling leaves inoculated with two leaf rust species. J. Phytopathology 124: 296-308.

Niks, R.E. (1989b) Morphology of infection structures of *Puccinia striiformis* var. *dactylidis*. Neth. J. Plant Pathol 95: 171-175.

Niks, R.E. & R.G. Dekens (1991) Prehaustorial and posthaustorial resistance to wheat leaf rust in diploid wheat seedlings. Phytopathol 81: 847-851.

Niks R.E. & T.C. Marcel (2009) Nonhost and basal resistance: how to explain specificity? New Phytol 182: 817-828.

Niks, R.E. & D. Rubiales (2002) Potentially durable resistance mechanisms in plants to specialized fungal pathogens. Euphytica 214: 201-216.

Nombela, G., V.M. Williamson & M. Muniz (2003) The root-knot nematode resistance gene *Mi-1.2* of tomato is responsible for resistance against the whitefly *Bemisia tabaci*. Mol Plant Microbe In 16: 645-649.

Nürnberger, T., F. Brunner, B. Kemmerling & L. Piater (2004) Innate immunity in plants and animals: striking similarities and obvious differences. Immunol Rev 198: 249-266.

Ouchi, S., H. Oku, C. Hibino & I. Akiyama (1974) Induction of accessibility to a nonpathogen by preliminary inoculation with a pathogen. Phytopathol Z 79: 142-154.

Palloix, A., E. Pochard, T. Phaly & A.M. Daubèze (1990) Recurrent selection for resistance to *Verticillium dahliae* in pepper. Euphytica 47: 79-89.

Parlevliet, J.E. (1978) Race-specific aspects of polygenic resistance of barley to leaf rust, *Puccinia hordei*. Neth J Plant Pathol 84: 121-126.

Parlevliet, J.E. & A. van Ommeren (1984) Interplot interference and the assessment of barley cultivars for partial resistance to leaf rust, *Puccinia hordei*. Euphytica 33: 685-697.

Parlevliet, J.E. & A. van Ommeren (1988a) Accumulation of partial resistance in barley to barley leaf rust and powdery mildew through recurrent selection against susceptibility. Euphytica 37: 261-274.

Parlevliet, J.E. & A. van Ommeren (1988b) Recurrent selection for grain yield in early generations of two barley populations. Euphytica 38: 175-184.

Parlevliet, J.E. & J.C. Zadoks (1977) The integrated concept of disease resistance: a new view including horizontal and vertical resistance in plants. Euphytica 26: 5-21.

Parniske M., B.B.H. Wulff, G. Bonnema, C.M. Thomas, D.A. Jones & J.D.G. Jones (1999) Homologues of the *Cf-9* disease resistance gene (*Hcr9s*) are present at multiple loci on the short arm of chromosome 1. Mol Plant Microbe In 12: 93-102.

Price, K. & J. Colhoun (1975) Pathogenicity of isolates of *Sclerotinia sclerotiorum* (Lib.) de Bary to several hosts. Phytopathol. Z. 83: 232-238.

Punja, Z.K. & S.H.T. Raharjo (1996) Response of transgenic cucumber and carrot plants expressing different chitinase enzymes to inoculation with fungal pathogens. Plant Dis 80: 999-1005.

Qi, X., R.E. Niks, P. Stam & P. Lindhout (1998) Identification of QTLs for partial resistance to leaf rust (*Puccinia hordei*) in barley. Theor Appl Genet 96: 1205-1215.

Revilla-MolinaRevilla-Molina, I.M., L. Bastiaans, H. Van Keulen, M.J. Kropff, F. Hui, N.P. Castilla, T.W. Mew, Y.Y. Zhu & H. Leung (2009) Does resource complementarity or prevention of lodging contribute to the increased productivity of rice varietal mixtures in Yunnan, China? Field Crop Res 111: 303-307.

Roumen, E.C. (1992) Effect of leaf age on components of partial resistance in rice to leaf blast. Euphytica 63: 271-279.

Rubiales, D. & R.E. Niks (1996) Avoidance of rust infection by some genotypes of *Hordeum chilense* due to their relative inability to induce the formation of appressoria. Physiol Mol Plant P 49: 89-101.

Schwarzbach, E. (1979) Response to selection for virulence against the *mlo* gene based mildew resistance in barley, not fitting the gene-for-gene hypothesis. Barley Genet Newsl 9: 85-88.

Schwarzbach, E. (1998) The *mlo* based resistance of barley to mildew and the response of mildew populations to the use of varieties with the *mlo* gene. Czech J Genet Plant 34: 3-10

Seah S., J. Yaghoobi, M. Rossi M, A. Gleason & V.M. Williamson (2004) The nematode resistance gene *Mi-1*, is associated with an inverted chromosomal segment compared to resistant tomato. Theor Appl Genet 108: 1635-1642.

Sela-Buurlage M.B., O. Budai-Hadrian, Q. Pan, L. Carmel-Groen, R. Vunsch, D. Zamir & R. Fluhr (2001) Genome-wide dissection of *Fusarium* resistance in tomato reveals multiple complex loci. Mol Genet Genomics 265: 1104-1111.

Sen, S., P.S.M. Harinder, & K. Becker (1998) Alfalfa saponins and their implication in animal nutrition. J Agr Food Chem 46: 131-140.

Shintaku, M.H., D.A. Kluepfel, A. Yacoub & S.S. Patil (1989) Cloning and partial characterization of an avirulence determinant from race 1 of *Pseudomonas syringae* pv. *phaseolicola*. Physiol Mol Plant P 35: 313-322.

Sowley, E.N.K., F.M. Dewey & M.W. Shaw (2010) Persistent, symptomless, systemic, and seedborne infection of lettuce by *Botrytis cinerea*. Eur J Plant Pathol 126: 61-71.

Spassieva, S.D., J.E. Markham & J. Hille (2002) The plant disease resistance gene *Asc-1* prevents disruption of sphingolipid metabolism during ALL-toxin-induced programmed cell death. Plant J 32: 561-572.

Staskawicz, B.J., D. Dahlbeck & N.T. Keen (1984) Cloned avirulence gene of *Pseudomonas syringae* pv *glycinea* determines race-specific incompatibility on *Glycine max* (L.) Merr. Proc Natl Acad Sci USA 81: 6024-6028.

Sukno, S.A., J. McCuiston, M.Y. Wong, X. Wang, M.R. Thon, R.S., Hussey, T.J. Baum & E.L. Davis (2007) Quantitative detection of double-stranded RNA-mediated gene silencing of parasitism genes in *Heterodera glycines*. J Nematol 39: 145-152.

Sun, Q., N.C. Collins, M. Ayliffe, S.M. Smith, J. Drake, T. Pryor & S.H. Hulbert (2001) Recombination between paralogues at the *rp1* rust resistance locus in maize. Genetics 158: 423-438.

Swertz, C.A. (1994) Morphology of germlings of urediniospores and its value for the identification and classification of grass rust fungi. Stud Mycol 36: 152 pp.

Sylwia, G., B. Leszczynski & W. Oleszek (2006) Effect of low and high-saponin lines of alfalfa on pea aphid. J Insect Physiol 52: 737-743.

Takken, F.L.W., M. Albrecht & W.I.L. Tameling (2006) Resistance proteins: molecular switches of plant defence. Curr Opin Plant Biol 9: 383-390.

Tapsoba, H., J.P. Wilson & W.W. Hanna (1997) Improvement of resistance to rust through recurrent selection in pearl millet. Crop Sci 37: 365-369.

Vaeck, M., A. Reynaerts, H. Hofte, S. Jansens, M. de Beuckleer, C. Dean, M. Zabeau, M. van Montagu & J. Leemans (1987) Transgenic plants protected from insect attack. Nature 328: 33-37.

Van der Biezen, E.A., T. Glagotskaya, B. Overduin, H.J.J. Nijkamp & J. Hille (1995) Inheritance and genetic mapping of resistance to *Alternaria alternata* f. sp. *lycopersici* in *Lycopersicon pennellii*. Mol Gen Genet 247: 453-461.

Van der Biezen, E.A., H.J.J. Nijkamp & J. Hille (1996) Mutations at the *Asc* locus of tomato confer resistance to the fungal pathogen *Alternaria alternata* f.sp. *lycopersici*. Theor Appl Genet 92: 898-904.

Van der Hoorn, R.A, P.J. De Wit & P.J. Joosten (2002) Balancing selection favors guarding resistance proteins. Trends Plant Sci 7: 67-71.

Van der Hoorn, R.A.L. & S. Kamoun (2008) From guard to decoy: a new model for perception of plant pathogen effectors. Plant Cell 20: 2009-2017.

Van der Linden C.G., D.C.A.E. Wouters, V. Mihalka, E.Z. Kochieva, M.J.M. Smulders & B. Vosman (2004) Efficient targeting of plant disease resistance loci using NBS profiling. Theor Appl Genet 109: 384-393.

Vanderplank, J.E. (1963) Plant diseases: epidemics and control. Academic Press, New York, NY, USA, 349 pp.

Van de Weg, W.E. (1988) Screening for resistance to *Nectria galligena* Bres. in cut shoots of apple. Euphytica 43: 233-240.

Van de Weg, WE, Giezen S, Jansen,RC (1988) Influence of temperature on infection of seven apple cultivars by *Nectria galligena*. Acta Phytopathol Hun 27: 631-635.

Van Kan, J.A.L. (2006) Licensed to kill: the lifestyle of a necrotrophic plant pathogen. Trends Plant Sci 11: 247-253.

Vaz Patto, M.C. & R.E. Niks (2001) Leaf wax layer may prevent appressorium differentiation but does not influence orientation of the leaf rust fungus *Puccinia hordei* on *Hordeum chilense* leaves. Eur J Plant Pathol 107: 795-803.

Waalwijk, C., R. Van der Heide, P.M. De Vries, T.A.J. Van der Lee, C.D. Schoen, G. Costrel-Decorainville, P. Kastelein, J. Köhl & G.H.J. Kema (2004) Quantitative detection of *Fusarium* species in wheat using TaqMan. Eur J Plant Pathol 110: 481-494.

Warren, G.S. & S.J.L. Hill (1989) Infection of suspension-cultured cells of carrot with tobacco mosaic virus. Physiol Mol Plant P 35: 287-292.

Wharton, P.S., A.M. Julian, & R.J. O'Connell, (2001) Ultrastructure of the infection of *Sorghum bicolor* by *Colletotrichum sublineolum*. Phytopathology 91: 149-158.

Zhang, Y.J., P.S. Fan, X. Zhang, C.J. Chen & M.G. Zhou (2009) Quantification of *Fusarium graminearum* in harvested grain by real-time polymerase chain reaction to assess efficacies of fungicides on fusarium head blight, deoxynivalenol contamination, and yield of winter wheat. Phytopathology 99: 95-100.

Zhou, J.M. & J. Chai (2008) Plant pathogen bacterial type III effectors subdue host responses. Curr Opin Microbiol 11: 179-185.

Zhu, Y.Y., H.R. Chen, J.H. Fan, Y.Y. Wang, Y. Li, J.B. Chen, J.X. Fan, S.S. Yang, L.P. Hu, H. Leung, T.W. Mew, P.S. Teng, Z.H. Wang & C.C. Mundt (2000) Genetic diversity and disease control in rice. Nature 406: 718-722.

저자 소개

Rients Niks(1953)

Niks 박사는 네덜란드 와게닝겐 대학에 식물 육종학 연구실의 조교수로 재직 중이다. 와게닝겐 대학에서 식물 육종학을 수학하였으며 Jan Parlevliet 교수의 지도하에 보리 잎 녹병의 부분 저항성에 대한 연구로 석사(1978) 및 박사(1983) 학위를 받았다. 그는 시리아의 ICARDA 기관에서 듀럼 밀 육종 프로그램 수행함으로써 2년간의 박사 후 연구과정을 마쳤다. 1983년, Jan Parlevliet 교수의 후임으로 조교수로 재직하며 보리의 부분 저항성에 대한 연구를 지속하였다. 그는 또한 네덜란드, 스페인, 남아메리카, 남아프리카, 케냐, 이란, 태국, 중국 등지에서 식물 저항성 육종에 대한 여러 강좌를 개설하여 강의하고 있다. 그는 지속 가능한 저항성 메커니즘 및 그 관련 분야에서 100편이 넘는 논문과 책을 저술하였다.

Jan Parlevliet(1932)

Parlevliet 박사는 네덜란드 와게닝겐 대학의 식물 육종학 연구실의 전임 교수로 재직하였으며 와게닝겐 대학에서 식물 육종학을 전공하였고(1960) 유니레버에서 시금치의 생리 기작에 대한 연구로 박사 학위를 취득하였다(1967). 1967년부터 1971년까지는 케냐 몰로의 제충국제 연구 기관에서 식물 육종가로 활동하였으며 천연 살충제 생산을 위한 유용한 영양체 및 품종들을 신품종으로 출시하였다. 1971년부터는 와게닝겐 대학의 식물 육종학과에서 지속 가능한 저항성에 대한 연구를 수행하였으며 제자들에게 병 저항성 육종을 가르쳤다. 그는 다 인자적 지속 가능 저항성과 지속 가능하지 않은 주동 저항성 유전자가 모두 존재하는 보리-보리 잎 녹병 관계에 대해 연구하였다. 그는 다양한 숙주/병원체 조합에 대하여 연구하였는데 그 예로 밀 쌀, 옥수수, 콩, 감자, 땅콩과 곰팡이, 난균류, 세균, 바이러스, 선충 등지에 대한 조합을 연구하였다. 저항성의 지속성이 그의 주요 연구 테마였다. 1995년, 전임 교수로 물러난 후 안데스 지역의 식물 육종 관련 프로젝트에 관여하여 각종 작물의 지속적인 저항성에 대해 연구하고 있다. 그는 130편 이상의 논문 및 책을 저술하였다.

Pim Lindhout(1953)

Lindhout 교수는 네덜란드의 레이든 대학에서 화학 및 생물학을 전공하였고 알파파 모자이크 바이러스 RNA1의 해독에 대한 연구로 박사 학위를 취득하였다(1985). 그는 와게닝겐 원예작물 육종 기관에서 토마토 육종 연구 프로그램을 이끌었으며, 토마토 작물에 대한 전문가로 거듭났다. 그는 다수 원예작물의 주요한 형질들의 유전 양상을 밝히는 프로그램을 이끌거나 참여하였으며 주로 토마토에 대한 연구를 수행하였다. 1994년에는 와게닝겐 대학의 조교수로 부임하여 양적 형질의 이해와 유전자 지도 작성 및 식물 육종 기술 개발에 주안점을 두고 연구하였다. 그는 국립 식물 유전체 프로그램(CBSG)에서 주도하는 토마토 유전체 연구에 참여하였고 100편이 넘는 과학 논문을 저술하였다. 2006년에는 디루이터 시드(DeRuiterSeed) 채소 육종 회사로 이동하여 R&D부문을 이끌었으며, 2008년 몬산토 육종 회사에 인수된 후 2010년까지 몬산토의 채소 육종 부문을 이끌었다. 현재 그는 식물 육종 기술 혁신을 목표로 한 테크놀로지 회사의 디렉터로 활약하고 있다.

Yuling Bai(1964)

Bai 박사는 현재 와게닝겐 대학의 UR 식물 육종과의 조교수로 재직하고 있다. 그는 중국 허난 농업 대학에서 식물 유전학 및 육종학 전공으로 석사 학위를 취득하였으며 1995년에 조교수로 임명되었다. 그는 1997년에 와게닝겐 대학에서 생명 공학 기술 연구에 대한 두 번째 석사 학위(2000)를 취득하였고 토마토 흰가루병 저항성 연구로 박사 및 박사 후 과정을 마쳤다. 2007년에는 와게닝겐 대학의 UR 식물 육종과의 조교수로 임명되어 가지과 저항성 육종 그룹을 이끌었으며 연구 목표는 가지과(감자, 토마토, 고추)의 여러 병 저항성에 대한 유전적/분자적 메커니즘 규명에 두었다. 그는 새로운 육종 전략을 개발하고 신기술을 적용함으로써 육종을 효율적으로 할 수 있게 하는 등 과학적 연구 결과를 육종에 접목시키려는 노력을 많이 하였다. 그는 와게닝겐 대학을 포함한 중국 및 스페인 등지의 여러 대학에서 학생들에게 식물 유전학과 육종학을 가르치고 있다.